Arnold Rodewald

Elektromagnetische
Verträglichkeit

Aus dem Programm
Nachrichtentechnik

Schaltungen der Nachrichtentechnik
von D. Stoll

Verstärkertechnik
von D. Ehrhardt

Berechnungs- und Entwurfsverfahren der Hochfrequenztechnik
von R. Geißler, W. Kammerloher und H. W. Schneider

Entwurf analoger und digitaler Filter
von O. Mildenberger

Mobilfunknetze
von R. Eberhardt und W. Franz

Weitverkehrstechnik
von K. Kief

Signalanalyse
von W. Bachmann

Digitale Signalverarbeitung
von A. v. d. Enden und N. Verhoeckx

Analyse digitaler Signale
von W. Lechner und N. Lohl

Optoelektronik
von D. Jansen

Fernsehtechnik
von L. Krisch

Handbuch der Operatoren für die Bildbearbeitung
von R. Klette und P. Zamperoni

Vieweg

Arnold Rodewald

Elektromagnetische Verträglichkeit

Grundlagen   Experimente   Praxis

Mit 206 Bildern

Die Deutsche Bibliothek – CIP-Einheitsaufnahme

Rodewald, Arnold:
Elektromagnetische Verträglichkeit: Grundlagen,
Experimente, Praxis / Arnold Rodewald. –
Braunschweig; Wiesbaden: Vieweg, 1995
   (Viewegs Fachbücher der Technik)
   ISBN 3-528-04924-3

Der Verlag Vieweg ist ein Unternehmen der Bertelsmann Fachinformation GmbH.

Druck und buchbinderische Verarbeitung: Lengericher Handelsdruckerei, Lengerich
Gedruckt auf säurefreiem Papier
Printed in Germany

ISBN 3-528-04924-3

Vorwort

Jede in Betrieb befindliche elektrische Schaltung erzeugt zwangsläufig in einem benachbarten elektrischen System unbeabsichtigt mehr oder weniger hohe Spannungen und Ströme. Diese können unter Umständen ein solches Ausmaß erreichen, daß es zu Funktionsstörungen in der betroffenen Schaltung kommt.

Angesichts dieser grundsätzlich vorhandenen Gefahr für die Funktionsfähigkeit elektrischer Schaltungen sollten Kenntnisse über die angedeuteten unbeabsichtigten elektrischen Vorgänge genauso zum Grundwissen eines Elektroingenieurs gehören, wie die Fähigkeit, elektrische Spannungen und Ströme gezielt zur Lösung bestimmter Aufgaben einzusetzen.

Mit diesem Buch möchte ich Studenten und Studentinnen der Elektrotechnik Grundkenntnisse über die unbeabsichtigten elektrischen Erscheinungen vermitteln. Ich setze dabei die physikalischen Grundlagen und die allgemeine Theorie der Elektrotechnik als bekannt voraus, die etwa in der ersten Hälfte eines Studiums an einer Technischen Universität oder einer Fachhochschule gelehrt werden.

Es kommt den Studierenden entgegen, daß die unbeabsichtigten elektrischen Vorgänge auf den gleichen physikalischen Grundlagen beruhen, wie die absichtlich und zweckgerichtet geformten Strukturen der Elektrotechnik. Sie müssen deshalb auch keine zusätzlichen physikalischen Effekte und Theorien erlernen, um die neuen Erscheinungen zu verstehen, sondern es geht im wesentlichen darum, schon bekanntes Wissen in neuen Zusammenhängen anzuwenden. Aus diesem Grund wird nach meinem Eindruck die Auseinandersetzung mit den unbeabsichtigten elektrischen Vorgängen von den Studierenden häufig auch als nützliche Wiederholung der Grundlagen der Elektrotechnik empfunden.

Meinem Mitarbeiter, Herrn O. Kolb, danke ich für seine wertvolle Hilfe bei der Herstellung von Versuchseinrichtungen, Frau A. Baumgartner für das Schreiben des Manuskripts und schließlich Herrn E. Klementz vom Verlag Vieweg für die vertrauensvolle Zusammenarbeit.

Reinach, im Frühjahr 1995   *Arnold Rodewald*

Inhaltsverzeichnis

1 Einführung

Elektrische Spannungen und Ströme beschränken ihre Wirkung grundsätzlich nicht nur auf die ihnen zugewiesenen Drähte, Leiterbahnen und Bauelemente, sondern sie geben darüber hinaus auch noch Energie in die freie Umgebung ab: die Spannungen in Form von elektrischen Feldern und die Ströme in Gestalt von Magnetfeldern. Wenn diese Felder dann über freie Zwischenräume hinweg benachbarte Strukturen der eigenen Schaltung oder gar in der Nähe befindliche anderer Geräte berühren, entstehen dort unbeabsichtigt Spannungen oder andere unbeabsichtigte elektrische Erscheinungen.

Man kann deshalb grundsätzlich keine elektrische Schaltung bauen und in Betrieb nehmen, in der nur Ströme und Spannungen vorkommen, die für die Erfüllung der vorgesehenen Aufgaben unbedingt notwendig sind, sondern man muß darüber hinaus immer auch noch unbeabsichtigte elektrische Vorgänge mit in Kauf nehmen.

Weil die unbeabsichtigten Erscheinungen unter Umständen ein solches Ausmaß erreichen können, daß die beabsichtigten Funktionen dadurch gestört werden, muß jeder Elektrotechniker, der eine Schaltung entwirft – sei es als Student im Praktikum oder als Ingenieur im industriellen Umfeld – immer zwei Gesichtspunkte gleichzeitig im Auge haben:

– zum einen müssen die vorgesehenen und absichtlich erzeugten Ströme und Spannungen die gestellte Aufgabe möglichst gut erfüllen, und

– zum anderen muß die Schaltung aber auch so strukturiert sein, daß sie die grundsätzlich unvermeidbaren unbeabsichtigten Vorgänge verträgt, ohne sich selbst zu stören oder von benachbarten Schaltungen beeinträchtigt zu werden.

Im Zusammenhang mit der zweiten Zielsetzung hat man die Bezeichnungen elektromagnetische Verträglichkeit (EMV) und elektromagnetische Beeinflussung eingeführt.

Mit dem Begriff EMV (*electromagnetic compatibility*, EMC) wird das gesamte Verhalten einer elektrischen Schaltung im Hinblick auf unbeabsichtigte elektrische Vorgänge beschrieben.

Eine elektrische Schaltung verhält sich elektromagnetisch verträglich, wenn sie

– sowohl die von ihr selbst erzeugten als auch die von aussen an sie herangetragenen unbeabsichtigten Vorgänge verträgt, d.h. dadurch nicht gestört wird, und wenn sie

– sich selbst gegenüber benachbarten Geräten verträglich verhält, d.h. seine Nachbarn nicht mit unzuträglichen unbeabsichtigten Vorgängen belastet.

Mit dem Begriff elektromagnetische Beeinflussung (*electromagnetic interference,* EMI) wird ein einzelner unbeabsichtigter elektrischer Vorgang bezeichnet, der die elektromagnetische Verträglichkeit gefährdet.

1.1 Ursachen elektromagnetischer Beeinflussungen

Zweifellos geht die meiste Gefahr für die elektromagnetische Verträglichkeit von den bereits erwähnten unbeabsichtigten Feldern der Spannungen und Ströme aus. Daneben gibt es aber noch einige andere elektrische Vorgänge, die störend wirken können.

Die wichtigsten sind:
– unbeabsichtigter Empfang von Sendern,
– elektrische Entladungen der Atmosphäre (Gewitter),
– Entladung elektrischer Aufladungen bei technischen Transportvorgängen und
– Entladung elektrischer Aufladungen von Personen.

Elektrostatische Aufladungen, die bei technischen Transportvorgängen oder auch nur beim Schütten von Materialien erzeugt werden, spielen in der Sicherheitstechnik insbesondere in der chemischen Industrie eine große Rolle [1.1].

Elektrostatisch aufgeladene Personen stellen eine Gefahr für hochintegrierte elektrische Schaltkreise dar [1.2].

1.2 Die Auswirkung elektromagnetischer Beeinflussungen

Grundsätzlich können sowohl Lebewesen als auch technische Geräte und Systeme von elektromagnetischen Beeinflussungen beeinträchtigt werden. Die folgenden Ausführungen befassen sich aber ausschließlich mit den Auswirkungen auf elektrische Systeme. Was der Einfluß auf Lebewesen und dabei insbesondere auf Menschen betrifft, wird auf die einschlägige Literatur verwiesen [1.3], [1.4], [1.5].

Die Funktion eines elektrischen Gerätes oder einer Schaltung kann durch eine der aufgezählten Ursachen von außen gestört werden, z.B. durch die unbeabsichtigten Felder der Spannung oder Ströme eines benachbarten Gerätes.

Man kann gelegentlich aber auch erleben, daß sich die Anordnung von innen heraus durch die eigenen unbeabsichtigten Vorgänge selbst stört. Solchen Situationen begegnet man z.B. bei der Erprobung von neu aufgebauten Versuchsschaltungen, bei der industriellen Entwicklung neuer Geräte oder bei der ersten Inbetriebnahme umfangreicher Systeme.

Blitzeinschläge bei Gewittern und Entladungen elektrostatischer Aufladungen können sogar bleibende Schäden anrichten. So genügt z.B. die geringe Energie, die in einer aufgeladenen Person gespeichert ist, um irreparable Schäden an hochintegrierten Schaltkreisen anzurichten.

Insgesamt ergibt sich damit, was elektrische Geräte betrifft, folgendes Bild:

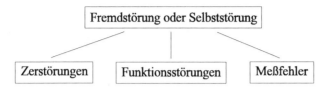

Die folgenden Beispiele mögen einen ersten Eindruck davon vermitteln, wie die Ursachen und Auswirkungen elektromagnetischer Beeinflussungen konkret aussehen.

1.3 Unbeabsichtigte Wirkungen elektrischer Felder von Spannungen

Man kann unbeabsichtigte Erscheinungen, die von den Feldern der Spannungen ausgehen, schon an sehr einfachen Anordnungen beobachten, zum Beispiel in Kabeln die mehrere Leiter enthalten.

♦ **Beispiel 1.1**
Wenn, wie in Bild 1.1 skizziert, an zwei Adern 1 und 2 eines 4adrigen Kabels die Spannung U_1 angelegt wird, entsteht zwischen den beiden anderen Adern 3 und 4 unbeabsichtigt die Spannung U_2 (Bild 1.1a).

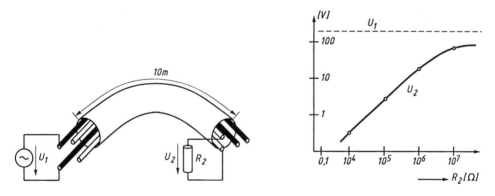

Bild 1.1 Eine Netzspannung U_1 (50 Hz) erzeugt in parallelen Adern in einem 4adrigen Kabel unbeabsichtigt eine Spannung U_2

Die Höhe von U_2 hängt stark von der Größe des Widerstandes R_2 ab, der die beiden Leiter 3 und 4 miteinander verbindet. In Bild 1.1b sind die Ergebnisse einer Messung mit $U_1 = 220$ Volt (50 Hz) dargestellt. Man erkennt, daß U_2 bei sehr hohen Werten von R_2 (10 MΩ) fast ein Drittel von U_1 erreicht, aber bei niedrigeren Widerständen nur noch geringe Bruchteile der Spannung U_1 auf der benachbarten Leitung ausmacht.   ♦

Vom physikalischen Standpunkt aus betrachtet, kommt die Spannung U_2 durch das elektrische Feld zustande, das von der Spannung U_1 in der Umgebung der spannungsführenden Leiter 1 und 2 erzeugt wird. Wenn nur diese beiden Leiter vorhanden wären, hätte das Feld die in Bild 1.2 angedeutete Struktur. Durch die räumlich enge Nachbarschaft muß das Feld aber die beiden Leiter berühren und dadurch entsteht dann dort die Spannung U_2 (Bild 1.2b).

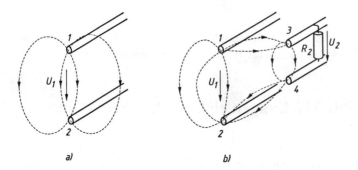

Bild 1.2 Das elektrische Feld zwischen zwei spannungsführenden Leitern (a) und die Berührung einer benachbarten Leitung durch dieses Feld (b)

Das schaltungstechnische Verhalten eines elektrischen Feldes, das heißt die Beziehung zwischen der Spannung, die das Feld erzeugt und dem Strom, der durch das Feld fließt, wird mit seiner Kapazität erfaßt. In den Bildern 1.3a und 1.3b sind die zu den einzelnen Teilfeldern in Bild 1.2 gehörenden Teilkapazitäten eingetragen. Um den unbeabsichtigten Charakter der Felder und damit auch der Kapazitäten zu kennzeichnen, sind sie strichliert dargestellt. Man bezeichnet solche unbeabsichtigten Elemente auch als Streukapazitäten.

Bild 1.3
Die Ersatzschaltbilder der in Bild 1.2
dargestellten elektrischen Felder

Ob die Spannung U_2 störend wirkt oder nicht, hängt von den Arbeitsbedingungen in der Schaltung ab, zu der die Leiter 3 und 4 gehören, insbesondere von der dort herrschenden Arbeitsspannung und den dort wirksamen Widerständen. Wenn die Leiter 3 und 4 beispielsweise Teil einer elektrischen Energieversorgung wären, die ebenfalls mit einer Spannung von 220 V arbeitet, dann kann man davon ausgehen, daß R_2 als wirksamer Widerstand der Quellen und Verbraucher kleiner als 1 kΩ ist. Die Spannung U_2

dann unter diesen Umständen gemäß Bild 1.1b höchstens einige Millivolt betragen und deshalb nicht störend ins Gewicht fallen.

Wenn hingegen die Leiter 3 und 4 Teil eines Meßsystems wäre, das mit einer Spannung von 100 mV und einem Innenwiderstand von 1 kΩ arbeitet, dann würde die unter diesen Umständen entstehende unbeabsichtigte Spannung U_2 von 280 mV sehr stark störend wirken.

Aber auch, wenn das System der Leiter 3 und 4 mit einer ähnlich hohen Spannung arbeitet wie das System der Leiter 1 und 2, kann es zu Störungen kommen, und zwar dann, wenn der Widerstand R_2 zwischen den Leitern 3 und 4 extrem hoch ist. Die Messung, die in Bild 1.1b dargestellt ist, zeigt, daß U_2 bei Widerstandswerten im Bereich von 1 MΩ und darüber fast in die Größenordnung von U kommt.

An diesem einfachen Beispiel kann man erkennen, daß zwei Konstellationen besonders anfällig gegenüber Störungen durch Felder niederfrequenter elektrischer Spannungen sind:

– eine enge Nachbarschaft von Schaltungen mit einerseits hoher und andererseits niedriger Arbeitsspannung und

– Systeme, die mit extrem hohen Innenwiderständen arbeiten (> 1 MΩ) und sich dabei in der Nähe anderer elektrischer Schaltungen befinden, die mit ähnlich hoher oder gar höherer Spannung betrieben werden.

1.4 Die unbeabsichtigte Wirkung magnetischer Felder von Strömen

In elektrischen Schaltungen findet man häufig die Konstellation stromführender Leiter mit benachbarter Schaltungsmasche (Bild 1.4a). Weil sich ein Strom zwangsläufig mit einem Magnetfeld umgibt, das mit einem Flußanteil Φ_M in die benachbarte Masche eingreift, entsteht dort bei zeitlich veränderlichem Strom i_1 unbeabsichtigt die Spannung U_{TR}.

Die Anordnung wirkt wie ein unbeabsichtigter Transformator mit einer einzigen Primärwirkung, in der der Strom i_1 fließt, und einer einzelnen Sekundärwindung, in der die Spannung U_{TR} entsteht. Es ist deshalb sinnvoll, zur symbolischen Darstellung dieses un-

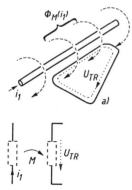

Bild 1.4
Unbeabsichtigte transformatorisch induzierte Spannung U_{TR} durch das Magnetfeld eines zeitlich veränderlichen Stromes,
a) reale Anordnung, b) Ersatzschaltbild

beabsichtigten Strukturelements im Rahmen eines Ersatzschaltbildes das übliche Symbol für einen Transformator zu benutzen, allerdings in strichlierter Form um die unbeabsichtigte Entstehungsweise zu kennzeichnen (Bild 1.4b).

♦ **Beispiel 1.2**
Unbeabsichtigter Transformator in einem Dimer-Stromkreis.
Eine Glühlampe wird über einen Dimer gespeist, um die Helligkeit nach Wunsch verändern zu können (Bild 1.5).

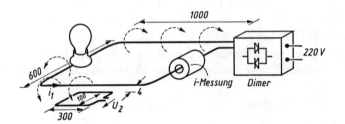

Bild 1.5 Unbeabsichtigte transformatorisch induzierte Spannung U_2 durch den Strom i_1 eines Dimers

Der Dimer, der in jeder Halbperiode der Wechselspannung ein- und ausschaltet, erzeugt beim Einschalten jedesmal einen Stromimpuls, der in etwa 20 Nanosekunden auf etwa 1 A ansteigt (Bild 1.6a). Die Strommessung erfolgt mit einer Stromsonde, die mit Hilfe des Hall-Effektes arbeitet. Das Magnetfeld des Stromes durchdringt mit dem Fluss Φ_M einen benachbarten Drahtrahmen, der eine Masche einer elektrischen Schaltung modellhaft repräsentiert. Die Spannung U_2 im benachbarten Drahtrahmen erreicht, wie das Bild 1.6b zeigt, für kurze Zeit eine Amplitude von etwa 3 Volt.   ♦

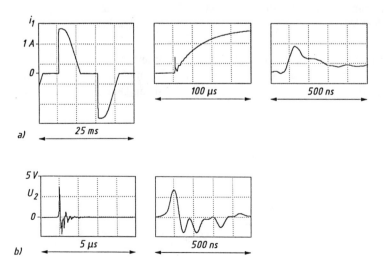

Bild 1.6 Strom (i_1) und unbeabsichtigte induzierte Spannung (U_2) in der Anordnung Bild 1.5

Ob die unbeabsichtigte Spannung mit einer kurzzeitigen Amplitude von 3 V tatsächlich zu einer elektromagnetischen Beeinflussung führt, hängt wiederum von den Verhältnissen in der betroffenen Schaltung ab, vor allem von der dort herrschenden Arbeitsspannung. Wenn zum Beispiel der skizzierte Drahtrahmen Teil eines Stromkreises wäre, in dem mit einer Arbeitsspannung von 220 V eine weitere Lampe betrieben würde, dann fiele die zusätzliche unbeabsichtigte Spannung von 3 V überhaupt nicht ins Gewicht.

Wenn hingegen, wie im folgenden Beispiel 1.3, die Arbeitsspannung der beeinflußten Schaltung nur 50 mV beträgt, macht sich die unbeabsichtigte Spannung von 3 V als starke Störung bemerkbar.

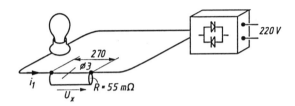

Bild 1.7 Anordnung zur Messung des Stromes i_1 im Dimer-Stromkreis mit Hilfe eines röhrenförmigen Meßwiderstands

◆ **Beispiel 1.3**

Meßfehler durch eine elektromagnetische Beeinflussung.

Es geht darum, den zeitlichen Verlauf des Stromes in der bereits in Beispiel 1.2 benutzten Dimerschaltung mit Hilfe eines röhrenförmigen Meßwiderstandes zu messen, der die Strommessung in eine Spannungsmessung umwandelt (Bild 1.7). Am Widerstand R_M entsteht eine Spannung $U_R(t)$, die nach dem ohmschen Gesetz, dem zu messenden Strom $i(t)$ proportional ist.

Der Strom hat eine Amplitude von etwa 0,9 A, und für R_M wurde mit einer Messung bei Gleichstrom ein Wert von 55 mΩ ermittelt. U_R müßte demnach eine Amplitude von etwa 50 mV haben.

Wenn man, wie in Bild 1.8 skizziert, die Spannung an dem röhrenförmigen Meßwiderstand durch das Innere des Rohres abgreift, erhält man eine Spannung, deren Amplitude dem erwähnten Wert entspricht und deren zeitlicher Verlauf auch mit dem Ergebnis der Messung in Bild 1.6 übereinstimmt.

Wenn man hingegen, wie in Bild 1.9a, die Spannung außen am Widerstand einfach mit einem der üblichen Tastköpfe abgreift, die zur Standardausrüstung jedes Oszillographen gehören, dann erhält man eine Spannung, die im Nanosekundenbereich einen völlig anderen Verlauf hat, als das Signal der Vergleichsmessung. Auch der Scheitelwert ist mit etwa 3V zwei Zehnerpotenzen höher als die zu erwartende ohmsche Spannung.

Die beabsichtigte Messung der ohmschen Spannung von 50 mV wird in dieser Anordnung im Nanosekundenbereich durch eine elektromagnetische Beeinflussung stark gestört, und zwar durch den unbeabsichtigten Transformator, der von der Strombahn, dem Magnetfeld des Stroms und der vom Meßwiderstand mit dem Tastkopf gebildeten Masche gebildet wird (Bild 1.9b). Die abgegriffene Spannung U_X setzt sich also aus zwei Teilen zusammen:

$$U_X = U_R + U_{TR}$$

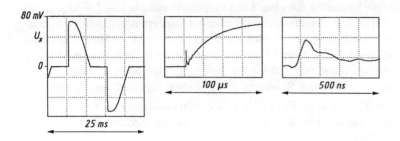

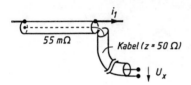

Bild 1.8 Registrierte Spannung am Meßwiderstand in Bild 1.6 (Meßanschluß durch das Innere des Widerstandsrohres)

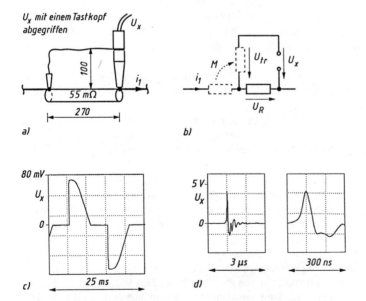

Bild 1.9 Registrierte Spannung am Meßwiderstand in Bild 1.6 (Meßanschluß außen am Widerstandsrohr)

Die zweite Teilspannung U_{TR} dominiert bei weitem und erreicht, ähnlich wie die Spannung in den benachbarten Drahtrahmen im Beispiel 1.2, einen Scheitelwert von einigen Volt. Sie überdeckt damit völlig die eigentlich zu messende Spannung von etwa 50 mV.

Im Nanosekundenbereich ist auch die Ähnlichkeit von U_X mit der in Beispiel 1.2 gemessenen Spannung U_2 unverkennbar. Sie ist nur mit dem gleichartigen physikalischen Entstehungsprozeß der transformatorischen Induktion erklärbar.

Bei der langsameren zeitlichen Änderung des Oszillogrammes im Millisekundenbereich wird der Nanosekundenimpuls mit einer Amplitude von etwa 3 Volt nicht mehr aufgelöst. Wenn die Spannungsempfindlichkeit des Oszillographen von 3 V auf 80 mV erhöht wird, erscheint wie in Bild 1.8 nur die ohmsche Spannung am Meßwiderstand.

In den zuerst beschriebenen Anordnungen gemäß Bild 1.8 kommt im Meßkreis deshalb keine störende transformatorische Spannung zustande, weil der Spannungsabgriff im Innern des Rohres nicht vom Magnetfeld des zu messenden Stromes i_1 durchdrungen wird. Dieser Strom erzeugt nur in der Rohrwand und außerhalb des Rohres ein magnetisches Feld, während das Innere des Rohres feldfrei ist (Bild 1.10). ◆

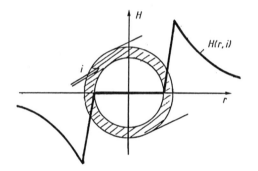

Bild 1.10
Der Verlauf der magnetischen Feldstärke $H(i)$ innerhalb und außerhalb eines stromdurchflossenen Rohres. Die Stromrückführung erfolgt außerhalb des Rohres.

1.5 Die Störung von Bildschirmen durch die Magnetfelder niederfrequenter Ströme

Die Elektronen im Elektronenstrahl einer Bildröhre werden durch die zwischen Kathode und Bildschirm angelegte Hochspannung beschleunigt. Wenn senkrecht zum Elektronenstrahl unbeabsichtigt eine magnetische Feldstärke H wirkt, wird der Strahl durch die sogenannte Lorentzkraft K_L abgelenkt (Bild 1.11). Der Strahl trifft dann nicht auf die vorgesehene Stelle auf dem Bildschirm, sondern im Abstand x daneben. 50 Hz-Felder mit Feldstärken > 2 A/m führen dazu, daß z.B. Texte verschwimmen oder völlig unleserlich werden.

Felder, die mit ihrer Frequenz in der Bildwechsel- oder Zeilenfrequenz liegen, können zu rollenden Bewegungen des Bildes auf dem Schirm führen.

Zeitlich schwankende Gleichfelder in der genannten Größenordnung führen zu laufenden Farbverschiebungen bei Farbfernsehgeräten.

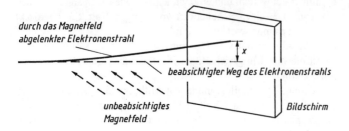

Bild 1.11 Ablenkung eines Elektronenstrahls durch ein Magnetfeld

♦ **Beispiel 1.4**
Bild 1.12a zeigt eine Situation in einer Innenstadt. Einige Häuser befinden sich zwischen zwei Kabeln, mit denen die Straßenbahn von einer Gleichrichterstation aus gespeist wird und zwar mit einer Spannung von 630 V und Spitzenströmen von 1500 A. In Bild 1.12b ist der zeitliche Verlauf des Magnetfeldes dargestellt, das in einem Geschäft für Unterhaltungselektronik in einem der Häuser gemessen wurde. Die starken Ausschläge der Magnetfeldmessung waren eindeutig auf das Anfahren der einzelnen Straßenbahnzüge zurückzuführen. Der Abstand zum nächst gelegenen Kabel betrug etwa 10 m.
Man konnte beobachten, wie sich gleichzeitig mit den Ausschlägen der magnetischen Feldstärke bis zu 25 A/m die Farben auf den Bildschirmen der Fernsehgeräte zum Teil drastisch veränderten.   ♦

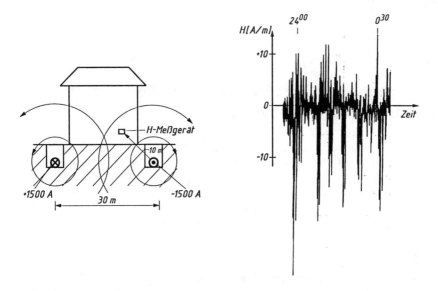

Bild 1.12 Magnetische Feldstärke in der Nähe einer Straßenbahn-Speisung,
            a) Situationsskizze, b) registriertes Magnetfeld

1.6 Beeinflussung durch den unbeabsichtigten Empfang eines Senders

Beim unbeabsichtigten Empfang von Sendern handelt es sich um Vorgänge, die von den Strahlungsfeldern von Sendern in Geräten verursacht werden, die gar nicht als Empfänger gedacht waren. Angesichts der zunehmenden Verbreitung von mobilen Sendern, z.B. in Form von Hand-Funksprechgeräten, kommt dieser Quelle unbeabsichtigter Vorgänge zunehmende Bedeutung zu.

♦ **Beispiel 1.5**

Bild 1.13 zeigt das Verhalten eines Prozeßrechners, der die Abläufe in einem Automotor steuern soll, gegenüber unterschiedlich starken Strahlungsfeldern im UHF-Bereich [1.7].
Bei einer Feldstärke von 10 V/m verlaufen die Impulse noch genauso wie ohne Strahlungsfeld, während sie bei einer Feldstärke von 20 V/m völlig ausser Tritt geraten.
Wenn man die Feldstärke betrachtet, die ein UHF-Hand-Funksprechgerät in seiner Umgebung erzeugt (Bild 1.14), dann wird verständlich, warum man die Benutzung solcher Geräte in Anlagen, in denen hohe Sicherheitsanforderungen an die installierte Elektronik gestellt werden, verbietet. ♦

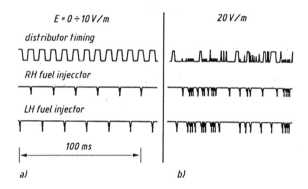

Bild 1.13
Störung eines Prozeßrechners durch das Strahlungsfeld eines UKW-Senders (165 MHz mit Rechtecksignal 1 kHz, 100% amplitudenmoduliert),
a) Normalbetrieb, b) gestört

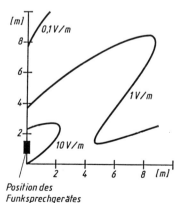

Bild 1.14
Das Strahlungsfeld eines Handfunksprechgerätes
(5 Watt, 440 MHz) [1.6]

1.8 Literatur

[1.1] *G. Lüttgens, M. Gloor*: Elektrostatische Aufladungen begreifen und sicher beherrschen,
2. Aufl., Expert Verlag 1988

[1.2] *O. J. McAteer*: Electrostatic discharge control,
McGraw-Hill 1990

[1.3] *H. J. Haubrich*: Sicherheit im elektromagnetischen Umfeld,
VDE-Verlag, Berlin 1990

[1.4] *M. A. Stuchly:* Health effects of electromagnetic fields: *Process and Directions*, 9th International Symposium on EMC, March 1991, pp. 317-320

[1.5] *K. Brinkmann, H. Schaefer (Hrsg.)*: Elektromagnetische Verträglichkeit biologischer Systeme (Bd. 1),
VDE-Verlag, Berlin 1991

[1.6] *E. Th. Chesworth*: Near field energy densities of hand-held transceivers,
IEEE EMC Symposium 1989, pp. 182-185

[1.7] *W. Gibbons*: Some experiences with EMC test procedures,
4th International Conference on Automative Electronics (IEE), Nov. 1983

2 Die allgemeine Struktur elektromagnetischer Beeinflussungen

Es hat sich als zweckmäßig erwiesen, Beeinflussungssituationen als unbeabsichtigte Übertragungsvorgänge aufzufassen. In Anlehnung an die übliche Grobgliederung nutzbringender elektrischer Systeme in:

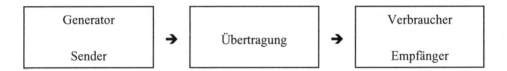

gliedert man die unbeabsichtigten elektromagnetische Beeinflussungsvorgänge in:

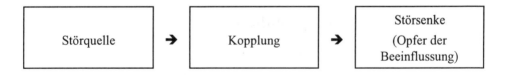

Es ist besonders kennzeichnend für diese Struktur, daß mindestens eines der beteiligten Elemente, also die Störquelle, die Kopplung oder die Störsenke unbeabsichtigter Natur ist. In den folgenden beiden Beispielen sind die unbeabsichtigten Teile im Blockdiagramm strichliert dargestellt.

Für das Beispiel 1.2, in dem der Stromkreis des Dimers eine benachbarte Meßeinrichtung stört, sieht das Blockdiagramm wie folgt aus:

Das Beispiel 1.5 mit der Störung eines Prozeßrechners durch einen Sender stellt sich im Blockdiagramm wie folgt dar:

Störquelle		**Kopplung**		**Störsenke**
UkW-Sender	→	beabsichtigtes Strahlungsfeld des Senders	→	Prozeßrechner wird gestört

Hier ist nicht nur die Störquelle in Form des Senders eine absichtlich aufgebaute elektrische Struktur, sondern auch die Kopplung ist beabsichtigt, denn es ist ja schließlich die Aufgabe des vom Sender erzeugten Strahlungsfeldes, jede Stelle zu erreichen, an der sich möglicherweise ein Empfänger befinden könnte.

Die auf den ersten Blick rein formal erscheinende Gliederung in Störquelle, Kopplung und Störsenke ist praktisch außerordentlich nützlich. Sie grenzt nämlich die Kopplungen als besondere Strukturelemente ab und hebt damit gewissermaßen den größten gemeinsamen Nenner aller möglichen Beeinflussungssituationen hervor. Es gibt zwar sehr viele mögliche Störwirkungen, und auch die Störquellen können in vielen verschiedenen Formen in Erscheinung treten, aber in den vielen unterschiedlichen Beeinflussungsvorgängen kommen nur ganz wenige Kopplungsarten vor. Insgesamt gibt es nur fünf einfache Kopplungstypen. Wenn man weiß, wie diese wenigen Strukturelemente aussehen und wie sie wirken, kann man leicht die Zusammenhänge in neuen Beeinflussungssituationen erkennen.

2.1 Die fünf einfachen Kopplungen

Bild 2.1 vermittelt einen Überblick über die fünf einfachen Kopplungsarten. Zu ihnen gehören unter anderem die im einleitenden Kapitel bereits kurz beschriebenen unbeabsichtigten Kondensatoren, Transformatoren und Widerstände, für die man im EMV-Sprachgebrauch die Bezeichnungen kapazitive, induktive und ohmsche Kopplung verwendet.

Kopplungen durch Strahlungsfelder kommen zum Beispiel dadurch zustande, daß mit Hochfrequenz betriebene Schaltungen unbeabsichtigt strahlen oder die Abschirmungen, die die Wirkung von Hochfrequenzgeneratoren eingrenzen sollen, undicht sind, z.B. die Gehäuse von Mikrowellenöfen. Die wichtigste Kopplung dieser Art ist aber zweifellos diejenige, die durch das Strahlungsfeld von Nachrichtensendern ensteht, wie in Beispiel 1.5 mit der Störung der Autoelektronik.

Bezeichnung	physikalische Ursache	Wirkungs- schema	Ersatzschalt- bild
induktive Kopplung	transformatorische Induktion durch das unabsichtliche Magnetfeld , eines zeitlich veränderlichen Stromes i_1 (t)	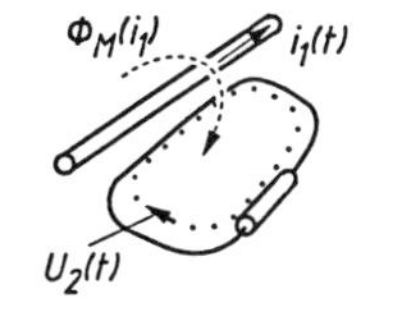 $\Phi_M(i_1)$ $i_1(t)$ $U_2(t)$	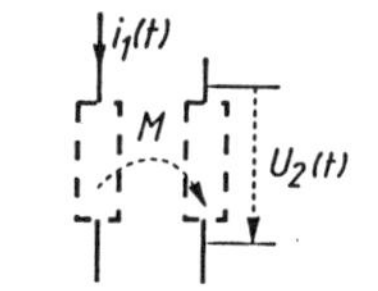 $i_1(t)$ M $U_2(t)$
kapazitive Kopplung	unabsichtlicher Verschiebungs- strom durch das elektrische Feld einer zeitlich veränderlichen Spannung U_1 (t)	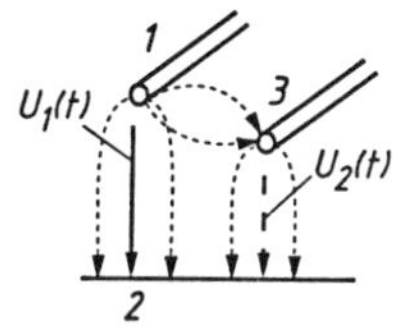 1 3 $U_1(t)$ $U_2(t)$ 2	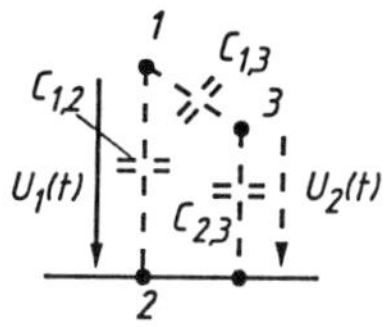 1 $C_{1,3}$ $C_{1,2}$ 3 $U_1(t)$ $C_{2,3}$ $U_2(t)$ 2
ohmsche Kopplung	unabsichtliche ohmsche Spannung an einem stromdurch- flossenen Leiter	B A U_2 i_1	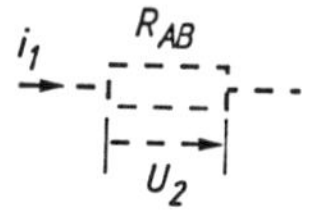 i_1 R_{AB} U_2
Lorentz- Kopplung	Bewegungsinduk- tion: Kraft auf Ladung in einem Leiter bei Bewegung des Leiters im Magnetfeld (B) mit der Geschwindig- keit v	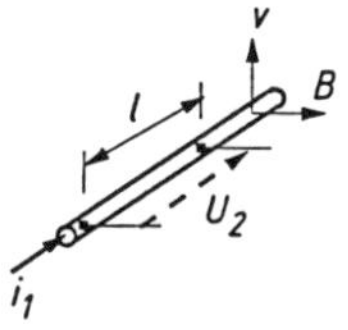 v l B U_2 i_1	
	Ablenkung freier bewegter Ladungen in einem Magnetfeld der Stärke B	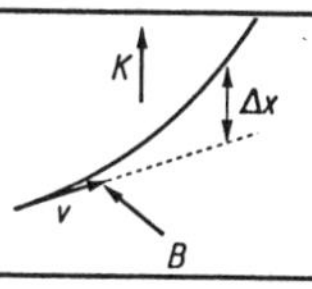 K Δx v B	
Strahlungs- Kopplung	Strahlungs- feld eines Senders S erzeugt u oder i in einem Gerät das nicht als Empfänger vorgesehen ist.	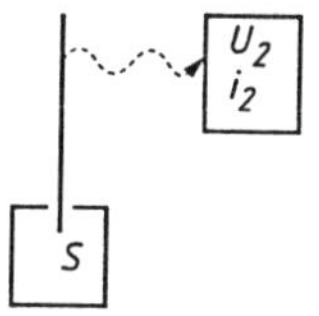 U_2 i_2 S	

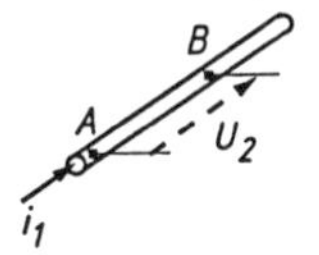

Bild 2.1 Die einfachen Kopplungen.

2.2 Zusammengesetzte Kopplungen

In vielen Beeinflussungssituationen führt schon eine der in Bild 2.1 aufgeführten einfachen Kopplungen allein zu einer Störung. Es kommt aber auch recht häufig vor, daß mehrere einfache Kopplungen gleichzeitig auftreten. Zum Teil sind sie sogar in festem Zusammenhang miteinander verknüpft. Die drei bedeutendsten sind:

– **Die Kopplung zwischen stromführendem Leiter und „anliegender" Masche**
   (ohmsche + induktive Kopplung),

– **Die Kabelmantel-Kopplung**
   (ohmsche + induktive Kopplung),

– **Die Kopplung zwischen parallelen Leitungen**
   (kapazitive + induktive Kopplung).

Situationen, in denen die beiden ohmschen und induktiven Kombinationen vorkommen, sind schematisch in Bild 2.2 dargestellt.

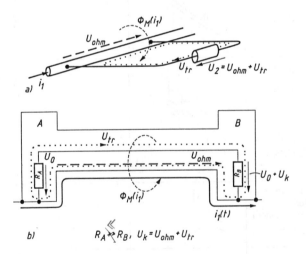

Bild 2.2 Häufig auftretende zusammengesetzte Kopplungen.
a) Kopplung in eine Masche, die an der störenden Strombahn anliegt.
b) Kabelmantelkopplung

Eine Kabelmantelkopplung tritt auf, wenn ein Signal U_o von einem Gerät B mit Hilfe eines koaxialen Kabels übertragen wird und gleichzeitig über den Mantel des Kabels ein Strom i_1 fließt.

Der Strom i_1 ist die Störquelle. Durch den ohmschen Widerstand des Kabelmantels entsteht eine ohmsche Kopplung zwischen der Strombahn von i_1 und dem Signalkabel. Gleichzeitig greift aber auch das Magnetfeld von i_1 durch das Geflecht des Kabelmantels in das Innere des Kabels ein und induziert dort bei zeitlicher Änderung von i_1 eine Spannung. Über die ohmsche und induktive Kopplung entsteht im Innern des Kabels die störende Spannung U_K und die Signalübertragung von A nach B (Störsenke) wird gestört. Einfache und zusammengesetzte Kopplungen können auch netzwerkartig miteinander verknüpft sein. Bild 2.3 zeigt z.B. eine einfache Anordnung, an der insgesamt vier Kopplungen beteiligt sind:

1. Der Strom i_1 (Störquelle) wirkt mit der induktiven Kopplung $IK1$ seines Magnetfeldes auf die schraffiert dargestellte Masche und erzeugt dort den Strom i_2.

2. Der Strom i_2 ist über einer Kabelmantelkopplung KMK mit dem Innern des Kabels verbunden.

3. Der Strom i_2 greift mit einer induktiven Kopplung $IK2$ direkt in die Masche ein, die von der Kabelseele und dem Ende des Kabelmantels am Geräteanschluß gebildet wird.

4. Der Strom i_1 greift mit einer induktiven Kopplung $IK3$ ebenfalls direkt in die Masche am Geräteanschluß ein.

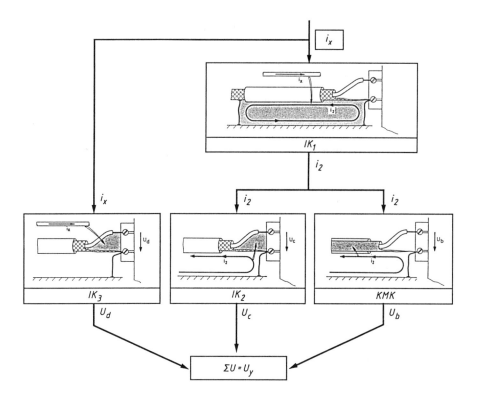

Bild 2.3 Beispiel eines Kopplungs-Netzwerks.
Der Strom i_x in einer Schalter-Nahzone beeinflußt ein benachbartes Koaxialkabel und erzeugt dort die Strömung U_y

2.3 Die Beeinflussungswege

Die Kopplungsmechanismen und damit auch die elektromagnetischen Beeinflussungen werden, wie bereits erwähnt, weitgehend durch die elektrischen und magnetischen Felder bestimmt. Das heißt, die Wege, die von den Störquellen zu den Störsenken führen, ergeben sich im wesentlichen durch die Art und Weise, mit der sich die jeweils beteiligten Felder ausbreiten.

Im Rahmen der Strategie, eine vorliegende oder zu erwartende Beeinflussung zu verhindern, ist es sehr wichtig, sowohl die Art der Felder als auch ihre Ausbreitungswege möglichst genau zu kennen, um sie gezielt abschwächen zu können.

Häufig ist nämlich die Abschwächung der störenden Felder die einzige Möglichkeit, eine Störung zu beseitigen, wenn man die Stärke der eigentlichen Störquelle als gegeben hinnehmen muß und die Struktur der Störsenke aus technologischen Gründen nicht verändern kann. Solche Situationen trifft man z.B. an, wenn es darum geht, mehrere fertige Einzelgeräte zu einem System zusammenzuschalten.

Im folgenden wird zunächst ein Überblick darüber gegeben, auf welchen Wegen welche Art von Feldern zur Störsenke gelangen können. Daraus ergeben sich dann erste Hinweise für die Wahl der Mittel, mit denen die Felder abgeschwächt werden können.

2.3.1   Die allgemeine Struktur der Beeinflussungswege

Für die Ausbreitung der elektrischen Felder, die von den Spannungen zwischen Leitern ausgehen, und die der magnetischen Felder, die von den Leitungsströme verursacht werden, bieten sich drei Wege an (Bild 2.4)

–   Störungen über Netzleitungen,

–   Störungen über Datenleitungen,

–   Störungen über Erd- oder Masseleiter.

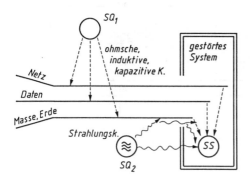

Bild 2.4
Die möglichen Beeinflussungswege.

Die Störungen können, ausgehend von Störquellen SQ_1, über ohmsche, induktive oder kapazitive Kopplungen auf diese Leitungen gelangen und dann im Innern der Schaltung über entsprechende ohmsche, induktive oder kapazitive Kopplungen zur Störsenke SS weitergeführt werden.

Darüber hinaus können elektrische, magnetische oder Strahlungsfelder – ausgehend von der Störquelle SQ_2 – entweder direkt auf die Störsenke SS einwirken. Oder eine der erwähnten Leitungen (Netz, Daten oder Masse) wirkt als Empfangsantenne und leitet die Störung ein Stück weit leitungsgebunden in das Innere des gestörten Gerätes weiter. Bevor die Maßnahmen zur Abschwächung der Felder diskutiert werden können, ist es notwendig, die Leitungsfelder noch etwas näher zu betrachten.

2.3.2 Felder, die von Leitungen ausgehen

Felder, die von Leitungen ausgehen, sind einerseits die Magnetfelder der Ströme, die in den Leitern fließen, und andererseits die elektrischen Felder der Spannung zwischen den Leitern der Leitungen.

Die Formen der Felder werden durch zwei Parameter bestimmt:

– zum einen durch die Geschwindigkeit, mit der sich das Feld ändert

– und zum anderen durch die Länge a der Leitung, von der das Feld erzeugt wird.

Wenn sich die Spannungen und Ströme in den Störquellen, die die Leitung speisen, sinusförmig ändern, dann ist die Frequenz $f_{stör}$ beziehungsweise die Wellenlänge $\lambda_{stör}$ ein Maß für die Geschwindigkeit, mit der sich das Feld ändert. Je nachdem, ob die Wellenlänge wesentlich länger oder wesentlich kürzer ist als die Länge a der gespeisten Leitung, ergeben sich ganz unterschiedliche Formen der Feldausbreitung:

– Wenn die Wellenlänge $\lambda_{stör}$ wesentlich größer ist als die Leitungslänge a, also bei niederfrequenten Störungen, bleiben die Felder in der Nähe der spannungs- beziehungsweise stromführenden Leiter. Man nennt deshalb diese Ausbreitungsform des Feldes auch leitungsgebunden.

– Wenn die Wellenlänge $\lambda_{stör}$ etwa gleich groß oder kürzer ist als die Leitungslänge, bleibt ein Teil des Feldes leitungsgebunden aber ein anderer Teil breitet sich als Strahlungsfeld weit im freien Raum aus. Die Ablösung strahlender Feldanteile ist an Knickstellen der Leitung besonders ausgeprägt.

In Bild 2.5 sind zum Beispiel die Magnetfelder dargestellt, die in der Umgebung rechteckiger Drahtschleifen entstehen, wenn diese Schleifen mit Strömen unterschiedlicher Frequenz gespeist werden [2.1]. Die wiedergegebenen Linien sind jeweils die Konturlinien für konstante Werte der z-Komponente der magnetischen Feldstärke, wobei die Amplitude dieses Wertes von Linie zu Linie etwa um 20 % ab- oder zunimmt.

Man erkennt in Bild 2.5a deutlich die leitungsgebundene Feldstruktur unter der Bedingung, daß die Wellenlänge $\lambda_{stör}$ wesentlich größer ist als die Leitungslänge a. Wesentlich größer heißt, daß die Wellenlänge $\lambda_{stör}$ mehr als 10mal größer ist als die Leitungslänge.

Das Feldbild 2.5b, bei dem der Umfang a der stromführenden Schleife gleich der Wellenlänge $\lambda_{stör}$ ist, zeigt schon deutlich die beginnende Ablösung des Feldes vom Leiter. In Bild 2.5c mit noch kürzerer Wellenlänge entfernt sich ein wesentlicher Teil des Feldes als Strahlung von der Strombahn.

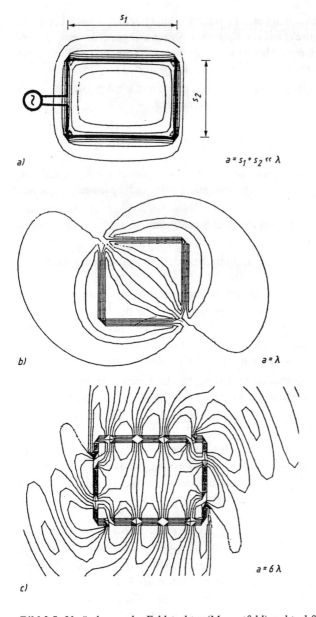

Bild 2.5 Veränderung der Feldstruktur (Magnetfeld) rechteckförmiger Strombahnen mit zunehmender Frequenz (sinusförmiger Strom).

Zusammenfassend kann man also in bezug auf die Felder, die von einer Leitung der Länge a ausgehen, folgendes sagen:

$\lambda_{stör} > 10\, a$ Feld bleibt in der Nähe der Leiter (leitungsgebunden)

$\lambda_{stör} < 10\, a$ leitungsgebundenes Feld + Strahlungsfeld

2.3.3 Abschwächung leitungsgebundener Störungen ($\lambda_{stör} > a$)

Sofern die Wellenlänge des Störsignals wesentlich größer ist als die Leitungslänge a, gibt es, wie anhand der Feldbilder erläutert wurde, kein Strahlungsfeld, sondern die Felder der Ströme und Spannungen, die von der Störquelle ausgehen, bleiben leitungsgebunden. Man kann die Ausbreitung dieser Felder dadurch behindern, indem man den felderzeugenden Leiterströmen und Leiterspannungen den Zugang zum zu schützenden Gerät erschwert, und zwar mit Hilfe von Filtern.

Solche Filter werden so ausgelegt, daß sie einerseits die netzfrequenten Vorgänge nicht behindern, andererseits aber für die hochfrequenten Störungen teils Nebenschlüsse, teils Verbraucher darstellen. Dies geschieht mit Hilfe von Kondensatoren zwischen den Leitern, die Nebenschlüsse für die Störströme bilden, und die in Reihe zur Leitung angebrachten Induktivitäten, die zusätzliche Verbraucher für die am Nebenschluß verbleibende Störspannung darstellen (Bild 2.6).

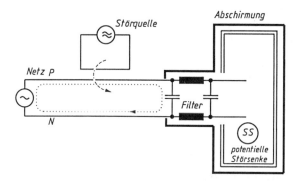

Bild 2.6 Abschwächung leitungsgebundener Störungen (schematische Darstellung).

Ein Filter allein kann in den Netzleitungen Störungen etwa um 20 dB abschwächen. Wenn höhere Abschwächungen nötig sind – sei es weil die Störungen zu stark oder das gestörte Gerät zu empfindlich ist – muß man verhindern, daß das störende Feld um das Filter herumgreift. Man muß dann das Filter abschirmen und die Abschirmung in die Abschirmung des zu schützenden Gerätes mit einbeziehen.

2.3.4 Abschwächung leitungsgebundener Beeinflussungen über Datenleitungen

Wenn über die Datenleitungen niederfrequente Signale übertragen werden, z.B. Spannungen, die von Thermoelementen erzeugt werden, dann können schnell veränderliche Störungen, die auf diese Leitungen gelangen, wie die Störungen auf Netzleitungen mit Filtern, reduziert werden.

Wenn dagegen Daten mit hochfrequenten Signalen oder steilen Impulsen übertragen werden, kann man keine Filter in die Leitung einbauen, weil dann gleichzeitig mit der Unterdrückung der schnell veränderlichen Störsignale auch die hochfrequenten Nutzsignale verschwinden. Man muß in solchen Fällen mit Abschirmungen, die die Datenleitungen umgeben, verhindern, daß störende magnetische bzw. elektrische Felder die Datenleitungen berühren können (Bild 2.7).

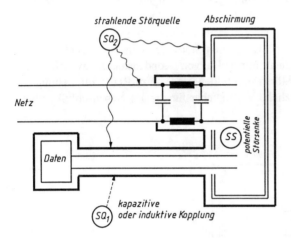

Bild 2.7 Abschwächung von Störungen durch Strahlungsfelder (schematische Darstellung).

2.3.5   Abschwächung von äußeren Feldern

Die direkte Einwirkung äußerer Felder (ausgehend von Quellen des Typs SQ_2 in Bild 2.4) auf ein elektrisches Gerät läßt sich nur mit Abschirmgehäusen unterbinden (Bild 2.7).

Wenn die Wellenlänge $\lambda_{stör}$ der hochfrequenten Störungen auf der Netzleitung kleiner ist als die Leitungslänge a, tritt, wie anhand der Feldbilder erläutert wurde, zusätzlich ein Strahlungsfeld auf. Daß die hochfrequenten Spannungen und Ströme über die Netz- und Erdleitungen in die Störsenke gelangen, kann man mit Filtern verhindern. Man muß aber auf jeden Fall auch noch das Eindringen des Strahlungsfeldes unterbinden, das sich von der Leitung ablöst. Das heißt, man muß sowohl das gesamte zu schützende Gerät als auch das Filter abschirmen (Bild 2.7).

Die Energie, die aus einem äußeren Feld von einer Netzleitung wie von einer Antenne aufgenommen und in Richtung auf ein empfindliches Gerät weitergeleitet wird, läßt sich am Geräteeingang ebenfalls mit einem Filter abfangen. Damit es nicht von Teilfeldern umgangen werden kann, muß man das Filter abschirmen und in die Geräteabschirmung integrieren.

In Datenleitungen kann man, wie bereits erwähnt, keine Filter einbauen, so daß der Schutz gegen äußere Felder auf jeden Fall mit einer Abschirmung bewerkstelligt werden muß (Bild 2.7).

2.4 Die äußere elektromagnetische Umwelt

Die Eigenart elektrischer Geräte, Felder in ihrer Umgebung zu verbreiten, erzeugt eine elektromagnetische Umweltbedingung, der sie selbst, aber auch benachbarten Geräten ausgesetzt sind.

Damit man sich beim Entwurf einer elektrischen Schaltung auf diese Bedingungen einstellen kann, wurden im Rahmen der internationalen Normierung elektromagnetische Umweltklassen geschaffen. Sie sind für Europa in europäischen Normen (EN) festgelegt, und zwar

– für industrielle Umgebungen in EN 500 82-2
– für Haushalte und Gewerbebetrieben EN 500 82-1.

Die folgende Tabelle zeigt einen Ausschnitt aus der Norm EN 500 82-2 in der beschrieben wird, mit welchen Einwirkungen auf das Gehäuse von Geräten in industrieller Umgebung zu rechnen ist.

Umweltphänomen	Grenzwerte	Basic Standard
Elektromagnetisches Feld (unmoduliert)	27-500 MHz 10 V/m	IEC 801-3 (1984)
Elektrostatische Entladung	4 KV (direkt) 8 KV(Funke)	IEC 801-3 (1984)
Magnetfeld (Netzfrequenz)	30 A/m	IEC 77 B (CO) 7
HF-Strahlungsfeld (moduliert)	bis 1'000 MHz 10 V/m eff	
HF-Strahlungsfeld (pulsmoduliert)	1,89 GHz 3 V/m	

Es ist erkennbar, daß man die elektromagnetische Verträglichkeit einerseits von schnell veränderlichen Vorgängen, d.h. durch hochfrequente Felder und impulsförmige Entladung elektrostatischer Aufladungen, und andererseits durch die niederfrequenten Magnetfelder, gefährdet sieht .

In den erwähnten Normen sind, neben der elektromagnetischen Beanspruchung über das Gehäuse, auch noch die zu erwartenden Störungen über Netz- und Datenleitungen beschrieben.

2.5 Störfestigkeit

Im Hinblick auf die passive elektromagnetische Verträglichkeit eines Systems, wurden in den beiden vorangegangenen Abschnitten zwei Aussagen gemacht:

- In Abschnitt 2.4 wurde skizziert, wie groß die von außen zu erwartenden Einflüsse sind,
- in Abschnitt 2.3 wurde angedeutet, welche Möglichkeiten vorhanden sind, um die Beeinflussungswege abzuschwächen.

Damit sind die beiden ersten Strukturelemente der Beeinflussungssituationen angesprochen, nämlich die Störquellen und die Kopplungen.

Es bleibt die Frage, was die Störsenke verträgt. Man verwendet in diesem Zusammenhang den Begriff Störfestigkeit. Darunter versteht man die Grenze, bis zu welcher eine elektrische Einrichtung Störgrößen ohne Fehlfunktion ertragen kann.

♦ **Beispiel 2.1**
Die Grenze der Störfestigkeit des Prozeßrechners in Beispiel 1.5 liegt bei der angegebenen Frequenz des Störsignals von 165 MHz offensichtlich bei einer Feldstärke zwischen 10 $V/_m$ (noch nicht gestört) und 20 $V/_m$ (gestört).
Wenn der Rechner zum Beispiel dem Feld eines im Auto installierten Senders mit einer Stärke von 100 $V/_m$ ausgesetzt wäre, müßten die Beeinflussungswege mit Filtern und Abschirmungen mindestens um einen Faktor 10 abgeschwächt werden, um eine elektromagnetisch verträgliche Situation zu erreichen.   ♦

Man erkennt an diesem Beispiel das logische Gerüst, in das der Begriff Störfestigkeit einzuordnen ist:

1. Die vorgegebene Baugruppe (Rechnerplatine) weist eine bestimmte Störfestigkeit auf.
2. Die äußeren Umweltbedingungen sind stärker als die Störfestigkeit der Komponente.
3. Die Differenz zwischen äußerer Beanspruchung und Störfestigkeit der Baugruppe muß durch eine Abschwächung des Kopplungsweges bewältigt werden.

In Bild 2.8 ist dieser Zusammenhang schematisch dargestellt, wobei noch ergänzend die Störungsmöglichkeit durch innere Umweltbedingungen mit eingeschlossen wurde.

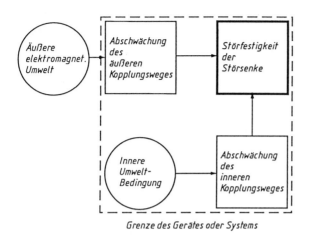

Grenze des Gerätes oder Systems

Bild 2.8 Die Einordnung der Störfestigkeit der Störsenke in die vorgegebene elektromagnetische Umwelt

Aus dieser Betrachtung geht die zentrale Rolle deutlich hervor, die die Störfestigkeit der Baugruppen und Bauelemente bei der Planung der elektromagnetischen Verträglichkeit eines Systems spielt. Man muß nämlich aus der Differenz zwischen Störfestigkeit und Umweltwerten den notwendigen Abschwächungsaufwand abschätzen, und wenn dieser Aufwand zu groß ist oder unüberwindbar erscheint, unempfindlichere Bauelemente suchen.

Bei Baugruppen mit analogem Verhalten wird das, was man als Grenze der Störfestigkeit ansieht, häufig von subjektiven Bewertungen beeinflußt:

– ob man zum Beispiel die Ablenkung eines Elektronenstrahls durch ein äußeres Magnetfeld auf dem Bildschirm schon als Flimmern empfindet,

– oder ob ein Abstand zwischen Nutz- und Störsignal von 10 dB schon als sehr störend wahrgenommen wird oder nicht.

Baugruppen mit digitalem Verhalten weisen dagegen eine schärfere Grenze der Störfestigkeit auf. Sie haben den Vorteil, daß sich Störungen überhaupt nicht bemerkbar machen, solange ihre Amplitude kleiner ist als der Pegel, mit dem ein Wechsel von einem logischen Zustand in den anderen erfolgt. Sie haben aber den Nachteil, daß auch kurze Störungen eine bleibende Wirkung hinterlassen können, wenn z.B. ein flip-flop unbeabsichtigt in einen anderen Zustand gekippt wird und auch nach Abklingen der Störung dort bleibt.

Bei impulsförmigen Störungen, z.B. durch die Entladung elektrischer Aufladungen oder durch Schalthandlungen, wird den betroffenen Komponenten innerhalb einiger Nano- oder Mikrosekunden Energie zugeführt. Der damit verbundene Erwärmungsprozeß hat adiabatischen Charakter, d.h. die gesamte Energie wird nur über die spezifische Wärme und Masse in eine Erwärmung der jeweiligen Komponente umgesetzt, weil in der Kürze der Zeit keine Wärmeabgabe nach außen erfolgen kann.

Demzufolge reagieren Bauelemente mit geringer Masse – wie integrierte Schaltungen, Kleinsignaltransistoren oder Mikrowellendioden – besonders empfindlich auf impulsartige Störungen. Sie werden entweder thermisch zerstört oder es kommt zu irreversiblen Veränderungen der Kennlinien.

Die in Kapitel 9 näher beschriebenen Entladungen elektrischer Aufladungen von Personen sind auf jeden Fall so stark, daß sie bei direkter Einwirkung auf die genannten Bauelemente zur Zerstörung führen. Es gibt inzwischen umfangreiche Fachliteratur, die sich mit dieser Art von Störempfindlichkeit der Halbleiterstrukturen befaßt, z.B. [2.3].

2.6 Störaussendung

Um die elektromagnetischen Umweltbedingungen in überschaubaren Grenzen zu halten, hat man für die Felder, welche von elektrischen Geräten abgegeben werden dürfen, Grenzwerte festgelegt, zum Teil sogar in Form von gesetzlich verbindlichen Vorschriften.

Die ersten Regelungen dieser Art zu Beginn dieses Jahrhunderts betrafen nur die unbeabsichtigten Abstrahlungen von elektrischer Energie im Frequenzbereich des Rundfunks mit dem Ziel, störungsfreien Radioempfang zu ermöglichen. Im gleichen Maß, in dem sich seither die drahtlose Nachrichtenübermittlung sowohl vom Umfang her als auch in der Breite des benutzten Frequenzspektrums ausgebreitet hat, ist auch das Bedürfnis nach Vorschriften zur sogenannten Funkentstörung gewachsen. Es gibt dazu inzwischen auch umfangreiche Literatur, z.B. [2.4].

In der Frühzeit der Elektrotechnik waren die Funkempfänger so fast ziemlich die empfindlichsten Geräte, auf die man deshalb mit Hilfe der Funkentstörung besondere Rücksichten erzwingen mußte. Mittlerweile sind aber, nicht zuletzt durch die Anwendung der Halbleitertechnik in Meß-, Steuer- und Regelkreisen, störempfindliche Systeme sowohl in der Industrie als auch in den Haushalten weit verbreitet. Dadurch ist, zusätzlich zur wichtigen Funkentstörung, ein weiterer Bedarf an Emissionsbeschränkung entstanden. So gibt es zum Beispiel die Europa-Normen EN 500 81-1 und 500 81-2, in denen die zulässigen Störaussendungen für industrielle Umgebungen bzw. für Haushalt und Gewerbe festgelegt sind.

Die Grenzen für die maximal zulässige Störemission, aber auch für die im vorhergehenden Abschnitt erwähnte Störfestigkeit, werden häufig als Grenzkurven zulässiger Amplituden in Abhängigkeit der Frequenz dargestellt, wie z.B. in Bild 2.9.

Dabei benutzt man in der Regel logarithmische Maßstäbe der Form dBμV, dBA/$_m$ usw. Es handelt sich dabei um Werte, die sich auf die Einheit der angegebenen Dimension beziehen.

Zum Beispiel werden 500 μV in

$$20 \log \frac{500 \, \mu\text{V}}{1 \mu\text{V}} = 54 \, \text{dB} \, \mu\text{V} \tag{1.1}$$

umgewandelt.

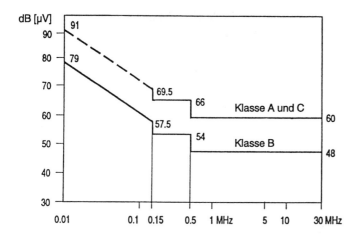

Bild 2.9 Grenzstörpegel von Hochfrequenzgeräten für industrielle, wissenschaftliche,
medizinische und ähnliche Zwecke (ISM-Geräte) nach VDE 0871.
A Einzelgenehmigung aufgrund einer Typenprüfung (z.B. Medizingeräte)
B allgemeine Genehmigung (z.B. Haushaltgeräte, Personal Computer)
C Prüfung am Aufstellungsort

Eine Emission, die einen sinusförmigen Verlauf bei einer bestimmten Frequenz aufweist,
kann man sehr leicht in ein solches Grenzwertdiagramm einordnen. Bei nichtsinusförmigen periodischen Störsignalen muß man mit einem auf Frequenzen abstimmbaren
selektiven Voltmeter den gesamten Frequenzbereich durchfahren.

Zu den am weitesten verbreiteten nichtsinusförmigen Signalen gehören die Rechteckim-
pulsfolgen in digitalen Schaltungen und die ebenfalls näherungsweise rechteckförmigen
Impulsfolgen „angeschnittener" Ströme und Spannungen in der Leistungselektronik.

Mit den folgenden theoretischen Betrachtungen soll ein Eindruck davon vermittelt werden, welche Anteile im Frequenzspektrum solcher Rechteck-Impulsfolgen stecken.
Ohne Verlust an grundsätzlichen Erkenntnis kann man die Analyse anhand der einfach
zu überblickenden periodischen Rechteckfolgen durchführen.

Die in Bild 2.10 dargestellte Impulsfolge läßt sich nach Fourier in eine unendliche
Summe sinusförmiger Vorgänge zerlegen

$$f(t) = \sum_{n=1}^{\infty} C_n \sin\left(n2\pi f_o t\right).$$

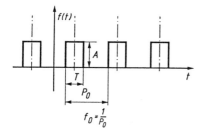

Bild 2.10
Folge rechteckförmiger Impulse mit der
Impulsbreite T, der Periodendauer P_0 und der
Amplitude A.

Jeder der sinusförmigen Anteile, gekennzeichnet durch seine Ordnungsnummer n, oszilliert mit der Frequenz $n \cdot f_o$, das heißt mit einer ganzzahligen Vielfachen der Frequenz f_0 des zu zerlegenden Vorgangs $f(t)$.
Die Amplituden C_n der Teilvorgänge werden durch die Gleichung

$$C_n = 2AT \cdot f_o \ \frac{\sin\,(\pi n f_o T)}{\pi n f_o T}$$

$$n = 1, 2, 3 \ldots$$

beschrieben.
Die Amplitudenwerte C_n werden in Abhängigkeit von der Ordnungszahl n durch die Funktion

$$\frac{\sin\,(\pi X)}{\pi X}$$

mit $(X = n_o f_o T)$ eingehüllt. In Bild 2.11 ist der Verlauf dieser Funktion grafisch dargestellt.

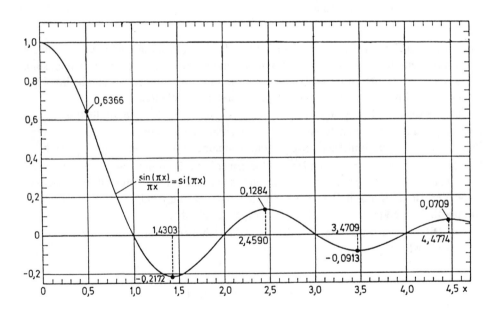

Bild 2.11 Die Funktion $\dfrac{\sin\,(\pi x)}{\pi x}$ (nach [2.7])

Die folgenden Beispiele zeigen, daß die Amplituden der Oberwellen sehr stark vom Verhältnis Impulsbreite T zur Folgefrequenz f_0 der Impulse anhängen.

♦ **Beispiel 2.2**

Bild 2.12a zeigt Impulse mit einer Amplitude von 1 Volt und mit 1 μs Dauer die in 2 μs Abstand folgen.

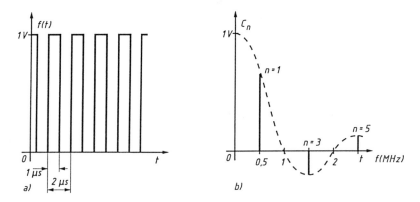

Bild 2.12   Das Frequenzspektrum einer Impulsfolge mit der Impulsbreite von 1 μs, der Periodendauer von 2 μs und einer Amplitude von 1 Volt.

Es ist also $\qquad\qquad T = 1\ \mu\text{s und } f_0 = \dfrac{1}{2\mu s}$

Die einhüllende Funktion sin $(\pi x)/\pi x$ hat für $x = o$ die Amplitude

$$2AT \cdot f_o = 2\cdot 1\ \text{Volt}\cdot 1\mu s \dfrac{1}{2\mu s} = 1\ \text{Volt}.$$

Die sinusförmigen Anteile mit der niedrigsten Ordnungsnummer $n = 1$ und der Frequenz

$$f_0 = \dfrac{1}{2\mu s} = 500\ \text{kHz}$$

hat die Amplitude

$$C_1 = 1\ \text{Volt}\ \dfrac{\sin\left(\pi\cdot\dfrac{1}{2}\right)}{\pi\cdot\dfrac{1}{2}} = 0{,}64\ \text{Volt}.$$

Bild 2.12b zeigt die entsprechende graphische Darstellung von C_1 und den folgenden Amplituden der Frequenzanteile.

$$C_2 \text{ ist Null.}$$

Die dreifache Grundfrequenz von 1,5 MHz hat eine Amplitude von $C_3 = -0{,}21$ Volt usw.   ♦

♦ **Beispiel 2.3**

Bild 2.13a zeigt wieder Impulse mit einer Amplitude von 1 Volt und mit 1 μs, die aber diesmal in 5 μs Abstand folgen. Es ist also $T = 1\ \mu s$ und $f_0 = \dfrac{1}{5\ \mu s}$.

Die einhüllende Funktion hat für $x = o$ die Amplitude

$$2AT \cdot f_0 = 2 \cdot 1 \text{ Volt} \cdot 1\ \mu s \frac{1}{5 \mu s} = 0{,}4 \text{ Volt.}$$

Der sinusförmige Anteil mit der niedrigsten Ordnungsnummer und der Frequenz

$$f_0 = \frac{1}{5 \mu s} = 200 \text{ kHz}$$

hat die Amplitude von

$$C_1 = 0{,}4 \text{ Volt} \ \frac{\sin\left(\pi \dfrac{1}{5}\right)}{\pi \cdot \dfrac{1}{5}} = 0{,}37 \text{ Volt.}$$

Die nächsten Werte sind

$n = 2 : C_2 = 0{,}3 \text{ Volt} \quad f_2 = 400 \text{ kHz}$
$n = 3 : C_3 = 0{,}2 \text{ Volt} \quad f_3 = 600 \text{ kHz}$
usw.   ♦

Bild 2.13b gibt einen Gesamtüberblick.

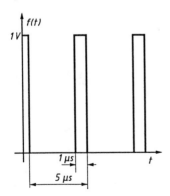
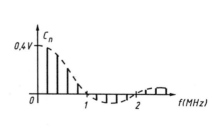

Bild 2.13 Das Frequenzspektrum einer Impulsfolge mit der Impulsbreite von 1 μs, der Periodendauer von 5 μs und einer Amplitude von 1 Volt

$$\frac{\sin\ (px)}{px}.$$

Man kann aus diesen Beispielen folgendes erkennen:

1. Bei hoher Impulsfolgefrequenz enthält das Frequenzspektrum einige wenige sinus-förmige Anteile mit hohen Frequenzen und hohen Amplituden. Die Amplituden der höheren Frequenzanteile fallen mit zunehmender Ordnungszahl stark ab.

2. Bei tieferen Impulsfolgefrequenzen beginnt das Frequenzspektrum bei tieferen Fre-quenzen, die Amplituden der sinusförmigen Anteile sind niedriger, fallen aber mit zu-nehmender Ordnungszahl nicht so stark ab wie bei hohen Folgefrequenzen.

Weil es bei den EMV-Analysen meist genügt, sich nur mit den Größenordnungen der Störgrößen auseinanderzusetzen, benutzt man häufig anstelle der genauen Fourieranalyse lediglich eine Näherung. Dabei wird der genaue Verlauf der Beschreibungsfunktion für die C_n-Werte durch eine Funktion ersetzt, die den Betrag des exakten Verlaufs umhüllt. Mit logarithmischen Frequenz- und Amplitudenmaßstäben werden die umhüllenden Näherungsfunktionen durch Geradenabschnitte repräsentiert (Bild 2.14).

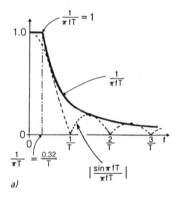 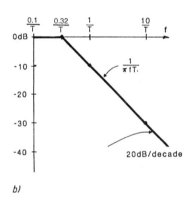

Bild 2.14 Näherung der Funktion $\dfrac{\sin(\pi x)}{\pi x}$ durch eine Umhüllende.

a) linearer Maßstab
b) logarithmischer Maßstab

2.7 Ein kurzer Blick in die Theorie der Elektrotechnik

Die Erfahrung zeigt, daß ein unsachgemäßer Umgang mit Theoriebegriffen zu den häu-figsten Fehlerursachen sowohl bei der Analyse als auch bei den Bemühungen um die Beseitigung von Störungen zählt. Mit unsachgemäß ist hier gemeint, daß die verwende-ten Begriffe der jeweils gegebenen physikalischen Situation nicht angemessen sind.

Es geht dabei nicht in erster Linie um falsche Berechnungsergebnisse, sondern darum, daß die mit jedem Theoriebegriff verbundenen bildlichen Vorstellungen das Denken und damit auch das Handeln in eine falsche Richtung lenken.

Es gibt in diesem Zusammenhang zwei ausgesprochene Schwerpunkte:

1. Die Theoriebegriffe „Potentialdifferenz" und „Bezugspotential" werden oft auf elektrische Spannungen angewendet, deren physikalische Natur dafür nicht geeignet ist.

2. Die Verhältnisse in den wirklichen Schaltungen einerseits und in den zugehörigen Modellen, den sogenannten Ersatzschaltbildern andererseits, werden nicht klar genug auseinandergehalten.

   Dies betrifft insbesondere die quasistationären Modelle mit der Modellierung der Felder durch den Induktivitäts- bzw. Kapazitätsbegriff.

Der folgende Abschnitt 2.7.1 ruft zunächst die Voraussetzungen kurz in Erinnerung, welche erfüllt sein müssen, um eine Spannung als Potentialdifferenz beschreiben zu können. Ergänzend zu den theoretischen Betrachtungen werden in Beispiel 2.4 zwei experimentelle Ergebnisse vorgestellt, von denen das eine mit Potentialdifferenzen erklärt werden kann, das andere hingegen nicht.

Anschließend wird im Abschnitt 2.7.2 der Begriff der Geometrie einer Spannung eingeführt, der helfen soll, Spannungen, die als Potentialdifferenzen beschrieben werden können, von solchen zu unterscheiden, bei denen dies nicht möglich ist,

Es folgt dann ein Abschnitt (2.7.3) über die quasistationäre Modellbildung. Dabei geht es einerseits um die Grenzen der quasistationären Betrachtungsweise und andererseits um die Unterschiede zwischen dem Modell (d.h. dem Ersatzschaltbild) und der realen Schaltung.

2.7.1   Spannungen und Potentialdifferenzen

Die elektrischen und magnetischen Felder sind Vektorfelder. Unter bestimmten physikalischen Umständen, die noch näher zu diskutieren sein werden, muß man zur mathematischen Beschreibung solcher Felder nicht unbedingt komplizierte vektorielle Ortsfunktionen benutzen, sondern man kann ihre mathematische Darstellung auf einfache skalare Ortsfunktionen zurückführen, sogenannte skalare Potentialfunktionen. Die elektrischen Spannungen lassen sich in solchen Fällen dann einfach als Differenzen skalarer Funktionswerte – abgekürzt Potentialdifferenzen – darstellen.

In der Theorie der Felder werden als Voraussetzung für diese einfache skalare Beschreibungsmöglichkeit mathematische Randbedingungen genannt. Sie lauten zum Beispiel für ein elektrisches Feld, das durch die räumliche Verteilung der vektoriellen Ortsfunktion E (x, y, z) näher gekennzeichnet ist, wie folgt:

Linienintegrale, die mit der Funktion E (x, y, z) von einem Punkt P_1 zu einem anderen Punkt P_2 gebildet werden, müssen unabhängig vom Weg sein, auf dem man von einem Punkt zum anderen gelangt. Oder anders ausgedrückt, alle Integrationen die auf den Wegen W_1, W_2, W_3 usw. vom Punkt P_1 zum Punkt P_2 ausgeführt werden, müssen den gleichen Wert $U_{1,2}$ ergeben (Bild 2.15)

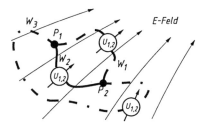

Bild 2.15
Zur Weg-Unabhängigkeit einer Spannung
zwischen zwei Punkten in einem Feld, das mit
einer skalaren Potentialfunktion beschrieben
werden kann.

$$\int\limits_{P_1}^{P_2} E ds = \int\limits_{P_1}^{P_2} E ds = \int\limits_{P_1}^{P_2} E ds = U_{1,2} \, [\text{Volt}].$$

$$(W_1) \qquad (W_2) \qquad (W_3)$$

Die in Formel (2.4) dargestellten Integrale sind elektrische Spannungen. Man kann deshalb die Bedingung, die erfüllt sein muß, um Spannungen mit Hilfe von Differenzen von Potentialfunktionen beschreiben zu können, auch wie folgt formulieren:

Eine Spannung, die man längs eines Weges W_1 zwischen den Punkten P_1 und P_2 mißt, darf sich nicht ändern, wenn man die Verbindungen von P_1 und P_2 zum Voltmeter auf einen anderen Weg W_2 verlegt.

Falls man auf verschiedenen Wegen von P_1 nach P_2 verschiedene Spannungswerte erhält, darf man die Spannungen nicht mit Hilfe einer skalaren Ortsfunktion als Potentialdifferenz beschreiben, sondern man muß einfach beim Begriff Spannung bleiben.

♦ **Beispiel 2.4**
Wenn man durch den bereits in Beispiel 1.3 benutzten röhrenförmigen Widerstand mit einem Widerstandswert von 55 mΩ einen Gleichstrom von IA fließen läßt (Bild 2.16) und ein Voltmeter über den Weg W_1 und zum anderen über den Weg W_2 mit den Punkten P_1 und P_2 verbindet, mißt man auf beiden Wegen die gleiche Spannung, nämlich 55 m V auf beiden Wegen.
Wenn man hingegen wie in Bild 2.17 dargestellt, durch den gleichen Widerstand einen impulsförmigen schnell veränderlichen Strom schickt, registriert man mit den beiden verschiedenen Anschlußvarianten W_1 und W_2 zwei verschiedene Amplituden.

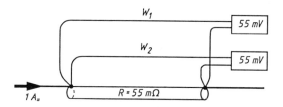

Bild 2.16 Spannungsmessungen an einem ohmschen Widerstand, der von einem Gleichstrom
durchflossen wird.

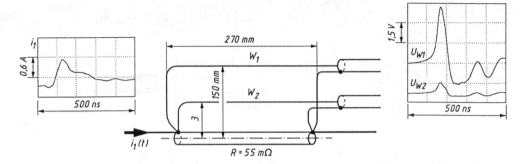

Bild 2.17 Spannungsmessungen an einem ohmschen Widerstand, der von einem zeitlich schnell veränderlichen Strom durchflossen wird.

Die Verhältnisse mit Gleichstrom in Bild 2.16 kann man, ohne in Widersprüche zu geraten, mit Hilfe von Potentialdifferenzen beschreiben. Wenn man zum Beispiel dem Punkt P_1 das Bezugspotential 0 zuordnet, müßte man der Messung über den Weg W_1 folgend, dem Punkt P_2 das Potential 55 m V geben. Der Messung über W_2 folgend, kommt man zum selben Ergebnis. Es ist also sinnvoll, die Spannungen als Potentialdifferenzen anzusehen.

Dagegen gerät man beim Versuch, die Verhältnisse bei schnell veränderlichen Strömen in Bild 2.17 mit Hilfe von Potentialdifferenzen zu beschreiben, in Schwierigkeiten:

Aus dem Oszillogramm bei der Messung über den Weg W_1 kann man aus dem Oszillogramm eine Spannungsamplitude von 4 Volt ablesen. Wenn man dem Punkt P_1 das Bezugspotential Null zuordnet, müßte man dem Punkt P_2 das Potential 4 Volt geben.

Aus dem Oszillogramm bei der Messung über den Weg W_2 zwischen den Punkten P_1 und P_2 ergibt sich eine Spannung von 0,8 Volt. Ausgehend vom Bezugspotential Null des Punktes P_1 müßte man P_2, den man vorher schon im gleichen Feld das Potential 4 V gegeben hat, jetzt das Potential von 0,8 Volt zuordnen, also ein offensichtlicher Widerspruch.   ♦

Aus den Versuchsergebnissen im Zusammenhang mit den Spannungen, die durch den zeitlich veränderlichen Strom in Bild 2.17 verursacht werden, muß man zwei Schlüsse ziehen:

1. Die dort herrschenden Spannungen können nicht mit dem Theoriebegriff Potentialdifferenz beschrieben werden, sondern man muß bei der Bezeichnung Spannung bleiben.

2. Man kann auch nicht einfach von einer Spannung zwischen zwei Punkten (P_1 und P_2) reden. Da es auf unterschiedlichen Wegen von P_1 nach P_2 verschiedene Spannungen gibt, muß man zu jeder Spannung den zugehörigen Weg mit angeben.

Die Bedeutung dieser Aussagen für die Bemühungen um elektromagnetische Verträglichkeit wird im folgenden Abschnitt anhand der Geometrie der Spannungen erläutert.

2.7.2 Die Geometrie der elektrischen Spannung

Das Beispiel 2.4 macht deutlich, daß es offensichtlich zwei verschiedene Spannungsarten gibt:

- Spannungen, die jeweils nur von **den Endpunkten des Weges** abhängen, längs dem sie entstehen
- und Spannungen, die vom **Verlauf des Weges** abhängen, längs dem sie entstehen.

Etwas schlagwortartig ausgedrückt kann man sagen, es gibt Punktspannungen und Wegspannungen.

Bei den Bemühungen, störende Spannungen im Rahmen elektromagnetischer Beeinflussungen zu verringern oder zu vermeiden, ist es notwendig, deren geometrische Charaktereigenschaft genau zu kennen. Bei einer Punktspannung muß man nämlich, um sie zu verringern, andere Anschlußpunkte wählen, und bei einer Wegspannung ist es nötig, Leitungen auf anderen Wegen zu verlegen.

Ob eine Spannung den Charakter einer Punkt- oder einer Wegspannung hat, hängt von dem physikalischen Prozeß ab, durch den sie entsteht. Es gibt in diesem Zusammenhang drei Kombinationen von Feldern und Wegen, auf denen Spannungen entstehen. In der mathematischen Beschreibung unterscheiden sie sich durch die Parameter, von denen die Wegintegrale über die elektrische Feldstärke, d.h. die Spannungen abhängen:

Typ P (Punktspannung)

Das Integral ist abhängig von den Endpunkten P_1 und P_2 des Weges.

$$\int_{P_2}^{P_1} E ds = U_{1,2}$$

Typ WP (Wegspannung)

Das Integral hängt vom Weg ab der von P_1 nach P_2 führt.

$$\int_{P_1}^{P_2} E ds = U_{1,2}$$

(WP)

Typ WR (Wegspannung)

Die Spannung entsteht auf einem in sich geschlossenen ringförmigen Weg R.

$$\oint E ds = U$$

(WR)

Der mathematische Weg ist in der technischen Anordnung der Weg, auf dem die Leitungen liegen.

In der Theorie der Elektrizität wird gezeigt, daß nur zwei Felder exakt zum Typ P zählen und daß damit nur die in ihnen entstehenden Spannungen exakt mit dem Theoriebegriff Potentialdifferenz beschrieben werden können:

– Das elektrische Strömungsfeld im Inneren von Leitern, die von Gleichströmen durchflossen werden (stationäres Feld). Die dabei entstehenden Spannungen sind die
ohmschen Gleichspannungen (Bild 2.18a)

– Das coulombsche elektrische Kraftfeld zwischen getrennten, ruhenden Ladungen
(elektrostatisches Feld). Die dabei entstehenden Spannungen sind die coulombschen
Gleichspannungen (Bild 2.18b).

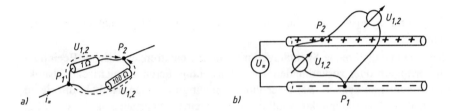

Bild 2.18 Beispiel für eine ohmsche Spannung in einem elektrischen Strömungsfeld und eine
coulombsche Spannung zwischen ruhenden Ladungen.

In guter Näherung kann man auch noch zeitlich veränderliche Strömungsfelder und
coulombsche Kraftfelder zum Typ P zählen, wenn sie zeitlich als Ganzes zwar schwanken, aber dabei die gleiche Form behalten, wie in den oben erwähnten stationären bzw.
statischen Zuständen. Man nennt solche Felder deshalb auch quasistationär. Die Randbedingungen dafür sind in Abschnitt 2.7.3 näher beschrieben.

Spannungen vom Typ WP und WR können dagegen auf keinen Fall mit Hilfe skalarer
Potentialfunktionen beschrieben werden. Es ist leicht erkennbar, daß der physikalische
Entstehungsmechanismus dieser Spannungsarten bei Erklärungsversuchen mit skalaren
Potentialwerten zu Widersprüchen führt.

Die Feld-Weg-Kombination vom Typ WP, bei dem die Spannung vom Verlauf des Weges abhängt, der von einem Punkt zu einem anderen führt, tritt auf, wenn ein Leiterstück
mechanisch mit der Geschwindigkeit v relativ zu einem Magnetfeld bewegt wird (Bewegungsinduktion).

Wenn man bei der Bewegungsinduktion einem Punkt P_1 das Potential φ_1 gibt, dann
müßte man bei der Bewegung eines Leiterstücks der Länge l in einem Teil des Magnetfeldes mit der Stärke B_1 (Bild 2.19) dem Punkt P_2 das Potential $\varphi_1 + v \, l \, B_1$ zuordnen.

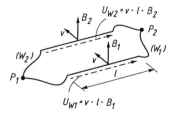

Bild 2.19
Zur Erläuterung von Spannungen (U_{W1} und U_{W2}) längs
verschiedener Wege, die bei der Bewegung eines Leiters
im Magnetfeld entstehen.

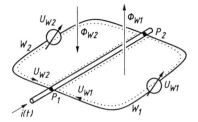

Bild 2.20
Zur Erläuterung von Spannungen (U_{W1} und U_{W2}), die auf verschiedenen Wegen in einem zeitlich veränderlichen Magnetfeld entstehen.

Bei der Bewegung mit der gleichen Geschwindigkeit und der gleichen Länge im Feldteil mit der Stärke B_2 müßte der Punkt das Potential $\varphi_1 + v \, l \, B_2$ haben. Dies zeigt deutlich, daß man unter diesen Umständen nicht jedem Punkt des Feldes einen skalaren Potentialfunktionswert zuordnen kann, d.h. man kann Spannungen vom Typ WP nicht mit Hilfe skalarer Potentialfunktionen beschreiben.

Die Feld-Weg-Kombination vom Typ WR, bei der in einem Feld Spannungen längs geschlossenen Wegen entstehen, trifft man bei der Induktion durch zeitlich veränderliche Magnetfelder an, insbesondere bei der transformatorischen Induktion durch die zeitlich veränderlichen Magnetfelder zeitlich veränderlicher Ströme.

Eine solche Spannung ist der zeitlichen Anordnung des Flußes proportional, der von einer Masche umfaßt wird, und sie entsteht als geschlossener Ring entlang des Maschenrandes. In Bild 2.20 ist die Situation aus dem bereits geschilderten Beispiel 2.4 schematisch skizziert. Es zeigt, daß die Meßinstrumente auf den Wegen W_1 und W_2 verschieden große magnetische Flüsse umfassen, was zu verschiedenen Spannungen auf den beiden Wegen führt.

Wenn die Verhältnisse mit Potentialdifferenzen beschreibbar sein sollten, müßten beide Spannungen auf allen Wegen gleich groß sein, was offensichtlich im Widerspruch zum experimentellen Ergebnis steht.

In Bild 2.21 sind die bisherigen Aussagen zum Problem Potentialdifferenz nochmals in tabellarischer Form zusammengefaßt.

Die Wegabhängigkeit der transformatorischen induzierten Spannungen vom Geometrietyp WU wurde in Beispiel 2.4 (Bild 2.17) in dem Sinne demonstriert, daß die Spannung andere Werte annahm, wenn die Anschlußpunkte beibehalten, aber der Weg der Leitungsführung verändert wurde.

Im folgenden Beispiel wird gewissermaßen das Gegenstück dazu vorgestellt. Hier behält die induzierte Spannung ihre Amplitude, wenn der Weg unverändert bleibt und nur Anschlußpunkte verlegt werden.

stationäre und quasistationäre *) ohmsche Spannungen	**mit Potentialdifferenzen beschreibbar**	Spannungen ändern sich bei Verlegung der Anschlusspunkte
stationäre und quasistationäre *) coulombsche Spannungen		
transformatorisch induzierte Spannungen		Spannungen verändern sich durch andere Leitungsführung.
Spannungen durch Bewegungsinduktion	**keine Potentialdifferenz anwendbar!**	

Bild 2.21 Überblick zum Problem Spannung und Potentialdifferenz
(gemeint sind hier Spannungen in realen Schaltungen, nicht in Ersatzschaltbildern).

♦ **Beispiel 2.5**

Teil 1: Die experimentellen Ergebnisse

In Bild 2.22a ist das Modell einer Beeinflussungssituation dargestellt. Ein Widerstand von 50 Ω stellt den Ausgangswiderstand eines Gerätes X dar, und ein weiterer Widerstand von 50 Ω den 0,5 m entfernten Eingangswiderstand eines Gerätes Y. Beide Geräte sind auf die angegebene Art und Weise miteinander verbunden. Besonders hervorzuheben ist, daß dabei ein Stück A-B einer stromführenden Doppelleitung mit benutzt wird.

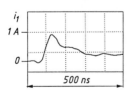
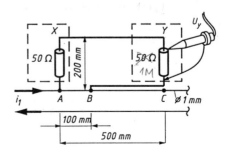

Bild 2.22 Modell einer Beeinflussungssituation.

In der Doppelleitung wird der Strom i_1, dessen Oszillogramm in Bild 2.22b wiedergegeben ist, hin- und wieder zurückgeführt.

Durch den Strom i_1 entsteht unbeabsichtigt eine Spannung im Gerätesystem XY. Sie tritt wegen der Widerstandsverhältnisse hauptsächlich am Eingangswiderstand von 1 MΩ des Gerätes Y in Erscheinung.

In Bild 2.23 sind die Oszillogramme von U_y wiedergegeben, und zwar für verschiedene Verbindungsvarianten:

    I   X ist bei A und Y bei C mit der stromführenden Leitung verbunden,

    II   X ist bei A und Y bei B mit der stromführenden Leitung verbunden,

    III   X ist bei A und Y ist ebenfalls bei A mit der stromführenden Leitung verbunden,

    IV   Systeme X und Y an gar keinem Punkt mit der stromführenden Leitung verbunden.

Die Oszillogramme zeigen, daß der Verlauf der Spannung U_y durch das Verlegen der Anschlußpunkte praktisch nicht beeinflußt wird.

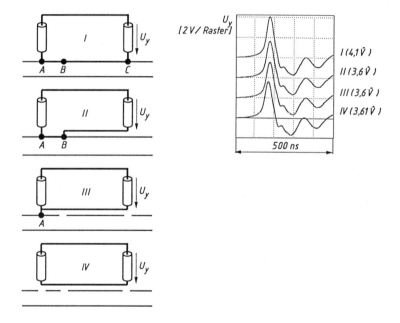

Bild 2.23 Veränderung der störenden Spannung U_y bei unterschiedlichen Verbindungen der gestörten Masche zur störenden Strombahn im Beeinflussungsmodell nach Bild 2.22.

Beispiel 2.5, Teil 2: Die Geometrie der Spannung

1. Im System treten, hervorgerufen durch den Strom i_1, zwei Spannungen auf: Eine ohmsche Punktspannung durch den Stromfluß im Leiter zwischen den Punkten und eine induzierte ringförmige Wegspannung in der Verbindungsmasche zwischen dem System X und Y (Bild 2.24).

2. Wie die Berechnungen in Abschnitt 2.7.3 zeigen werden, ist die ringförmige induzierte Spannung um Größenordnungen höher als die ohmsche Punktspannung. U_y wird also ausschließlich durch die ringförmige induzierte Spannung U_i bestimmt.

3. Bei allen Verlegungen der Anschlußpunkte ist die ringförmige Geometrie der Masche, die längs der Spannung U_i entsteht, relativ zur störenden Strombahn gleichgeblieben. Deshalb konnte sich auch U_i und damit U_y nicht verändern.   ◆

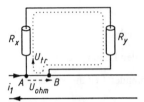

Bild 2.24
Die Geometrie der Störspannungen im
Beeinflussungsmodell nach Bild 2.22.

2.7.3   Die quasistationäre Modellbildung

Die stationären elektrischen Vorgänge, d.h. also die Erscheinungen in Gleichstromnetzen, lassen sich sehr übersichtlich mit Hilfe des ohmschen Gesetzes und den beiden Kirchhoffschen Regeln berechnen. Man kann insbesondere diese Rechenregeln direkt auf die Strukturen der gegebenen Schaltungen anwenden, ohne ein Ersatzschaltbild zu Hilfe nehmen zu müssen.

Bei elektrischen Schaltungen, in denen sich die elektrischen Zustände zeitlich ändern – z.B. in Wechselstromnetzen – geht dies nicht, weil in ihnen die erste Kirchhoffsche Regel nicht erfüllt wird. Sie verlangt, daß man jedem Schaltungszweig eine Spannung zuordnen kann und daß die Summe der Zweigspannungen beim Umlauf um den Rand jeder Schaltungsmasche Null ist. Zeitlich veränderliche Zweigströme erzeugen aber mit ihren ebenfalls zeitlich veränderliche Magnetfeldern durch transformatorische Induktion längs der Maschenränder Spannungen, und damit ist die Voraussetzung für die Kirchhoffsche Rechenregel nicht gegeben.

Um aber trotz der erwähnten physikalischen Schwierigkeiten auch zeitlich veränderliche elektrische Zustände berechnen zu können, benutzt man anstelle der realen Schaltungen Modelle, sogenannte Ersatzschaltbilder.

Das Kernstück dieser Modellbildung besteht darin, mit Hilfe des Theoriebegriffs Induktivität, die in der realen Schaltung transformatorisch induzierten ringförmigen Spannungen für die Ersatzschaltbilder in Punktspannungen zu verwandeln. Diese Vorgehensweise beruht auf folgender physikalischer Grundlage:

– Wenn man, ausgehend von stationären Verhältnissen, die elektrischen Zustände langsam ändert, kann man feststellen, daß die von den zeitlich veränderlichen Spannungen und Strömen erzeugten Felder sich zwar gleichzeitig mit den Strömen und Spannungen ändern, daß aber die Gestalt der Felder quasi die gleiche bleibt wie im stationären Fall. Sie verhalten sich also quasistationär.

– Die physikalische Ursache für die Gestalterhaltung oder Gestaltveränderung des Feldes ist die Verteilung des Stromes längs der Strombahn, von der die Felderregung ausgeht.

Eine Gestaltveränderung findet dann statt, wenn sich der Strom in der Zeit T, die elektrische Zustände benötigen, um mit Lichtgeschwindigkeit durch die Schaltung zu laufen, wesentlich ändert, und dadurch auf der Strombahn eine ungleichmäßige Stromverteilung herrscht.

Mit anderen Worten: Damit die quasistationäre Gestalt des Feldes erhalten bleibt, muß die Laufzeit T mindestens eine Größenordnung kürzer sein als die Periodendauer T_P eines sinusförmigen Stromes oder als die Stirnzeit T_S eines Impulses

$$T = \frac{a}{c} < T_p \text{ oder } T_s.$$

Wie sich die Gestalt eines Feldes verändert, wenn die Periodendauer des Stromes oder die Wellenlänge immer kürzer wird, zeigt die Folge der Feldbilder in Bild 2.5. Dort ist 2.5a das stationäre und quasistationäre Feldbild. In Bild 2.5b hat sich die Gestalt bereits stark verändert, weil dort die Periodendauer des Stromes schon gleich der Laufzeit ist. Das heißt, am Umfang der Strombahn findet man zur gleichen Zeit alle Werte zwischen dem positiven und negativen Scheitelwert des sinusförmigen Stromverlaufs.

– Die Gestalterhaltung des Magnetfeldes, das von einem nicht zu schnell zeitlich veränderlichen Strom i erzeugt wird, macht sich in der theoretischen Beschreibung dadurch bemerkbar, daß der mathematische Ausdruck für den magnetischen Fluß $\Phi(i)$ aus zwei multiplikativ miteinander verbundenen Komponenten besteht (siehe Anhang 1).

$$\Phi(i) = i \cdot IN \qquad (2.9)$$

Man nennt IN den Induktionskoeffizienten oder die Induktivität. Mit der Umformung

$$IN = \frac{\Phi(i)}{i} \qquad (2.10)$$

wird erkennbar, daß es sinnvoll ist, eine Induktivität als den magnetischen Fluß zu betrachten, der pro Stromeinheit erzeugt wird.

Mit der Größe IN hat man ein Modell des Magnetfeldes gewonnen, mit dessen Hilfe man den transformatorischen Induktionsvorgang gestützt auf Gleichung (2.9) wie folgt beschreiben kann

$$U_{tr} \frac{d}{dt}\Phi(i) = IN \cdot \frac{di}{dt}. \qquad (2.11)$$

Wenn man diese Gleichung in Analogie zum ohmschen Gesetz betrachtet, dann entsteht an einem Zweipol der Größe IN beim Durchgang eines bestimmten di/dt eine Spannung U_{TR}, genauso, wie beim Durchgang von i an einen Zweipol der Größe R eine ohmsche Spannung zustande kommt.

Damit ist aus einer in Wirklichkeit ringförmigen transformatorisch induzierten Spannung im Modell eine Punktspannung geworden. In der Regel wird für die Induktivität das Symbol L gewählt, wenn es sich um die Selbstinduktion im felderregenden Stromkreis handelt.

$$IN_{selbst} = L$$

Für transformatorische Induktionen in benachbarten Stromkreisen benutzt man üblicherweise für Induktionskoeffizienten das Symbol M

$$IN_{gegen} = M$$

Um die Eigen- und Gegeninduktivitäten in einer konkreten Beeinflussungssituation voneinander unterscheiden zu können, ist es hilfreich – wenn nicht gar notwendig – sich die magnetischen Flüsse vorzustellen, die zu jeder dieser Induktivitäten gehören.

Beispiel 2.5, Teil 3: Die Entwicklung der Ersatzschaltung aus der realen Schaltung

Zunächst ist zu klären, ob Laufzeiterscheinungen zu erwarten sind oder nicht. D.h. ob man z.B. mit der Wanderwellentheorie arbeiten muß oder ob quasistationäre Rechnungen genügen:
Das in Bild 2.21 dargestellte zu analysierende System hat eine räumliche Ausdehnung von 0,5 m. Dafür benötigen Signale mit Lichtgeschwindigkeit eine Laufzeit von etwa 1,6 ns. Der störende Strom hat eine Anstiegszeit von etwa 50 ns. Das ist verglichen mit der Laufzeit so langsam, daß keine nennenswerten Laufzeiterscheinungen zu erwarten sind. Die Rechnung kann also quasistationär durchgeführt werden.
In Bild 2.25a sind in die Skizze der realen Schaltung die magnetischen Flüsse mit Pfeilen eingezeichnet.
Alle Pfeile zusammen, also der gesamte aus der stromführenden Masche heraustretende Fluß $_{ges}$, wird im Ersatzschaltbild quasistationär durch die Eigeninduktivität L beschrieben

$$\frac{\Phi_{ges}(i)}{i} = L.$$

Der Anteil Φ_M des gesamten Flusses bewirkt die transformatorische Induktion in der benachbarten Masche. Dieser Flußanteil wird im Ersatzbild mit der Gegeninduktivität M erfaßt

$$\frac{\Phi_M(i)}{i} = M.$$

Dementsprechend gibt es auch zwei transformatorisch induzierte Spannungen. Zum einen die im erregenden Stromkreis durch den Gesamtfluß induzierte Spannung U_L und die in der benachbarten Masche erzeugte Spannung U_M.
In der realen Schaltung handelt es sich dabei um ringförmige Spannungen, und im Ersatzschaltbild sind es Punktspannungen. Bild 2.25b zeigt das Ersatzschaltbild der Beeinflussungssituation.

Beispiel 2.5, Teil 4: Die mathematische Analyse anhand des Ersatzschaltbildes

Im quasistationären Ersatzschaltbild der Anordnung (Bild 2.25) ist der magnetische Fluß, der vom Strom i_1 ausgeht und in die benachbarte Masche eingreift, mit der Gegeninduktivität M erfaßt worden. Man kann sie mit Hilfe des Anhangs 1 leicht aus den Abmessungen berechnen.
Mit einer insgesamt wirksamen Gegeninduktivität von

$$M = 0,43 \ \mu\text{H}$$

und einer Stromanstiegsgeschwindigkeit von etwa $1,5 \cdot 10^7$ A/$_\text{S}$ ergibt sich eine transformatorische induzierte Spannung von

$$U_{tr} = M \cdot \frac{di}{dt} = 0,43 \cdot 10^{-6} \cdot 1,5 \cdot 10^7 = 6,5 \ \text{Volt}.$$

Dieses rechnerische Ergebnis stimmt recht gut mit dem experimentellen überein, wobei bei der Interpretation der Oszillogramme zu beachten ist, daß sich die induzierte „störende" Spannung je zur Hälfte auf den Ausgangswiderstand des Gerätes X und den Eingangswiderstand des Gerätes Y aufteilt.   ♦

Ein häufig anzutreffender Fehler bei der Analyse von Beeinflussungssituationen, wie sie im letzten Beispiel 2.5 dargestellt sind, besteht darin, daß die in der benachbarten Schleife auftretende Spannung als Spannungsabfall an der Eigeninduktivität des gemeinsamen Leiterstücks A-B oder A-C angesehen wird.

Wenn man auf der Grundlage dieser Vorstellung darangeht, eine vorliegende Beeinflussung zu verringern oder zu beseitigen, müßte man die Länge des gemeinsamen Leiterstücks durch Verlegung der Anschlußpunkte verringern, d.h. die benachbarte Masche am besten nur an einem Punkt mit dem stromführenden Leiter verbinden.

Die experimentellen Ergebnisse in Teil 1 des Beispiel 2.5 zeigen aber klar, daß sich die Spannung nicht ändert, wenn man das gemeinsame Leiterstück verkürzt, und daß sie sogar auch dann noch in gleicher Höhe bestehen bleibt, wenn Strombahn und Masche galvanisch getrennt sind und nur dicht aneinander liegen.

Man kann also offensichtlich durch die unzutreffende theoretische Vorstellung vom Spannungsabfall an der Eigeninduktivität zu falschem praktischen Handeln verleitet werden.

Ein Blick auf Bild 2.25 macht deutlich, warum die an der Eigeninduktivität entstehende Spannung mit der Spannung in der Masche neben der Strombahn nichts zu tun hat:

– der zur Eigeninduktivität L gehörende Fluß Φ_{Ges} ist derjenige der die gesamte störende Strombahn durchdringt und dabei die Spannung U_L als geschlossenen Ring an dessen Umfang erzeugt

– der zur Gegeninduktivität gehörende Fluß Φ_M ist derjenige, der die benachbarte Masche durchdringt und dabei an deren Umfang die Spannung U_{tr} erzeugt.

U_L und U_{tr} sind einzelne voneinander getrennte Wegspannungen, die verschiedene in sich geschlossene Ringe bilden. Mit anderen Worten, U_{tr} ist keine Teilspannung von U_L.

Zusammenfassend müssen bei den Bemühungen um elektromagnetische Verträglichkeit zwei Aspekte der quasistationären Modellbildung besonders beachtet werden:

● Man darf die theoretische Analyse von zeitlich veränderlichen Vorgängen, die man anhand eines Ersatzschaltbildes anstellt, nicht direkt auf die reale Schaltung übertragen, denn es bestehen zwischen beiden deutliche strukturelle Unterschiede:

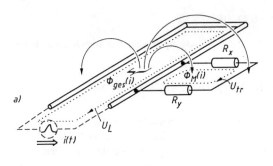

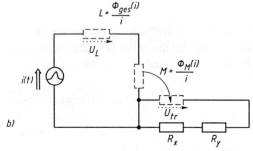

Bild 2.25 Die magnetischen Flüsse (a) und das Ersatzschaltbild des Beeinflussungsmodells nach
Bild 2.22.

- Den Knotenpunkten im Ersatzschaltbild kann man skalare Potentiale zuordnen,
  die Spannungen an den Zweigen des Netzwerkes als Potentialdifferenzen ansehen
  und zur Berechnung die Kirchhoffschen Regeln heranziehen.
- In der realen Schaltung kann man dies wegen der Existenz der transformatorisch
  induzierten Spannungen nicht tun.

● Man muß mit Blick auf die jeweils beteiligten magnetischen Flüsse die Modellbegriffe Eigeninduktivität und Gegeninduktivität auseinanderhalten:

- Eigeninduktivität ist die transformatorische Rückwirkung des gesamten von einem Strom erzeugten Magnetfeldes auf seinen Stromkreis.
- Gegeninduktivität beschreibt, wie ein Teil dieses gesamten Magnetfeldes in eine
  Masche neben der Strombahn eingreift und dort transformatorisch induziert.

2.7.4   Generator- und Verbraucherspannungen

Die Spannungen können in den verschiedenen Geometrieformen sowohl als Generator-
als auch als Verbraucherspannung entstehen. Dabei müssen Generator- und Verbraucherteil in einer bestimmten Situation in der realen Schaltung nicht unbedingt die
gleiche Geometrieform aufweisen.

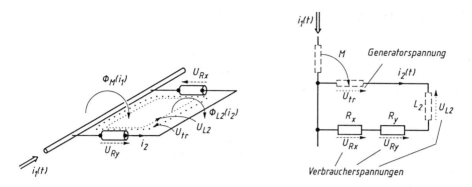

Bild 2.26 Die Generator - und Verbraucherspannungen im Beeinflussungsmodell Bild 2.22.

In der im letzten Beispiel 2.5 beschriebenen Beeinflussungssituation spielt die transformatorisch induzierte Spannung U_{tr} mit der Geometrie eines geschlossenen Rings für die gestörte Schaltungsmasche die Rolle des Generators (Bild 2.26).

Verbraucht wird diese Spannung in Form der Punktspannungen U_{RX} und U_{RY} sowie der Ringspannung U_{L2}, die durch Selbstinduktion in der Masche entsteht.

Im Ersatzschaltbild sind, wie im letzten Abschnitt erläutert wurde, alle Spannungen Punktspannungen.

Bei einer transformatorischen Induktion in einer offenen Schaltungsmasche treibt die Generatorspannung U_{tr} so viele Ladungen entgegengesetzter Polarität zu den offenen Enden, daß dort in einem coulombschen elektrischen Feld eine Spannung entsteht, die U_{tr} vollständig verbraucht. Der Verbrauch wird also in diesem Fall durch eine coulombsche Spannung gebildet, die durch eine punktförmige Geometrie gekennzeichnet ist.

Wenn, wie in Bild 2.27, das Magnetfeld nur in einen Teil der Masche in einiger Entfernung zu den offenen Enden wirksam ist, werden die Verhältnisse an den Enden nur durch das elektrische Feld der Ladungen bestimmt, und man kann dort die Spannungen als Punktspannungen messen, ohne auf die Lage der Verbindungsleitungen zum Voltmeter achten zu müssen.

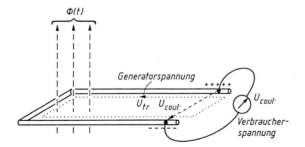

Bild 2.27 Transformatorisch induzierte Generatorspannung und coulombsche Verbraucherspannung bei der transformatorischen Induktion in einer offenen Masche.

2.7.5   Theorie - Überblick

Physikalische Vorgänge	geeignete Theorie
stationäre Zustände (Gleichstrom)	Kirchhoffsche Regeln gelten in der realen Schaltung
quasistationäre Zustände (Wechselströme oder transiente Vorgänge *ohne* Laufzeiterscheinungen)	Kirchhoffsche Regeln gelten nicht in der realen *Schaltung,* sondern *nur im Ersatzschaltbild*

Die Grenze der quasistationären Betrachtungsweise ist erreicht,
wenn merkliche Laufzeiterscheinungen auftreten
(Zeit der Zustandsänderung < 10 x Laufzeit)

schnelle Zustandsänderungen auf Leitungen (Änderungszeit < Laufzeit)	Wanderwellentheorie
schnelle Zustandsänderungen in inhomogenen Strukturen	Numerische Lösungen der Maxwellschen Gleichungen z.B. Momentenmethode [2.5] [2.6]

2.7.6   Vom Schaltschema über eine Raumskizze zum Ersatzschaltbild

Wenn man verstehen will, wie eine Schaltung durch einen benachbarten elektrischen Stromkreis beeinflußt wird, benötigt man Informationen über die räumliche Struktur des Feldes, das von der Störquelle ausgeht, sowie Kenntnisse über die Lage der gestörten Schaltung innerhalb dieses Feldes. Die Schemata der beteiligten Schaltungen sind in diesem Zusammenhang von begrenztem Nutzen, denn sie geben nur an, welche Pole der einzelnen Bauelemente miteinander zu verbinden sind. Sie lassen aber offen, wie die Verbindungen im Raum verlegt wurden oder verlegt werden sollen. Weil aber die räumliche Struktur des Feldes durch die Lage der strom- und spannungsführenden Leiter bestimmt wird, kann man aus den Schaltschemata keine Aussagen über die Feldstruktur entnehmen. Man kann nur erkennen, in welchen Verbindungen welche Ströme fließen und wie hoch die Spannungen zwischen ihnen sind.

Um die gewünschte Vorstellung von der räumlichen Struktur des Feldes zu gewinnen, muß man eine Skizze der räumlichen Anordnung anfertigen, in die man in geeigneter Form die Feldanteile einzeichnet, die für die Beeinflussung wirksam sind. Eine solche Skizze ist in zweifacher Hinsicht von Nutzen: Sie vermittelt zum einen eine qualitative Vorstellung vom jeweiligen Kopplungsvorgang. Außerdem dient sie mit den konkreten Abmessungen der Anordnung als Grundlage für die Berechnung der unbeabsichtigten Gegeninduktivitäten und Streukapazitäten, die an den Kopplungen beteiligt sind.

Der nächste Analyseschritt besteht darin, mit den berechneten Werten der unbeasichtig-
ten Induktivitäten und Kapazitäten, sowie den übrigen Elementen der Schaltung, ein Ersatzschaltbild aufzuzeichnen. Mit dessen Hilfe kann man dann den ganzen Beeinflus-
sungsvorgang überblicken und gegebenenfalls auch noch mathematisch analysieren.

In Bild 2.28 sind die drei Darstellungsformen – Schaltschema, Raumskizze und Ersatzschaltbild – für ein einfaches Beispiel nebeneinander aufgezeichnet.

a)

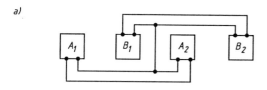

b)

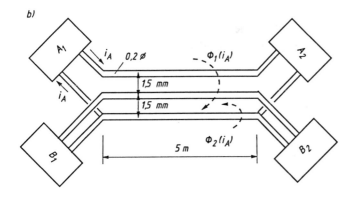

c)

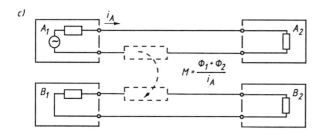

Bild 2.28 Darstellung einer Anordnung in Form eines Schaltschemas (a), einer räumlichen Skizze
(b) und eines Ersatzschaltbildes ©

2.8 Literatur

[2.1] *G. Mönich:* Closed - Form approximative formula for the near field of bent wire structures,
8th International Zurich Symposium on EMC (1989)

[2.2] *G. Durcansky:* EMV-gerechtes Gerätedesign,
Franzis Verlag, München 1991

[2.3] *O.J. Mc Ateer:* Electrostatic discharge control,
McGraw-Hill, New York 1990

[2.4] *J. Wilhelm u.a.:* Funkentstörung,
Expertverlag 1982

[2.5] *R.F. Harrington:* Field computation by moment methods,
McMillan, New York 1968

[2.6] *J.H.H. Wang:* Generalised moment methods in electromagnetics,
J. Wilcy, New York 1991

[2.7] *H. Holzwarth, E. Hölzer:* Pulstechnik, 2 Bde.,
Springer Verlag, Berlin, Heidelberg, New York 1982 u. 1984

3 Kopplungen durch quasistationäre Magnetfelder von Strömen

Jeder elektrische Strom umgibt sich zwangsläufig mit einem Magnetfeld und schafft damit die Voraussetzung für zwei unterschiedliche Kopplungsarten,

– die induktive Kopplung
  (durch transformatorische Induktion)

– und die Lorentzkopplung
  (mit Kräften auf Ladungen, die sich im Magnetfeld bewegen).

Im Mittelpunkt dieses Kapitels steht die induktive (transformatorische) Kopplung, und zwar mit zwei Aspekten:

– dem Übertragungsverhalten im Zeit- und im Frequenzbereich

– und der Abschwächung der Magnetfelder durch Abschirmungen mit dem Ziel, die Kopplungen zu verringern.

Die wesentlichen physikalischen Vorgänge der Lorentzkopplung wurden bereits in Abschnitt 1.5 behandelt. Sie werden in diesem Kapitel nur noch durch Aussagen darüber ergänzt, wie man die für diese Kopplungsart besonders wirksamen niederfrequenten Felder (z.B. 50 Hz) oder die Felder von Gleichströmen abschirmen kann.

3.1 Das Übertragungsverhalten induktiver Kopplungen

Als Modell zur Analyse des Frequenzgangs und des Übertragungsverhaltens im Zeitbereich dient die in Bild 3.1a skizzierte Anordnung. Der Widerstand R_2 repräsentiert dabei den Innenwiderstand der Störsenke.

In der Schaltung spielen sich folgende Vorgänge ab:

1. Der Strom $i_1(t)$ erzeugt einen Fluß $\Phi_M(i_1)$, der störend in die Schleife eingreift. Er wird im Ersatzschaltbild 3.1b durch die Gegeninduktivität M dargestellt.

2. Von $\Phi_M(i_1)$ wird die Spannung U_{TR} transformatorisch in die Schleife induziert.

3. Als Folge von U_{TR} fließt der Strom $i_2(t)$ in der Schleife.

4. $i_2(t)$ erzeugt einen magnetischen Fluß $\Phi_L(i_2)$, der entgegen der Richtung von Φ_M aus der Schleife austritt. Er wird im Ersatzschaltbild durch die Eigeninduktivität $L_2 = \Phi_2/i_2$ repräsentiert.

5. Der ohmsche Widerstand R_2 und die Eigeninduktivität L_2 der kurzgeschlossenen Leiterschleife verbrauchen die in der Schleife induzierte Spannung U_{TR}.

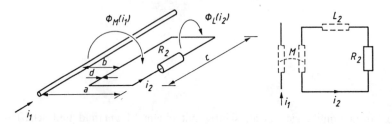

Bild 3.1 Das Modell einer transformatorischen induktiven Kopplung, links: die räumliche Anordnung, rechts: das Ersatzschaltbild.
a) Die räumliche Anordnung
b) Das Ersatzschaltbild

3.1.1   Der Frequenzgang

Mit Hilfe des Ersatzschaltbildes erhält man die Gleichung

$$pMi_1 = R_2 i_2 + pL_2 i_2$$

$$i_2 = \frac{pM}{R_2 + pL_2} \cdot i_1 \tag{3.1}$$

mit $p = j\omega$.

In Bild 3.2 ist der Verlauf von i_2 in Abhängigkeit von der Frequenz grafisch dargestellt. Besonders bemerkenswert ist dabei der horizontale Verlauf bei hohen Frequenzen. Er ergibt sich mathematisch aus Gleichung (3.1) durch eine Näherungsbetrachtung für hohe Frequenzen, wenn

$$|\omega L_2| \gg |R_2|$$

ist.

$$i_2 = \frac{M}{L_2} i_1 \tag{3.2}$$

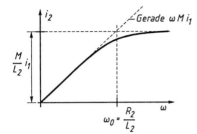

Bild 3.2
Der Frequenzgang des induzierten Stromes i_2 in einer benachbarten Masche.

Der Schnittpunkt der Asymptoten, die den Verlauf des Frequenzgangs umgeben, liegt bei

$$\omega_o = \frac{R_2}{L_2}. \tag{3.3}$$

Gleichung (3.2) sagt aus, daß die Amplitude der Spannung U_{R2} an der Störsenke bei Frequenzen, die wesentlich größer als ω sind, der Amplitude des störenden Stromes i_1 proportional ist

$$U_{R2} = i_2 \cdot R_2 = R_2 \frac{M}{L_2} i_1 \tag{3.4}$$

$$\left(\text{für } \omega \gg \frac{R_2}{L_2} \right)$$

Eine Näherungsbetrachtung für Frequenzen weit unterhalb der Grenzfrequenz ω_o ergibt

$$i_2 = \frac{pM}{R_2} i_1$$

$$U_{R2} = R_2 i_2 = pM i_1 \tag{3.5}$$

$$\left(\text{für } \omega \ll \frac{R_2}{L_2} \right).$$

Das heißt, die Generatorspannung pMi_1 ist weit unterhalb der Grenzfrequenz ω_o proportional der Änderungsgeschwindigkeit des störenden Stromes i_1. Sie tritt in voller Höhe an der Störsenke R_2 in Erscheinung, weil L_2 praktisch keine Spannung verbraucht.

◆ **Beispiel 3.1**
Es wird eine rechteckige Schleife betrachtet, deren Abmessungen, bezogen auf Bild 3.1, a = 100 mm, b = 2 mm, c = 300 mm und d = 2 mm betragen.
Mit Hilfe von Anhang 1 kann man mit diesen Angaben leicht M und L_2 bestimmen. Es ergibt sich $M = 0{,}2\ \mu H$ und $L_2 = 0{,}9\ \mu H$.
Bild 3.3 zeigt die Frequenzgänge der Spannung am Widerstand R_2, der im betrachteten Modell als Störsenke angesehen wird, und zwar für $i_1 = 1 A$ und R_2 Werte von 50 Ω und 1 MΩ.

Der berechnete Frequenzgang mit $R_2 = 50\ \Omega$ hat gemäß Gleichung (3.3) eine Grenzfrequenz von 10 MHz und strebt oberhalb dieser Frequenz entsprechend Gleichung (3.4) einer konstanten Spannung von 12,5 Volt zu.

Der entsprechende Verlauf für $R_2 = 1\ M\Omega$ weist eine Grenzfrequenz von 200 MHz auf und müßte gemäß Gleichung (3.4) einer Spannung von 250 kV zustreben.

Die ausgeführten quasistationären Berechnungen sind aber, wie in Abschnitt 2.7 erläutert wurde, nur gültig, wenn die Wellenlängen der betrachteten sinusförmigen Vorgänge wesentlich länger sind als die geometrische Ausdehnung des Systems. Nimmt man an, die Wellenlänge müsse größer sein als der 10fache Umfang der Schleife, in die das Magnetfeld von i_1 induzierend eingreift, dann ergibt sich für die hier betrachtete Anordnung, eine Gültigkeitsgrenze von etwa 30 MHz.

Man erkennt aus Bild 3.3, daß sich die Frequenzgänge für $R_2 = 50\ \Omega$ und $R_2 = 1\ M\Omega$ innerhalb des quasistationären Bereichs, d.h. unterhalb 30 MHz, nicht sehr stark voneinander unterscheiden. Die Spannung an R_2 ändert sich im wesentlichen entsprechend der durch die Gleichung (3.4) beschriebenen linearen Abhängigkeit von der Frequenz mit einer Steigerung von 20 dB pro Dekade.   ◆

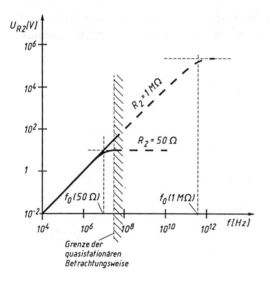

Bild 3.3   Frequenzgänge induktiver Kopplungen in einer Masche mit verschiedenen Innenwiderständen.

Die Ergebnisse des Beispiels 3.1 sind durchaus repräsentativ für viele Beeinflussungssituationen, denn die Innenwiderstände der Störsenke liegen meist irgendwo zwischen 50 Ω und einigen MΩ. Die Größenordnungen der Gegen- und Eigeninduktivitäten liegen häufig im Bereich Mikrohenry. Man kann deshalb häufig, ohne zu große Fehler zu machen, annehmen, daß die Störsenke R_2 die volle induzierte Spannung $\omega M i$, übernimmt.

3.1.2 Das Impulsverhalten einer induktiven Kopplung

Die komplementäre Darstellung zum Verhalten eines Systems gegenüber sinusförmigen Erregungen mit unterschiedlichen Frequenzen (Frequenzgang) ist die Reaktion auf einen rechteckförmigen Sprung (Rechteckstoß-Antwort).

Um zu dieser Darstellung zu gelangen, kann man die Variable p in der im letzten Abschnitt abgeleiteten Bezeichnung zwischen i_1 und U_{R2} als die komplexe Variable im Bildbereich der Laplace-Transformation auffassen.

$$U_{R2}(p) = i_2 \cdot R_2 = R_2 \frac{p\,M}{R_2 + pL_2} i_1 \tag{3.6}$$

Im Bildbereich dieser Transformation hat ein Sprung des Stromes $i_1(t)$ von Null auf die Amplitude i_1 die Form

$$i_1(p) = \frac{i_1}{p}.$$

Wenn man diese spezielle Form von i_1 in die Gleichung (3.6) einführt, erhält man

$$U_{R2}(p) = R_2 \frac{M}{R_2 + pL_2} i_1. \tag{3.7}$$

Nach einer Transformation in den Zeitbereich ergibt sich

$$U_{R2}(t) = i_1 \frac{R_2 M}{L_2}\, \exp\left[-\frac{R_2}{L_2}t\right]. \tag{3.8}$$

Eine sprungartige Änderung des Stromes i_1 (Störquelle) hat also auch einen Sprung der Spannung U_{R2} in der Störsenke zur Folge. Anschließend fällt dann U_{R2} exponentiell mit der Zeitkonstanten L_2/R_2 ab (Bild 3.4).

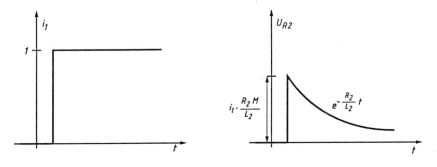

Bild 3-4 Die Reaktion (U_{R2}) einer induktiven Kopplung auf einen rechteckförmigen Sprung des störenden Stromes i_1.

Die geschilderte Form von U_{R2} mit Sprung und exponentiellem Abfall ist allerdings nur erkennbar, wenn sich $i_1(t)$ sehr schnell ändert. Die Reaktion auf langsame Änderungen kann man leicht aus der Differentialgleichung ableiten, die die Verhältnisse im Ersatzschaltbild 3.1 beschreibt.

Die vollständige Diffenentialgleichung lautet

$$i_2 R_2 + L_2 \frac{di_2}{dt} = M \frac{di_1}{dt}. \tag{3.9}$$

Wenn sich i_1 so langsam ändert, daß der zweite Term auf der linken Seite wesentlich kleiner ist als der erste, also

$$i_2 R_2 \gg L_2 \frac{di_2}{dt}. \tag{3.10}$$

dann lautet die Differentialgleichung

$$i_2 \cdot R_2 = U_{R2} = M \cdot \frac{di_1}{dt}. \tag{3.11}$$

Das heißt, die Spannung U_{R2} an der Störsenke ist dann einfach gleich der induzierten Spannung, die mathematisch durch den Ausdruck $M \cdot di_1/dt$ beschrieben wird.

♦ **Beispiel 3.2**
Die Abmessungen der Anordnung, deren Frequenzgang im letzten Beispiel 3.1 untersucht wurde, entsprechen etwa denen im Beispiel 1.3 (Bild 1.9). Dort hatte sich gezeigt, daß eine Stromänderungsgeschwindigkeit von

$$\frac{di_1}{dt} = 1,2 \cdot 1,0^7 \, A/S$$

zu einer Spannung von etwa 3 Volt an einem Widerstand R_2 von 1 MΩ führt.

Das Übertragungsverhalten im Zeitbereich kann man für diese Anordnung einfach mit der Gleichung (3.11) bestimmen, denn die Bedingung $R_2 \gg L_2 \, di_1/dt$ ist hinreichend erfüllt:

$$R_2 = 1 \, M\Omega$$

$$L_2 = \frac{di_1}{dt} = 0,9 \cdot 10^{-6} \, H \cdot 1,2 \cdot 10^7 \, A/S = 11 \, \Omega$$

Mit $M = 0,23 \, \mu$H und $di/dt = 1,2 \cdot 10^7$ A/S ergibt sich rechnerisch eine Spannung

$$U_R = M \cdot \frac{di_1}{dt} - 0,23 \cdot 10^{-6} \cdot 1,2 \cdot 10^7 - 2,8 \, \text{Volt}.$$

Diese Spannungsamplitude stimmt mit dem Meßwert von etwa 3 Volt in Bild 1.9 gut überein.   ♦

3.2 Leiterschleifen, die von der Strombahn getrennt sind

In diesem Abschnitt werden drei Aspekte näher behandelt, die für das Verständnis induktiver Kopplungen in benachbarten Leiterschleifen wesentlich sind:

- Es wird zunächst gezeigt, daß sich das Magnetfeld elektrischer Ströme im quasistationären Zustand vor allem in der Nähe der stromführenden Leiter befindet.
- Der zweite Aspekt betrifft die vorzeichenrichtige Überlagerung von Gegeninduktivitäten, wenn mehrere Strombahnen auf dieselbe Leiterschleife einwirken. Daraus ergeben sich Richtlinien für die Leitungsführung von störenden Hin- und Rückströmen.
- Beim dritten Aspekt geht es um die Auswirkung eines zeitlich veränderlichen Magnetfeldes auf verdrillte Leiterschleifen. Mit einer Verdrillung kann, wie sich zeigen wird, eine induktive Kopplung stark verringert werden.

Die Stärke des Magnetfeldes in unterschiedlichem Abstand zur erregenden Strombahn ist rechnerisch sehr übersichtlich mit Hilfe einer rechteckigen Schleife zu studieren, die sich parallel zu einer unendlich langen Strombahn befindet. Die Gegeninduktivität der Anordnung läßt sich, wie in Anhang 1 gezeigt, mit der einfachen Formel

$$M = 0,2 \cdot c \ln \frac{b}{a} \left[\mu H \right] \tag{3.12}$$

$$c \text{ in } [m]$$

beschreiben.

◆ **Beispiel 3.3**
Für die in Bild 3.5 dargestellte quadratische Schleife mit einer Kantenlänge von 1 m und einem Abstand von 1 mm zur Achse der Strombahn ermittelt man mit der einfachen Formel (3.12) eine Gegeninduktivität von 1,4 μH.
Wenn man die Außenkante der Fläche festhält und die dem Leiter zugewandte Kante soweit verschiebt, daß sich die Gegeninduktivität halbiert, dann ist dazu gemäß Gleichung (3.12) eine Verschiebung von 30 mm nötig.
Mit anderen Worten: Eine Linie in etwa 30 mm Abstand von der Strombahn teilt den magnetischen Fluß, der die 1 m x 1 m große Masche durchdringt, in zwei gleich große Teile. Eine Hälfte durchdringt die schmale Fläche von 30 mm Breite und 1 m Länge in der Nähe der Strombahn, und für die andere Hälfte wird eine Fläche benötigt, die 0,97 m breit und 1 m lang ist.   ◆

Aus diesem Beispiel kann man zwei Lehren ziehen:
1. Wenn sich die Masche, in die das Magnetfeld eines Stromes induzierend eingreift, dicht an der Strombahn befindet, führen schon kleine Lageänderungen der Masche in der Nähe des stromführenden Leiters zu beträchtlichen Änderungen der Gegeninduktivität.

   Andererseits wirken sich Änderungen an der Maschengeometrie weit entfernt von der Strombahn kaum auf die Gegeninduktivität aus.

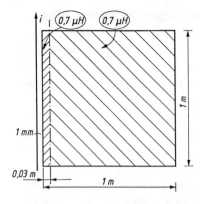

Bild 3.5
Die Zerlegung einer Gegeninduktivität in zwei
gleich große Teile, um zu zeigen, daß sich das
Magnetfeld hauptsächlich in der Nähe des
stromführenden Leiters befindet.

2. Es ist nicht sinnvoll, zur Reduktion der Kopplung einfach pauschal zu fordern, die
Fläche, die von der beeinflußten Masche aufgespannt wird, müsse reduziert werden.
Es kommt vielmehr darauf an, Flächen in der Nähe der Strombahn zu verringern.
Flächenreduktion in großem Abstand zur störenden Strombahn bringen praktisch
nichts.

Wenn man etwas kompliziertere Situationen zu behandeln hat, in denen Leiterschleifen
gleichzeitig von mehreren Flüssen zum Teil in entgegengesetzten Richtungen durchdrungen werden – zum Beispiel durch die Flüsse von Hin- und Rückströmen – darf man nicht
einfach nur mit den Gegeninduktivitätsformeln hantieren, sondern man muß zusätzlich
noch die Richtung des magnetischen Flusses beachten, der mit der jeweiligen Formel
erfaßt wird. Mit anderen Worten, man muß sich vor Augen führen, daß eine Gegeninduktivität M, vom physikalischen Standpunkt aus betrachtet, ein normierter magnetischer
Fluß ist.

$$\frac{\Phi_M\left[x,y,z\ i_1\ (t)\right]}{i_1(t)} = M(x,y,z)$$

Wenn der Fluß zeitlich zunimmt, wirkt auf die positiven Ladungen eine Kraft im Sinn
einer Linksschraube zur Richtung des Flusses (Linke-Faust-Regel). Das heißt, in der
offenen Leiterschleife häufen sich die positiven Ladungen an der Stelle X, und in einer
geschlossenen Schleife bewegen sich die positiven Ladungen in der angegebenen Strom-
richtung.

Übertragen auf die in Bild 3.6 skizzierte Anordnung, in der eine Schleife neben der Hin-
und Rückführung des Stromes i_1 liegt, bedeutet dies, daß der nach hinten fließende Strom
i_1 bei positivem di/dt mit seinem Fluß $\Phi_{M1}(i_1)$ eine Spannung U_1 in der angegebenen
Richtung erzeugt. Der Rückstrom verursacht in der gleichen Schleife mit dem Fluß Φ_{M2}
(i_1) die Spannung U_2, die U_1 entgegengerichtet ist. Die resultierend induzierte Spannung
ist

$$U_{res} = U_1 - U_2 = \frac{d}{dt} \left[\Phi_{M1}(i_1) - \Phi_{M2}(i_1) \right]$$

$$= \frac{d}{dt} \left[i_1 \frac{\Phi_{M1}}{i_1} - \frac{\Phi_{M2}}{i_1} \right]$$

$$U_{res} = \left(M_1 - M_2 \right) \frac{di_1}{dt}.$$

Man muß also bei der Berechnung des geschilderten Vorgangs mit Hilfe der Gegeninduktivitäten die beiden M-Werte voneinander subtrahieren.

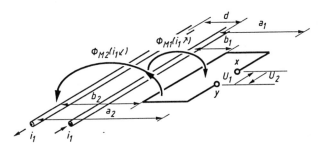

Bild 3.6   Die Richtung der Magnetflüsse, die durch die Gegeninduktivitäten M_1 und M_2
beschrieben werden.

♦ **Beispiel 3.4**
Zu der in Beispiel 3.2 vorgestellten Anordnung wird die Rückleitung des Stromes i_1 hinzugefügt.
Sie verläuft im Abstand $d = 5$ mm parallel zur Hinleitung. (Bild 3.7)
Die insgesamt wirksame Gegeninduktivität ist

$$M = M_1 - M_2 = 0{,}2 \cdot 0{,}3 \left[\ln \frac{0{,}2005}{0{,}005} - \ln \frac{0{,}201}{0{,}01} \right]$$

$$M = 0{,}04 \mu H$$

Mit der Stromsteilheit von etwa $1{,}2 \cdot 10^7$ A/s ergibt sich dann eine induzierte Spannung von 0,5
Volt.
Das Oszillogramm in Bild 3.7b bestätigt diesen rechnerisch ermittelten Wert.
Wenn hingegen, wie in der Anordnung in Bild 3.7c, die gestörte Schleife zwischen Hin- und Rück-
leitung liegt, addieren sich die Magnetfelder. Die resultierende Gegeninduktivität ist in diesem Fall

$$M = M_3 + M_4 = 0{,}2 + 0{,}2 = 0{,}4 \ \mu H.$$

Damit verdoppelt sich die induzierte Spannung gegenüber dem Beispiel 3.2 (mit nur einer Strombahn) auf etwa 4,8 Volt.   ♦

Aus diesen theoretischen und experimentellen Ergebnissen ergeben sich einige für die
EMV-Praxis bedeutsame Richtlinien, die die Verlegung von Leitungen betreffen, welche

starke oder schnell veränderliche Ströme mit hoher Stromänderungsgeschwindigkeit führen:

- Hin- und Rückführung des Stromes sollten so nahe wie möglich zusammen verlegt oder sogar verdrillt werden, damit sich die einander entgegengerichteten Magnetfelder möglichst vollständig gegenseitig aufheben.

- Wenn Hin- und Rückleitung aus irgendwelchen Gründen nicht dicht nebeneinander verlegt werden können, sollte vermieden werden, empfindliche Schaltungen im Raum zwischen den beiden Leitern unterzubringen, weil die Magnetfelder dort gleichgerichtet sind und sich somit ihre Wirkungen addieren.

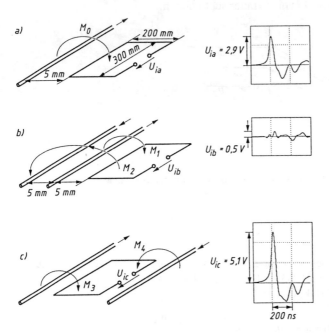

Bild 3.7   Überlagerung von Gegeninduktivitäten mit unterschiedlichen oder gleichen Richtungen des magnetischen Flusses und ihre Auswirkung auf die induzierte Spannung.

Mitunter läßt es die Struktur der Schaltung zu, die Verbindungsmasche zwischen zwei Baugruppen in sich zu verdrillen (Bild 3.8). Die einzelnen Abschnitte umfassen dabei die magnetischen Flüsse in ständig wechselndem Umlaufsinn. Obwohl die induzierten Spannungen in den einzelnen Abschnitten das Magnetfeld selbstverständlich alle im gleichen Sinn umlaufen, wirken sie in der gesamten Masche abwechselnd gegenläufig. Wenn man zum Beispiel in Bild 3.8 vom Punkt X_A zum Widerstand R_B und wieder zurück zum Punkt X_B wandert, umläuft man die räumlich gleichgerichteten Spannungen U_{i1} und U_{i2} in entgegengesetzten Richtungen.

Eine Verdrillung mit 20 „Schlägen" pro Meter kann die induzierende Wirkung eines äußeren Magnetfeldes $H_a(t)$ bis zu 50 dB abschwächen.

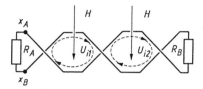

Bild 3.8
Die Reduktion einer induktiven Kopplung durch Verdrillen.

3.3 Leiterschleifen, die an der störenden Strombahn anliegen

Die magnetischen Zustände in einer die Strombahn berührenden und in einer sie nicht berührenden benachbarten Leiterschleife sind in Bild 3.9 nebeneinander dargestellt.

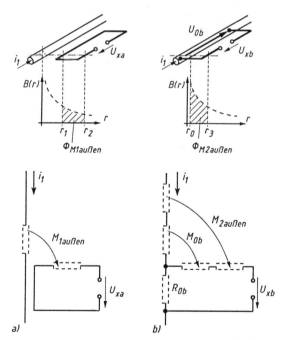

Bild 3.9   Die Verhältnisse in einer Masche, die eine Strombahn berührt (b) oder von ihr getrennt ist (a).

Wenn die Leiterschleife die Strombahn nicht berührt, umfaßt sie den magnetischen Fluß zwischen den Radien r_1 und r_2. Der strichlierte Funktionsverlauf μ_o/r beschreibt die auf den Strom bezogene magnetische Induktion B/i_1 außerhalb der Strombahn (Bild 3.9a).

Die schraffierte Fläche, d.h. das Integral dieser normierten Induktion zwischen den Radien r_2 und r_1, hat den Wert $0{,}2 \ln (r_2/r_1)$, wie im Anhang berechnet wurde.

Multipliziert man diese Größe mit der Länge c der Schleife, so ergibt sich eine Gegeninduktivität von

$$M = c \cdot 0{,}2 \cdot \ln\left(\frac{r_2}{r_1}\right)[\mu H]. \qquad (3.12a)$$

Wenn die Leiterschleife so vergrößert wird, daß sie die Strombahn berührt, d.h. wenn die linke Seite der Schleife durch einen Teil der Strombahn gebildet wird (Bild 3.9b), dann ist für die induktive Kopplung außerhalb der Strombahn der magnetische Fluß zwischen den Koordinaten $+r_o$ und $+r_2$ wirksam. Er hat eine Induktivität von

$$M_{au\beta en} = c \cdot 0{,}2 \cdot \ln\left(\frac{r_2}{r_0}\right)[\mu H]. \qquad (3.12b)$$

Zur Spannung, die über diese Gegeninduktivität in die benachbarte Masche hineingetragen wird, kommt noch die Spannung U_{ob} hinzu, die an der Oberfläche des Leiters entlang der Mantellinie c zwischen den Punkten P_1 und P_2 an der Oberfläche des stromführenden Leiters entsteht. Sie wird durch die Stromdichte $G(r_o)$ bestimmt, die an der Oberfläche ($r = r_o$) des Leiters herrscht, sowie durch die Leitfähigkeit $\varkappa$ des Leitermaterials:

$$U_{ob} = \frac{c}{\varkappa} G(i_1 r_o) \qquad (3.13)$$

Bei sinusförmigem Verlauf des Leiterstroms i_1 besteht zwischen i_1 und $G(i_1 r_o)$ eine Phasenverschiebung. In der komplexen Wechselstromrechnung kann man deshalb U_{ob} in einen Real- und einen Imaginärteil auftrennen:

$$U_{ob} = U_{obreal} + j \, U_{obim} \qquad (3.14)$$

Insgesamt entsteht damit bei sinusförmigem Strom i_1 in der berührenden benachbarten Masche die Spannung

$$U_x = U_{obreal} + j \, (U_{obim} + i_1 \omega M_{au\beta en}) \qquad (3.15)$$

Wie die Oberflächenspannung von der Frequenz und anderen Einflußgrößen abhängt, läßt sich am besten mit Hilfe eines Ersatzschaltbildes zeigen. In ihm werden die Parameter des Realteils einem ohmschen Widerstand R_{ob} und die des Imaginärteils einer Gegeninduktivität M_{ob} zugeordnet (siehe Anhang 3).

Die Spannung in der benachbarten Masche wird im Ersatzschaltbild in Bild 3.9 durch die Gleichung

$$U_x = i_1 \Big[R_{ob} + j\omega \big[M_{ob} + M_{au\beta en} \big] \Big] \qquad (3.15a)$$

beschrieben.

Die Frequenzgänge beider Spannungsanteile $i_1 R_{ob}$ und $i_1 \cdot \omega M_{ob}$ haben bei tiefen Frequenzen einen grundsätzlich anderen Verlauf als bei hohen. Es ist deshalb sinnvoll, diese Frequenzabschnitte gesondert zu betrachten. Tiefe Frequenzen sind in diesem Zusammenhang solche, bei denen die Größe

$$x = \frac{r_0}{2\sqrt{2}} \, \sqrt{\omega \mu \varkappa} \qquad \text{(A 3.7)}$$

kleiner als 1 ist (siehe Anhang 3).

– **Bei tiefen Frequenzen** ($x < 1$) hat R_i den Wert des Gleichstromwiderstandes R_o, den der Leiterabschnitt der Länge c aufweist.

$$R_{ob} = R_o = cR'_o = c\frac{1}{r_o^2 \, \pi \varkappa} \qquad \text{(A 3.11a)}$$

Die Gegeninduktivität der Ersatzschaltung beträgt in diesem Frequenzbereich, unabhängig vom Radius des stromführenden Leiters, 50 nH pro Meter. Für den Abschnitt der Länge c ergibt sich also

$$M_{ob} = cM'_{ob} = c \cdot 50 \, [nH]. \qquad \text{(A 3.12a)}$$

– **Bei hohen Frequenzen** oberhalb der Grenzfrequenz, die durch $x = 1$ bestimmt wird, steigt R_i als Folge von Stromverdrängung im Leiter proportional zu x, d.h. mit der Wurzel aus der Frequenz aus

$$R_{ob} = R_o x = R_o \cdot r_o \frac{\sqrt{\omega \mu \varkappa}}{2 \cdot \sqrt{2}}. \qquad \text{(A 3.11b)}$$

Parallel dazu sinkt M_i, ausgehend von einem Wert von 50 nH pro Meter, mit der Wurzel aus der Frequenz

$$M'_{ob} = \frac{50}{x} [nH / m]. \qquad \text{(A 3.12b)}$$

Dieses Verhalten von M'_1 ist ebenfalls eine Folge der Stromverdrängung. Durch die Konzentration des Stromes in der Nähe der Oberfläche wird das innere Magnetfeld ebenfalls zusammengedrängt, was zu einer Reduktion seiner Induktivität führt.

Insgesamt gibt es demnach im Frequenzgang der Spannung U_x, die gemäß Bild 3.9b in einer die Strombahn berührenden Masche entsteht, drei Bereiche (sie sind in Bild 3.10 schematisch dargestellt):

– Bei tiefen Frequenzen ($x < 1$) im Bereich I wird U_x durch die ohmsche Spannung am Gleichstromwiderstand des Leiters geprägt.

– Im Bereich II oberhalb ω_g ($x = 1$) macht sich zunächst die Widerstandszunahme durch den Skineffekt bemerkbar.

- Im Bereich III bei noch höheren Frequenzen dominieren die Spannungen, die durch M_a und M_i induziert werden.

Bei größeren Maschen neben Strombahnen, die aus dünnen Drähten bestehen, setzt einerseits die Stromverdrängung erst bei sehr hohen Frequenzen ein. Andererseits ist die induktive Komponente schon bei Frequenzen unterhalb $x = 1$ größer als die ohmsche Spannung. Unter diesen Umständen tritt der Bereich II gar nicht in Erscheinung.

Vom Standpunkt der reinen Theorie aus betrachtet, führt eine Masche, die eine Strombahn berührt, zu einer zusammengesetzten ohmisch-induktiven Kopplung. Häufig dominiert jedoch einer der beiden Anteile, und man hat es dann praktisch entweder mit einer ohmschen oder einer induktiven Kopplung zu tun.

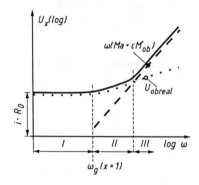

Bild 3.10 Prinzipieller Verlauf des Frequenzgangs der Spannung U_x in einer die Strombahn berührenden Masche:
Bereich I   Vorwiegend ohmsche Kopplung durch Gleichstromwiderstand.
Bereich II   Vorwiegend ohmsche Kopplung mit Widerstand durch Skineffekt erhöht.
Bereich III   Vorwiegend induktive Kopplung durch die äußere Gegeninduktivität.

Bei Störquellensignalen, die ausschließlich aus niedrigen Frequenzen bestehen ($x \ll 1$), ist der Imaginärteil der Spannung U_x in der Störsenke wesentlich kleiner als deren Realteil, so daß sich die Gleichung (3.15a) zu

$$U_x \approx i_1 R_o \qquad (3.15b)$$

vereinfacht. Das heißt, es liegt dann praktisch eine rein ohmsche Kopplung vor.

Bei hochfrequenten Störquellensignalen ($x \gg 1$) ist meistens nicht nur der Realteil der Störsenkenspannung U_x gegenüber dem Imaginärteil vernachlässigbar, sondern in der Regel fällt auch die innere Gegeninduktivität mit Werten $\ll 50$ nH/m gegenüber der äußeren Gegeninduktivität nicht ins Gewicht. Die Spannung U_x wird dann im wesentlichen durch

$$U_x \approx i\omega M_{außen} \qquad (3.15c)$$

bezeichnet.

♦ **Beispiel 3.5**

Mit diesem Beispiel soll vor allem die Übereinstimmung der theoretischen Erwägungen mit experimentellen Daten gezeigt werden.

Als Demonstrationsobjekt dienen zwei gleich breite und gleich lange rechteckige Leiterschleifen, deren Längsseiten jeweils in den Abständen a und b parallel zur Achse einer Strombahn angeordnet sind (Bild 3.11).

Als Strom i_1 wird der schon mehrfach benutzte Impulsstrom eines Dimers verwendet. Sein zeitlicher Verlauf ist zum Beispiel in Bild 1.6a wiedergegeben. Er weist eine Steilheit von $1{,}2 \cdot 10^7$ A/s auf.

In der Anordnung (A) ist der Radius r_A des stromführenden Leiters kleiner als der Abstand b zur benachbarten Schleife, so daß die in der Schleife induzierte Spannung nur durch die äußere Gegeninduktivität $M_{außen}$ und die Stromsteilheit bestimmt wird.

Mit den Abmessungen $b = 5$ mm, $a = 6{,}6$ mm und $1 = 0{,}5$ m ergibt sich mit der Gleichung (3.12) ein Wert für $M_{außen}$ von 28 nHy. Der zu erwartende Scheitelwert der induzierten Spannung

$$U_{XA} = M_{außen}\, di/dt$$

beträgt demnach 0,33 V. Dieses theoretische Ergebnis stimmt mit dem gemessenen Scheitelwert der Spannung U_{XA} in Bild 3.11 von 0,31 Volt recht gut überein.

In der Anordnung B bildet der stromführende Leiter eine Seite der benachbarten Schleife. Weil der Radius des Leiters r_B gleich dem Abstand b in der Anordnung A ist, sind die magnetischen Flüsse, $\Phi M_{außen}$ die die benachbarten Leiterschleifen in beiden Anordnungen durchdringen, gleich groß. Es ist also von der Theorie aus betrachtet zu erwarten, daß in dieser Anordnung durch das äußere Magnetfeld des Leiters ebenfalls eine Spannung von 0,31 Volt induziert wird.

In der Anordnung B tritt aber zusätzlich noch die Spannung U_{ob} auf, die an der Oberfläche des Leiters durch die dort herrschende Stromdichte entsteht. Um diese Spannung abschätzen zu können, muß zunächst die Größe X ermittelt werden. Zur Abschätzung dieser Größe wird angenommen, daß die vordere Flanke des Stromes i_1 (gemäß Bild 1.6a) etwa einem Viertel einer 5 MHz Sinusschwingung entspricht. Mit dieser Frequenz errechnet man mit Hilfe der Formel (A 3.7) für einen Kupferleiter mit einem Radius von 5 mm einen X-Wert von etwa 84.

Bei einem X-Wert von 84 ist der Gleichstromwiderstand des 10 mm dicken Cu-Leiters (0,11 mΩ) gemäß Gleichung (A 3.12) um den Faktor X, also auf das 84fache zu erhöhen. Die Amplitude von i_1 in der Höhe von 1 A verursacht also einen Realteil der Oberflächenspannung von

$$U_{obreal} = 1\ \text{A} \cdot 84 \cdot 0{,}11\ \text{m}\Omega = 9\ \text{mV}$$

Der Imaginärteil der Oberflächenspannung sollte entsprechend den Gleichungen (A3.10) und (A3.11) im Anhang 3 ebenso groß sein wie der Realteil.

Diese Oberflächenspannung in der Größenordnung von 10 mV überlagert sich zwar der Spannung von 310 mV, die durch die äußere Gegeninduktivität zustande kommt, aber sie fällt ihr gegenüber wegen des Unterschieds um Größenordnungen praktisch nicht ins Gewicht.

Die Oszillogramme der Spannung U_{XA} und U_{XB} in Bild 3.11 bestätigen auch diese rechnerisch ermittelten geringfügigen Unterschiede. U_{XB} ist nur geringfügig größer als U_{XA}. Wegen der Dominanz der äußeren induzierten Spannung in U_{BX} hat die Spannung auch praktisch den gleichen Verlauf wie U_{XA}, die allein durch die äußere induzierte Spannung bestimmt wird.   ♦

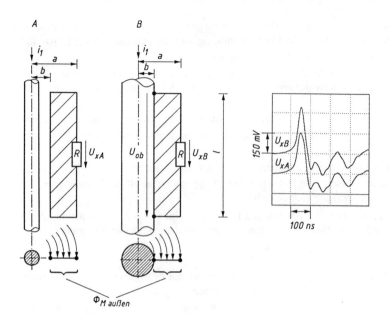

Bild 3.11 Demonstrationsversuch zur Kopplung in Maschen, die von der Strombahn getrennt
sind (A) oder sie berühren (B).

3.4 Abschirmen gegen magnetische Felder

Abschirmen ist ein Sammelbegriff für Verfahren und Technologien, die den Zweck
haben, Felder abzuschwächen und damit die Kopplungen zu verringern.

Für Magnetfelder gibt es vom physikalischen Standpunkt aus betrachtet zwei Methoden, mit denen eine Abschirmung möglich ist:

– magnetische Gegenfelder oder
– magnetische Nebenschlüsse.

Magnetische Gegenfelder, d.h. also Felder, die dem störenden Feld entgegenwirken und
es dadurch schwächen, werden technisch mit zwei unterschiedlichen Anordnungen erzeugt:

– Man kann eine einzelne Schaltungsmasche dadurch abschirmen, indem man dicht
  neben ihr eine niederohmige, in sich geschlossene zusätzliche Masche anbringt. In
  dieser parallelen Kurzschlußmasche wird durch das störende Feld ein Strom i_2 induziert, dessen magnetischer Fluß $\Phi(i_2)$ dem störenden $\Phi(i_1)$ entgegengerichtet ist
  und ihn dadurch schwächt.

  Praktisch werden solche Kurzschlußmaschen meistens so ausgeführt, daß ein Teil
  der zu schützenden Masche von einem leitenden Mantel koaxial umschlossen wird,
  und dann ein weiterer Teil der zu schützenden Kreise von der Kurzschlußmasche
  mit benutzt wird (Bild 3.12a).

– Die zweite technische Anordnung, mit der man nicht nur einzelne Maschen, sondern ganze Schaltungen mit Hilfe eines induzierten Gegenfeldes abschirmen kann, ist ein Gehäuse mit elektrisch gut leitenden Wänden (Bild 3.12b).

Durch das äußere, zeitlich veränderliche magnetische Feld, gekennzeichnet durch die magnetische Feldstärke H_a, werden in den Wänden Wirbelströme erzeugt, die mit ihrem Magnetfeld dem äußeren Magnetfeld entgegenwirken und es dadurch schwächen.

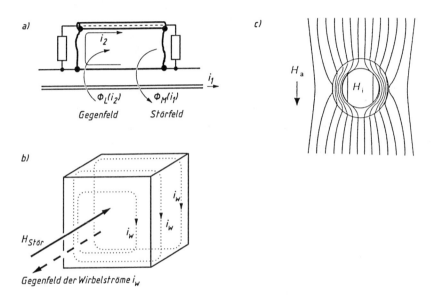

Bild 3.12 Die physikalischen Effekte zur Abschirmung gegen Magnetfelder,
a: Gegenfeld einer Kurzschlußmasche
b: Gegenfeld durch Wirbelströme in Gehäusewänden
c: Magnetischer Nebenschluß mit $\mu_r \gg 1$.

Abschirmungen, die auf dem Prinzip induzierter Gegenfelder beruhen, haben einen Nachteil, der sich aus ihrem physikalischen Wirkungsprinzip ergibt: Weil transformatorische Induktionsvorgänge nur bei zeitlich veränderlichen Magnetfeldern zustande kommen, wirken solche Abschirmungen bei Gleichfeldern überhaupt nicht und, wie in Abschnitt 3.4.1 gezeigt wird, bei tiefen Frequenzen, wegen der unvermeidbaren ohmschen Verluste, nur sehr schwach.

Man muß deshalb zum Schutz gegen Magnetfelder von Gleichströmen oder niederfrequenten Wechselströmen (z.B. 50 Hz) das zweite, bereits erwähnte physikalische Prinzip, nämlich den magnetischen Nebenschluß einsetzen. Bild 3.12c zeigt zum Beispiel, wie das Innere eines hochpermeablen Zylinders das Feld im Innenraum schwächt, weil die Feldlinien den mit geringerem magnetischen Widerstand behafteten Weg durch die hochpermeable Zylinderwand vorziehen.

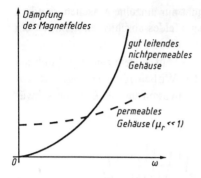

Bild 3.13
Prinzipieller Dämpfungsverlauf gleich großer
und gleich dicker, gut magnetisch (hoch-
permeabler) und gut elektrisch leitender
Abschirmgehäuse bei tiefen Frequenzen.

Die Abschirmwirkung einer hochpermeablen Abschirmung ist zwar bei der Frequenz
Null und bei tiefen Frequenzen besser als die von elektrisch gut leitenden Gehäusen oder
Maschen. Bei hohen Frequenzen ist aber die Abschirmwirkung wesentlich schlechter
(Bild 3.13). Dies hat zwei Gründe. Zum einen ist der Skineffekt bei hoher Permeabilität
sehr ausgeprägt, so daß die wirksame Wandstärke abnimmt. Zum anderen weisen
hochpermeable Materialien eine wesentlich schlechtere elektrische Leitfähigkeit auf als
zum Beispiel Kupfer. Ohmsche Verluste verringern aber die Abschirmwirkung, wie
weiter unten erläutert werden wird.

Wenn eine gute Abschirmung sowohl für tiefe als auch für hohe Frequenzen verlangt
wird, muß man beide Abschirmverfahren kombinieren und Gehäuse mit mehreren
Schalen aus einerseits elektrisch und andererseits magnetisch gut leitfähigen Materialien
ineinanderschachteln.

Aber auch extrem elektrisch leitfähige Gehäuse können hohe Frequenzen nicht beliebig
gut abschirmen. Ihre Abschirmwirkung wird durch zwei Effekte begrenzt:

– Alle Abschirmgehäuse weisen mehr oder weniger große Löcher und Schlitze auf, z.B.
   für die Bedienungselemente oder durch die Trennstellen zwischen verschraubten
   Gehäuseteilen. Diese Öffnungen begrenzen die erreichbare Dämpfung in Abhängigkeit von der Frequenz auf einem konstanten Niveau (Bild 3.14). Die Höhe des
   Niveaus wird durch die Lochgröße bestimmt.

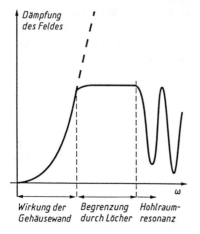

Bild 3.14
Prinzipieller Dämpfungsverlauf eines
gut elektrisch leitenden Abschirmgehäuses vom Gleichfeld bis zu sehr
hohen Frequenzen.

Praktisch sind durch solche Unvollkommenheiten keine Dämpfungswerte > 120 dB erreichbar.

– Der zweite begrenzende Effekt besteht darin, daß oberhalb einer von den Gehäuseabmessungen abhängigen Grenzfrequenz Hohlraumresonanzen auftreten, die zu starken Dämpfungseinbrüchen führen (Bild 3.14).

3.4.1   Der Frequenzgang einer Abschirmung durch eine Kurzschlußmasche

In den passiv wirkenden Kurzschlußmaschen wird durch den störenden Fluß $\Phi_M(i_1)$ ein Strom i_2 erzeugt, der dann mit seinem die Selbstinduktion verursachenden Feld $\Phi_L(i_2)$ dem störenden Feld entgegenwirkt (Bild 3.12a). Wenn man eine solche Kurzschlußmasche sehr dicht neben einer Leiterschleife anbringt, die gleichzeitig durch den Fluß $\Phi_M(i_1)$ gestört wird, dann verringert das Gegenfeld $\Phi_L(i_2)$ auch den wirksamen Fluß in der gestörten Schleife und schützt sie damit vollständig oder teilweise gegen den störenden Fluß $\Phi_M(i_1)$.

Zur mathematischen Beschreibung der elektrischen Zustände in der Kurzschlußmasche gilt die bereits für das Modell einer induktiven Kopplung aus Bild 3.1 abgeleitete Gleichung (3.1)

$$i_2 = \frac{p \cdot M}{R_2 + pL_2} \cdot i_1 \tag{3.1}$$

mit $p = j\omega$.

Im Unterschied zu der in Bild 3.1 skizzierten Anordnung ist aber R_2 nicht als konzentriertes Bauelement vorhanden, sondern stellt den unvermeidbaren ohmschen Widerstand der Kurzschlußmasche dar.

Die grafische Form des Frequenzgangs hat die ebenfalls schon bekannte Form mit einem linearen Anstieg von 20 dB pro Dekade und einem horizontalen Verlauf von i_2 oberhalb der Grenzfrequenz ω_o (Bild 3.2).

Geht man davon aus, daß praktische Kurzschlußmaschen Eigeninduktivitäten in der Größenordnung von Mikrohenry und Widerstände von einigen mΩ aufweisen, ergeben sich Grenzfrequenzen von

$$f_o = \frac{10^{-2}\,\Omega}{2\pi \cdot 10^{-6}\,H} \approx 10^3\ Hz$$

Für das Verständnis der Abschirmwirkung ist vor allem die Näherungsbetrachtung für hohe Frequenzen von Bedeutung. Für $\omega \gg \omega_o$ mit $\omega_o = R_2/L_2$ hatte sich die Beziehung

$$i_2 = \frac{M}{L_2} i_1 \tag{3.2}$$

ergeben.

Die physikalische Bedeutung dieser Gleichung erkennt man nach einer kleinen Umformung:

$$i_2 L_2 = i_1 M_1 \qquad (3.2a)$$

$$i_2 \frac{\Phi_{L2}(i_2)}{i_2} = i_1 \frac{\Phi_M(i_1)}{i_1}$$

$$\Phi_{L2}(i_2) = \Phi_M(i_1) \qquad (3.2b)$$

Das heißt, nur weit oberhalb der Grenzfrequenz ω_o im horizontalen Teil des Frequenzganges ist die Voraussetzung für den angestrebten Abschirmungseffekt voll erfüllt: Hier ist der störende Fluß $\Phi_M(i_1)$ dem Betrag nach gleich dem von ihm selbst induzierten Gegenfluß $\Phi_L(i_2)$. Und weil beide Flüsse einander entgegengerichtet sind, heben sie sich gegenseitig auf. Mit anderen Worten, der von der Kurzschlußschleife umfaßte Fluß ist Null.

Praktisch wird diese Auslöschung des störenden Flusses nie vollständig erreicht, auch wenn die Kurzschlußmasche sehr dicht an der zu schützenden Schaltung liegt. Vielmehr nähert sich der schützende Fluß $\Phi_L(i_2)$ nur asymptotisch mit steigender Frequenz dem störenden Fluß $\Phi_M(i_1)$.

Als Maßstab für die Abschwächung A, die man mit einer Abschirmung erzielt, wird in der Regel das Verhältnis des störenden Feldes zum abgeschwächten Feld benutzt. Bei der Abschirmung mit Kurzschlußmaschen handelt es sich beim störenden Feldteil um den Fluß $\Phi_M(i_1)$ und das abgeschwächte Feld besteht aus der Differenz der Flüsse $\Phi_M(i_1) - \Phi_L(i_2)$.

$$A = \frac{\Phi_M(i_1)}{\Phi_M(i_1) - \Phi_L(i_2)} \qquad (3.2c)$$

Es wird im folgenden gezeigt, daß der für die begrenzte Abschirmwirkung verantwortliche Unterschied zwischen den Flüssen $\Phi_M(i_1)$ und $\Phi_L(i_2)$ durch den ohmschen Widerstand R_2 der Kurzschlußmasche zustande kommt. Es wird sich später bei der Beschreibung von Abschirmgehäusen herausstellen, daß auch ihre Wirkung durch den ohmschen Widerstand des Wandmaterials beeinträchtigt wird. Nur ist die physikalische Ursache für dieses Verhalten dort nicht so klar erkennbar wie hier bei den abschirmenden Kurzschlußmaschen. Mit anderen Worten, wenn man versteht, wie die Abschirmwirkung von Kurzschlußmaschen zustande kommt oder begrenzt wird, begreift man auch die Wirkungsweise und die Grenzen von Abschirmungen, die auf dem Prinzip der Gegenfelder durch Wirbelströme in gut leitenden Wänden beruhen.

Den Zusammenhang zwischen der Flußdifferenz und dem ohmschen Widerstand erkennt man durch eine kleine Umformung der Gleichung (3.1), wenn man zusätzlich beachtet, daß die beteiligten Induktivitäten auf ihre Ströme bezogene magnetische Flüsse sind

$$\frac{1}{p} R_2 i_2 = M i_1 - L_2 i_2 = \Phi_M(i_1) - \Phi_{L2}(i_2) \qquad (3.2d)$$

Nach Rücktransformation der Operatorgleichung in den Zeitbereich erhält man

$$\int_o^t R_2 i_2 dt = \Phi_M(i_1) - \Phi_{L2}(i_2) \tag{3.2e}$$

Das heißt, die Flußdifferenz kommt zustande, weil am ohmschen Widerstand der abschirmenden Kurzschlußmasche eine Spannung entsteht und die damit verbundene Spannungs-Zeit-Fläche für den Aufbau des magnetischen Feldes $\Phi_{L2}(i_2)$ verlorengeht.

Die Abhängigkeit der Flußdifferenz von der Frequenz des störenden Feldes wird erkennbar, wenn man die Ordinaten in Bild 3.2 mit L_2 multipliziert. Aus der Darstellung des Stromes i_2 in Abhängigkeit von der Frequenz wird dann wegen der Beziehung $L_2 \cdot i_2 = \Phi_{L2}(i_2)$ der Verlauf des magnetischen Flußes $\Phi_{L2}(i_2)$ in Funktion der Frequenz (Bild 3.15).

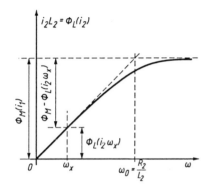

Bild 3.15 Der Frequenzgang der magnetischen Flüsse, die in einer abschirmenden
  Kurzschlußmasche wirken.
  Φ_M : störender Fluß,
  Φ_{L2} : Fluß der Eigeninduktivität der Masche,
  $\Phi_M\text{-}\Phi_{L2}$: nicht kompensierter Restfluß.

Man kann die Abhängigkeit der Abschirmwirkung von den Schaltungsparametern und der Frequenz auch analytisch darstellen, wenn man die Gleichung (3.2d) in (3.2c) einsetzt

$$A = \frac{i_1 M}{\frac{1}{2} i_2 R_2}$$

und dann noch für das Verhältnis i_1 zu i_2 die Gleichung (3.1) berücksichtigt. Es ergibt sich dann

$$A = 1 + p \frac{L_2}{R_2}. \tag{3.2f}$$

Aus dieser Gleichung läßt sich ablesen, daß für eine möglichst wirksame Abschirmung ein möglichst hohes Verhältnis L_2 zu R_2 anzustreben ist. Praktisch wird dies vor allem durch einen möglichst kleinen ohmschen Widerstand der abschirmenden Masche erreicht, indem man gut leitfähiges Material und einen möglichst großen Leiterquerschnitt benutzt. Zwar nimmt die Eigeninduktivität etwas ab, wenn man bei einer gegebenen Maschengeometrie den Leiterdurchmesser vergrößert, aber der Widerstand ändert sich durch den vergrößerten Querschnitt stärker.

◆ **Beispiel 3.6**
Es wird auf der Grundlage der Gleichung 3.2 f mit $p = j\omega$ berechnet, wie stark Magnetfelder, die sich mit unterschiedlicher Frequenz ω zeitlich sinusförmig verändern, durch rechteckige Kurzschlußmaschen abgeschwächt werden.
Gegenstand der Betrachtung sind zwei rechteckige Maschen mit den Kantenlängen von 0,1 m und 1 m, die mit Kabelmänteln und Drähten unterschiedlichen Durchmessers so ausgeführt werden, daß sich die in Bild 3.16 angegebenen Werte für L_2 und R_2 ergeben.
Man erkennt, daß die Masche mit den dünneren Leitern vor allem wegen des höheren ohmschen Widerstandes schlechter abschirmt als die Anordnung mit dickeren Leitern.
Zusätzlich ist bemerkenswert, daß die Abschirmwirkung bei tiefen Frequenzen unterhalb der Grenzfrequenz praktisch Null ist.   ◆

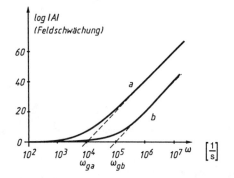
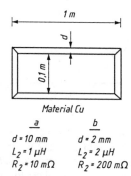

Bild 3.16 Die Feldschwächung durch Kurzschlußmaschen, die gleich groß sind, aber unterschiedliche Drahtdurchmesser aufweisen.

Im Hinblick auf die praktische Ausführung von abschirmenden Kurzschlußmaschen ergeben sich aus den dargestellten theoretischen Erwägungen zwei Hinweise:
– Ihr ohmscher Widerstand sollte so klein wie möglich sein.
– Sie sollten möglichst dicht an der zu schützenden Masche anliegen.

Die zweite Forderung bedeutet physikalisch, daß sowohl in der Kurzschlußmasche als auch in der zu schützenden Masche der gleiche Fluß $\Phi_M(i_1)$ wirksam sein sollte. Nur dann ist sichergestellt, daß mit der Kompensation des Flusses in der Kurzschlußmasche auch der volle Fluß in der zu schützenden Masche kompensiert wird.
Das dichte Anliegen kann man z.B. mit Kabelkanälen erreichen, die zu Kurzschlußmaschen geschlossen sind, und in die die zu schützende Masche eingebettet wird (Bild 17a).

Die am häufigsten anzutreffende Lösung dieses Problems besteht darin, leitende Kabelmäntel durch geeignete Verbindungen zu den Abschirmgehäusen und den Bezugsleitern
zu Kurzschlußmaschen zu ergänzen (Bild 3.17b). Das enge Anliegen der zur Abschirmung eingesetzten Kurzschlußmasche wird dabei wie folgt erreicht:

a) Ein Teil der zu schirmenden Masche wird gleichzeitig von der Kurzschlußmasche
mitbenutzt.

b) Der verbleibende Teil der zu schirmenden Masche wird koaxial vom leitenden
Mantel des Kabels umschlossen.

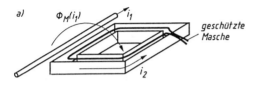

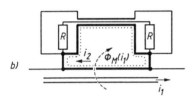

Bild 3.17 Die praktische Ausführung von abschirmenden Kurzschlußmaschen,
  a)   Masche in einer geschlossenen leitfähigen Kabelwanne,
  b)   Masche durch Kabelmantel und Masseleiter.

Die Verbindung zwischen den Geräten A und B wird also mit einem Kabel ausgeführt,
das einen gut leitenden Mantel besitzt. Der Mantel wird an beiden Seiten mit dem
gemeinsamen Leiter (Masse) der Systemteile A und B verbunden.

3.4.2   Das Impulsverhalten der Gegenfeldabschirmung

Aus Gleichung (3.1) kann man unmittelbar das Impulsverhalten der Gegenfeldabschirmung ablesen, wenn man p als die Variable im Bildbereich der Laplace-Transformation
interpretiert.

Wenn $i_1(t)$ zum Zeitpunkt $t = 0$ einen Rechtecksprung ausführt, der im Bildbereich der
Laplace-Transformation durch die Funktion

$$i_1(p) = i_1/p \tag{3.16}$$

beschrieben wird, dann hat $i_2(p)$ im Bildbereich den Verlauf

$$i_2(p) = \frac{M}{R_2 + pL_2}. \tag{3.17}$$

Dieser Funktion entspricht im Zeitbereich der Verlauf

$$i_2(t) = i_1 \cdot \frac{M}{L_2} \exp\left(-\frac{R_2}{L_2}t\right). \tag{3.18}$$

i_2 springt also nach einer sprungartigen Änderung von i_1 auf den Wert $i_1 M/L_2$ und fällt dann exponentiell mit der Zeitkonstanten L_2/R_2 ab (Bild 3.18).

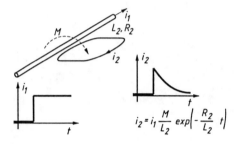

Bild 3.18
Das Impulsverhalten des abschirmenden Stromes i_2 in einer Kurzschlußmasche.

3.4.3 Ein Demonstrationsversuch zur Gegenfeldabschirmung mit einer Kurzschlußmasche

Als Störquelle zur Erzeugung des Stromes i_1 wird wieder der bereits aus früheren Versuchen bekannte Dimer (Phasenanschnittsteuerung) benutzt, der eine Glühlampe speist.

Als Störsenke dient in dieser Versuchsanordnung eine rechteckige Leiterschleife S. Die Spannung, die in dieser Schleife entsteht, wird mit einem Tastkopf, der einen Innenwiderstand von 10 MΩ aufweist, einem Oszillographen zugeführt.

Die niederohmige, an der Störsenke eng anliegende Leiterschleife, mit der die Abschirmwirkung erzielt werden soll, wird durch einen rechteckigen Metallrahmen A gebildet, der einen U-förmigen Querschnitt hat. Der Drahtrahmen der Störsenke liegt in diesem U (Bild 3.19).

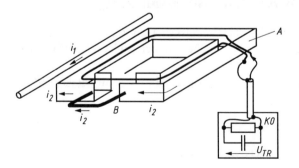

Bild 3.19 Einrichtung zur Demonstration der Abschirmung durch eine Kurzschlußmasche.

Der U-förmige Abschirmrahmen ist an einer Stelle durch einen Schlitz unterbrochen, der aber mit einer beweglichen Verbindung B überbrückt werden kann.

Zunächst wird die Spannung in der Störsenke – d.h. die in der rechteckigen Drahtschleife S induzierte Spannung – ohne den Abschirmrahmen A gemessen. Wenn man dieser Spannung in verschiedenen Zeitbereichen den störenden Strom gegenüberstellt, erkennt man, daß eine hohe Störspannung im ns-Bereich unmittelbar nach dem Einschalten im Spannungsscheitelwert der Wechselspannung auftritt. Im weiteren Verlauf des Wechselstromes bis zum nächsten Einschalten tritt kein vergleichbarer Spannungsimpuls mehr auf (Bild 3.20).

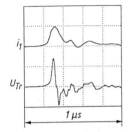 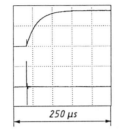

Bild 3.20 Störender Strom $i_1 = 0{,}75$ A und durch Abschirmung zu reduzierende Spannung $U_{TR} = 4{,}2$ V im Demonstrationsmodell (Bild 3.19).

Als nächstes wird nun der Abschirmrahmen A, wie in Bild 3.18 skizziert, um die gestörte Leiterschleife S gelegt, und zwar noch ohne die Verbindung B, die den Trennschlitz überbrückt. D.h. der Rahmen umgibt zwar optisch die zu schützende Masche, bildet aber keine Kurzschlußmasche, weil die Trennstelle offen ist. Das Oszillogramm der Spannung, die von der Leiterschleife S abgenommen wird, zeigt denselben Verlauf wie ohne Rahmen. Der nicht zu einer Kurzschlußmasche geschlossene Rahmen übt keinerlei Abschirmwirkung aus (Bild 3.21a).

Sobald man aber die Verbindung B herstellt und damit die Abschirmung A zu einer Kurzschlußmasche macht, in der ein Strom fließt, verschwindet die Spannung in der Schleife S (Bild 3.21b). Die Abschirmwirkung wird also nicht durch das Metall des Rahmens gebildet, sondern durch den Strom, der im Rahmen fließt.

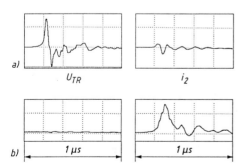

Bild 3.21 Induzierte Spannung $U_{TR} = 4{,}2$ V und Strom $i_2 = 0{,}28$ A im Demonstrationsmodell (Bild 3.19) bei offener (a) und bei geschlossener (b) Kurzschlußmasche.

Die bereits theoretisch abgeleitete Tatsache, daß die Schutzwirkung nur bei hohen Frequenzen $> \omega_o$ bzw. bei schnellen Veränderungen des störenden Stromes wirksam ist, erkennt man aus den oszillographierten Verläufen von i_1 und i_2 (Bild 3.22).

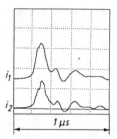 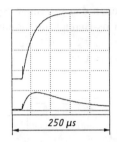 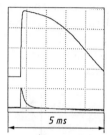

Bild 3.22 Störender Strom $i_1 = 0,75$ A (im Bereich $< 1\mu s$) und abschirmender Strom $i_2 = 0,28$ A (im Bereich $< 1\mu s$) in der Kurzschlußmasche des Demonstrationsmodells.

Im Nanosekundenbereich sind die Verläufe von i_2 und i_1 gleich, weil in diesem Zeitbereich das System wie ein idealer Stromwandler mit dem Übersetzungsverhältnis

$$\frac{i_2}{i_1} = \frac{M}{L_2} \quad \text{wirkt.}$$

Der Strom i_2 erzeugt also nur in dem Zeitbereich ein vollständig abschirmendes Magnetfeld, in dem er i_1 im zeitlichen Verlauf genau folgt.

Schon bei der Zeitablenkung mit 50 μs/div und erst recht mit 1 ms/div sieht man, daß bei langsamen Stromänderungen kein Schutz mehr gewährt wird, weil i_2 nicht mehr dem Verlauf von i_1 folgt und demzufolge auch kein entsprechendes Gegenfeld aufbauen kann. Der Schutz ist in der Regel aber auch nicht nötig, weil die Stromänderungsgeschwindigkeit zu gering ist, um hohe störende Spannungen zu induzieren.

Im Zeitbereich mit 50 μs/div, in dem der Strom i_1 noch etwa während $100\mu s$ praktisch konstant bleibt, fällt i_2, wie von der Theorie mit Gleichung (3.18) vorhergesagt, exponentiell ab.

3.4.4   Mögliche Nebenwirkungen von i_2

Es gibt drei Stellen, an denen der Strom i_2, der zum Zweck der Abschirmung absichtlich induziert wird, zu unerwünschten Nebenwirkungen führen kann:

– an den in diesem Abschnitt analysierten Verbindungen zwischen Kabelmantel und Gerätegehäuse,

– über die Mäntel von Koaxialkabeln, durch die, in Kapitel 6 näher erläuterte Kabelmantel-Kopplung und

– durch die in Abschnitt 3.4.5 beschriebene Kopplung über die Wände von Abschirmgehäusen.

Bei den Verbindungen zwischen den Enden des Kabelmantels und des Gehäuses muß man beachten, daß diese Verbindung vom Strom i_2 durchflossen wird. Es ist deshalb zu verhindern, daß das Magnetfeld von i_2 an der Verbindungsstelle in den Raum zwischen Mantel und Seele des Kabels eingreift und dort eine Störspannung induziert.

◆ **Beispiel 3.7**
Vom Mantel eines Koaxialkabels (Typ RG 58) wird eine rechteckige Kurzschlußmasche gebildet, in die ein Impulsstrom i_1 einen Strom i_2 induziert (Bild 3.23a).
Das Kabel ist an einer Stelle durch eine Steckverbindung unterbrochen, die einmal in Form eines koaxialen BNC-Steckers (Bild 3.22b) und zum anderen mit Bananensteckern (Bild 3.23c) ausgeführt wird.
Das Koaxialkabel ist an einem Ende kurzgeschlossen, so daß am anderen Ende die Spannungen gemessen werden können, die über das Kabel und die Stecker in das Innere gelangen.
Die registrierten Spannungen zeigen deutlich, daß der Strom i_2, der in der Kurzschlußmasche fließt, an der Bananenstecker-Verbindung eine Störspannung von etwa 50 mV verursacht, während mit dem BNC-Stecker praktisch keine Störung auftritt.
Die Ursache für die Störung durch die Bananenstecker ist darin zu suchen, daß der Strom i_2 mit dem Magnetfluß Φx in die in Bild 3.23c schraffierte Schleife induzierend eingreifen kann.
Der BNC-Stecker führt den Strom i_2 gleichmässig koaxial und bietet so Gewähr, daß kein Magnetfeld in das Innere eindringen kann.   ◆

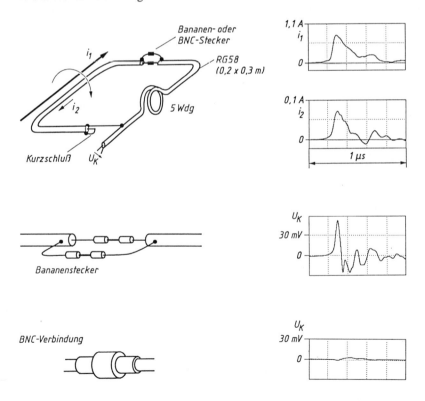

Bild 3.23 Nebenwirkung des abschirmenden Stromes an der Steckverbindung eines
Koaxialkabels.

Man muß weiterhin beachten, daß der schützende Strom i_2 auch über Teile der Gehäuse von A und B fließt. Wenn Gehäuse so unzweckmäßig ausgeführt sind, daß Teile von i_2 in das Innere des Gerätes gelangen, können dort vor allem durch das Magnetfeld des Stromes Störungen entstehen.

Aber auch wenn das Gehäuse so geschlossen ist, daß kein direkter Stromeintritt möglich ist, können, wie im folgenden Abschnitt gezeigt wird, Wandströme über den sogenannten Kopplungswiderstand im Innern störend wirken.

3.4.5   Abschirmung gegen Wandströme

Die Wände einer Systemabschirmung bestehen zu einem Teil aus Blechflächen, die, zu rechteckigen Körpern zusammengefügt, die einzelnen Geräte umgeben (W_A und W_B in Bild 3.24). Der andere Teil der Abschirmung wird von den leitenden Mänteln W_K der Kabel gebildet, mit denen die Systemteile verbunden sind. Die Wirkung, die der Wandstrom i_2 auf die Schaltung im Innern der Abschirmung ausübt, läßt sich physikalisch besonders übersichtlich und mathematisch einfach darstellen, wenn die Wand, wie der Abschnitt W_K in Bild 3.7.4, die Form eines Rohres hat. Die damit gewonnenen Einsichten lassen sich leicht sinngemäß auf andere Gehäuseformen übertragen. Man kann auch ihr Verhalten durch die Analyse ähnlich großer Zylinder rechnerisch abschätzen.

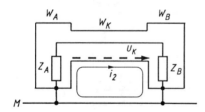

Bild 3.24 Die prinzipielle Struktur einer Systemabschirmung:
W_A, W_B : Abschirmgehäuse;
W_K : Kabelmantel;
M : Masseleiter.

Die Wirkung des Stromes i_2 auf die zylindrische Abschirmung W_K besteht darin, daß durch die begrenzte Leitfähigkeit des Rohrmaterials in der Wand ohmsche Spannungen entstehen. Die Spannung U_K, die dabei entlang der Innenwand des Rohres zustande kommt, überlagert sich dann unbeabsichtigt im Sinn einer elektromagnetischen Beeinflussung den Betriebsspannungen.

Wenn man die Spannung U_K an der Innenwand des Rohres auf den Gesamtstrom i_2 bezieht, der im Rohr fließt, erhält man eine Größe Z_K, die die Dimension eines Widerstandes hat. Man bezeichnet sie als Kopplungswiderstand (transfer impedance).

$$Z_K = \frac{|U_K|}{|i_2|} \qquad (3.19)$$

Durch die Innenwiderstände Z_A und Z_B der ausgeschlossenen Systemteile fließt demnach, wie in Bild 3.25 dargestellt, ein unbeabsichtigter und möglicherweise störender Strom

$$i_K = i_2 \frac{Z_K}{Z_A + Z_\beta}. \qquad (3.20)$$

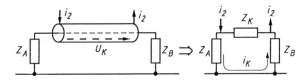

Bild 3.25 Die Wirkung eines Wandstromes auf die Schaltung im Innern eines Abschirmgehäuses.

Die Spannung U_K an der Innenwand des Rohres ($r = r_i$) ist abhängig von der dort herrschenden Stromdichte (Bild 3.26)

$$U_K = G(r_1) \cdot \frac{1}{\varkappa} \cdot l \qquad (3.21)$$

(l = Rohrlänge, $\varkappa$ Leitfähigkeit des Rohrmaterials)

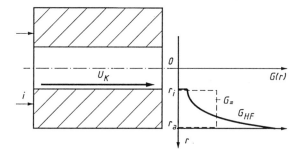

Bild 3.26 Zur Entstehung der Spannung U_K an der Innenwand eines stromdurchflossenen Rohres.

Wenn i_2 ein Gleichstrom ist, verteilt sich der Strom gleichmäßig über den Rohrquerschnitt; überall im Bereich $r: < r < r_a$ herrscht die gleiche Stromdichte,

nämlich
$$G_= = \frac{i_2}{\left(r_a^2 - r_i^2\right)\pi} \qquad (3.22)$$

Demnach ist

$$U_K = i_2 \left[\frac{l}{\left(r_a^2 - r_i^2\right)\pi\varkappa}\right], \qquad (3.23)$$

wobei der Ausdruck in der Klammer den Gleichstromwiderstand R_o des Rohres beschreibt

$$R_o = \frac{l}{\left(r_a^2 - r_i^2\right)\pi\varkappa}. \qquad (3.24)$$

Wenn sich hingegen i_2 zum Beispiel in Form einer hochfrequenten Sinusschwingung zeitlich sehr schnell ändert, tritt im Rohr eine Stromverdrängung in dem Sinne ein, daß die Stromdichte an der Innenwand des Rohres kleiner wird als der Gleichstromwert (Bild 3.25). Dieser Effekt ist um so stärker ausgeprägt, je schneller sich der Strom zeitlich ändert. Weil die störende Spannung U_K proportional zur Stromdichte an der Innenwand entsteht, nimmt sie mit zunehmender Frequenz von i_2 ab. Das heißt, die Abschirmwirkung des Gehäuses wird mit zunehmender Frequenz immer besser. Nach Schelkunoff [3.1] wird dieses Verhalten, ausgehend vom Gleichstromwiderstand R_o des Rohres, durch die Gleichung

$$Z_K = R_o \frac{U}{\sqrt{\cosh U - \cos U}} \qquad (3.25)$$

beschrieben.

$$\text{Mit } U = t \cdot \sqrt{2\,\varkappa\omega\mu} \qquad (3.26)$$

R_o = Gleichstromwiderstand der Wand pro Meter
t = Wanddicke
$\varkappa$ = elektrische Leitfähigkeit der Wand
μ = Permeabilität der Wand
ω = Kreisfrequenz

Obwohl Gleichung 3.25 streng genommen nur für zylindrische Abschirmungen gilt, hat sich doch gezeigt, daß sie auch bei rechteckigen Schirmen zu akzeptablen Resultaten führt.

Bild 3.27 zeigt den Einfluß der Wandstärke und des Materials auf den Verlauf des Kopplungswiderstandes in Abhängigkeit von der Frequenz. Die Darstellung wurde mit Hilfe von Gleichung (3.25) errechnet.

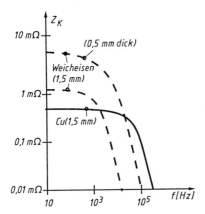

Bild 3.27 Vergleich der Kopplungswiderstände gleich großer, geschlossener, zylindrischer Gehäuse aus verschiedenen Materialien [3.3].

Ergänzend zu der Analyse für ein vollständig geschlossenes Gehäuse hat Kaden [3.2] die Reduktion der Abschirmwirkung durch Löcher in leitenden Gehäusewänden berechnet. Dabei zeigt sich, daß sich die Lochwirkung in Form eines zusätzlichen Kopplungswiderstandes darstellen läßt:

$$Z_{KL} = \frac{j\omega\mu_o r_o^3}{3\pi^2 r_a^2} \tag{3.27}$$

mit r_a = Radius des zylindrischen Abschirmgehäuses
und r_o = Radius eines kreisförmigen Loches.

Wenn man die Berechnung eines konkreten Kopplungswiderstandes Z_K für ein geschlossenes zylindrisches Gehäuse durch die Berechnung von Lochwirkungen ergänzt, erhält man eine Darstellung, wie sie zum Beispiel in Bild 3.28 zu sehen ist. Man erkennt dort, daß die Abschirmwirkung bei hohen Frequenzen nicht mehr durch die Wände, sondern durch die Löcher bestimmt wird.

Nicht zuletzt wegen dieser Dominanz von Löchern bei hohen Frequenzen hat es in der Praxis keinen Sinn zu versuchen, die Wirkung von Wandströmen in Gehäusen mit Hilfe der Formeln (3.19) bis (3.27) genau zu berechnen, sondern man muß die Auswirkung von Strömen, die man in eine Abschirmung injiziert, messen. Mit den theoretischen Betrachtungen wurde vor allem der Zweck verfolgt, Verständnis für die physikalischen Zusammenhänge zu erzeugen und dadurch die Interpretation der Meßergebnisse zu erleichtern.

Praktische Erfahrungen haben gezeigt [3.3], daß ein Gerät in industriell elektromagnetischer Umgebung störsicher ist, wenn es bei Prüfung einen injizierten Wandstrom von 100 m A_{eff} im Frequenzbereich zwischen 10 kHz und 100 MHz störungsfrei verträgt.

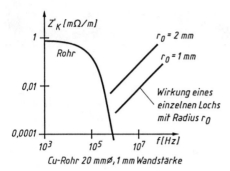

Bild 3.28 Der Einfluß von Löchern in der Wand auf den Kopplungswiderstand zylindrischer Abschirmgehäuse.

3.4.6 Verringerung von i_2 im Hinblick auf möglichst kleine Nebenwirkungen

Man benötigt zwar einen Strom i_2 in der Kurzschlußmasche, damit er mit seinem Magnetfeld die gewünschte Abschirmwirkung ausübt, aber um die im vorhergehenden Abschnitt erwähnten Nebenwirkungen in Grenzen zu halten, sollte seine Amplitude so klein wie möglich sein. Gleichung (3.2)

$$i_2 = \frac{M}{L_2} i_1,$$

die die Verhältnisse in dem Frequenzbereich beschreibt, in der die Gegenfeldabschirmung wirksam ist, bietet dafür zwei Möglichkeiten an: Man muß M verkleinern oder L_2 vergrößern.

M läßt sich mit den gleichen Maßnahmen verringern, die bereits in den Abschnitten 3.1 und 3.2 zur Reduktion der induktiven Kopplung erläutert wurden, wie z.B. größerer Abstand zur störenden Strombahn, Hin- und Rückführung des störenden Stromes dicht zusammen verlegen usw.

L_2 zu vergrößern, indem man die zu schützende Schaltungsmasche und die schützenden Kurzschlußmaschen räumlich ausdehnt, macht in der Regel wenig Sinn, weil damit meistens gleichzeitig das Ausmaß der eigentlich zu verringernden Nebeneffekte vergrößert wird, denn durch die längeren abgeschirmten Kabel nimmt die Kabelmantelkopplung (siehe Kapitel 6) zu und wirkt damit dem angestrebten Kompensationseffekt entgegen.

Ein wirksames Verfahren, L_2 zu vergrößern, besteht darin, den Fluß $\Phi_L(i_2)$ wenigstens teilweise durch hochpermeables Material zu leiten. Dadurch kann dann der zum Schutz notwendige Fluß Φ_L mit einem geringeren Strom i_2 erzeugt werden. Weil es dabei um die Abschirmwirkung oberhalb der Grenzfrequenz $\omega_o = R_2/L_2$ geht, die in der Regel größer als 10^4 Hz ist, muß dazu ein Material verwendet werden, dessen Permeabilität auch bei hohen Frequenzen noch hinreichend wirksam ist, z.B. Ferrit.

Demonstrationsversuch zur Verringerung von i_2 mit einem Ferritkern

Es wird die gleiche Anordnung benutzt wie zum Demonstrationsversuch der Gegenfeld-abschirmung mit einer Kurzschlußmasche (Abschnitt 3.4.3). Der hochpermeable Bereich für den Fluß Φ_L wird durch einen Ferritkern gebildet, der den Metallrahmen der Kurz-schlußmasche an einer Stelle umfaßt (Bild 3.29).

Eine orientierende Messung der Eigeninduktivität L_2 des Rahmens mit Hilfe einer Meßbrücke bei einer Frequenz von 1 kHz ergibt L_2-Werte von 0,9 μH ohne Ferritkern und 3 μH mit Ferritkern.

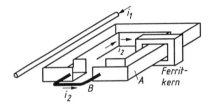

Bild 3.29 Vorrichtung, um die Reduktion von i_2 in einer Kurzschlußmasche mit Hilfe eines Ferritkerns zu demonstrieren.

Die Oszillogramme von i_2 in Bild 3.30 bestätigen, daß i_2 durch den Ferritkern deutlich verringert wird, allerdings nicht, wie aus der Induktivitätsmessung zu erwarten, um den Faktor 3, sondern nur um einen Faktor zwei. Die Differenz ist wahrscheinlich auf eine niedrigere Permeabilität des Ferrits bei hohen Frequenzen zurückzuführen.

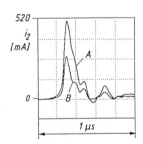 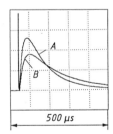

Bild 3.30 Der Strom i_2 in der Demonstrationsvorrichtung (Bild 3.29) ohne (A) und mit (B) Ferritkern.

Durch die größere Eigeninduktivität L_2 wird aber, wie die Oszillogramme zeigen, nicht nur die Amplitude von i_2 verringert, sondern zusätzlich nimmt noch die Zeitkonstante ab, mit der i_2 exponentiell abfällt. Diese Erscheinung ist zum einen im Einklang mit der Theorie, die durch die Gleichung (3.18) ausgedrückt wird denn dort steht L_2 im Expo-nenten der Exponentialfunktion. Zum anderen ist diese Verlängerung der Zeitkonstanten bzw. die Verschiebung der Grenzfrequenz $\omega_o = R_2/L_2$ nach unten praktisch durchaus erwünscht, weil damit der Frequenz- bzw. der Zeitbereich der Abschirmwirkung ausgedehnt wird.

♦ **Beispiel 3.8**
Beispiel 3.6 zeigte, wie ein in einer Koaxialkabelmasche induzierter Strom i_2 eine Störung U_K in einer Steckverbindung hervorruft, die mit Bananenstecker ausgeführt war.
Wenn man das die Masche bildende Koaxialkabel an einer Stelle mit 5 Windungen durch einen Ferritkern mit einem Querschnitt von etwa 1 cm² führt, verringert sich, wie Bild 3.31 zeigt, i_2 und als Folge davon auch die Störspannung U_K.   ♦

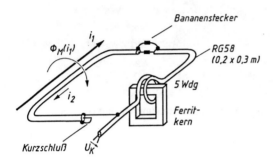

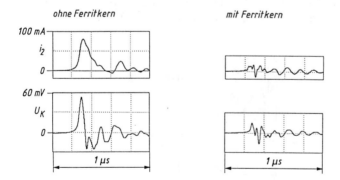

Bild 3.31 Verringerung der Störwirkung durch einen Ferritkern in einer Koaxialkabelmasche.

3.4.7 Typische Fehler bei der Abschirmung mit Kurzschluß- maschen

Im Zusammenhang mit leitenden Kabelmänteln, die als Abschirmung gegen zeitlich veränderliche Magnetfelder wirken sollen, begegnet man im wesentlichen vier Fehlern:

1. Die Kurzschlußmasche wird nicht geschlossen.
2. Die Verbindung zwischen Kabelmantel und Gehäuse wird unsachgemäß ausgeführt.
3. Der über die Gehäuse A und B fließende Strom i_2 der Kurzschlußmasche stört die Funktion von A und B.
4. Es wird nicht beachtet, daß Kabelmäntel nicht vollständig abschirmen, sondern daß auch über die Kabelmantelkopplung (s. Kapitel 6) elektrische Vorgänge in das Innere des Kabels gelangen.
5. Es wird nicht beachtet, daß das geschilderte Abschirmprinzip nur bei hohen Frequenzen $\omega \gg \dfrac{R_2}{L_2}$ funktioniert.

Bemerkung zur ersten Fehlermöglichkeit:

Die Analyse des physikalischen Vorgangs hatte gezeigt, daß die Abschirmwirkung nicht vom Metall des Kabelmantels ausgeht, sondern vom Magnetfeld des Stromes i_2, der in der Kurzschlußmasche fließt.

Wenn der Kabelmantel aber an einer Seite oder an beiden nicht angeschlossen oder irgendwo geerdet wird (Bild 3.32b, c, d), ist die Kurzschlußmasche unterbrochen, i_2 kommt nicht zustande und kann demzufolge mit seinem Magnetfeld auch nicht schützend wirken.

Siehe auch § 214

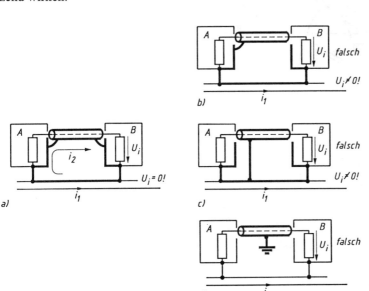

Bild 3.32 Richtige (a) und falsche ((b), (c), (d)) Verbindungen zum Koaxialkabelmantel, um ein zeitlich veränderliches Magnetfeld abzuschirmen.

Unter anderen physikalischen Voraussetzungen können die Schaltungen b) und c) durchaus als Abschirmungen wirken, und zwar dann, wenn es darum geht, quasistationäre elektrische Felder abzuschirmen. Was dabei an Randbedingungen zu beachten ist, wird in Abschnitt 4.4 näher beschrieben.

3.4.8   Abschwächung von Magnetfeldern durch metallische Gehäuse

Obwohl elektrisch gut leitende Kurzschlußmaschen und elektrisch gut leitende Gehäuse, wie zur Einleitung dieses Kapitels bereits geschildert wurde, mit Hilfe des gleichen physikalischen Prinzips abschirmen, nämlich mit induzierten Gegenfeldern, unterscheiden sich beide Abschirmverfahren doch tiefgreifend voneinander im Hinblick auf ihre räumliche Abschirmwirkung: Eine Kurzschlußmasche bietet nur für den Rand der Masche Schutz, während ein Abschirmgehäuse den gesamten Innenraum abschirmt.

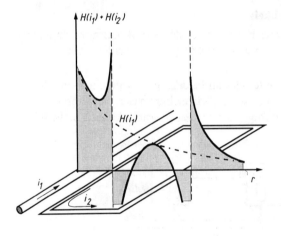

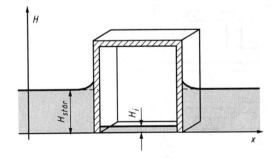

Bild 3.33 Verlauf der magnetischen Feldstärke quer durch eine Kurzschlußmasche (oben) und durch ein Abschirmgehäuse (unten).

In der Fläche der Kurzschlußmasche wird zwar weit oberhalb der Grenzfrequenz der resultierende magnetische Fluß auf ein außerordentlich geringes Maß reduziert, keineswegs aber die Feldstärke. Bild 3.33a zeigt den Verlauf der resultierenden magnetischen Feldstärke auf einer Achse, die durch die Hilfe einer rechteckförmigen Kurzschlußmasche senkrecht zur störenden Strombahn verläuft. Es ist erkennbar, daß die resultierende Feldstärke in unmittelbarer Nähe des Maschenrandes sogar höher ist als die ursprüngliche Feldstärke der störenden Strombahn.

Während man mit einer Kurzschlußmasche nicht einmal eine Fläche, sondern nur deren Rand abschirmen kann, reduziert ein elektrisch gut leitendes Gehäuse die Feldstärke eines von außen einwirkenden zeitlich schnell veränderlichen magnetischen Feldes im ganzen Innenraum (Bild 3.33b). Das Gleiche leisten auch magnetisch gut leitende hochpermeable Gehäuse für zeitlich konstante oder niederfrequente magnetische Felder.

Zur Vorausberechnung von Abschirmungen wurden von verschiedenen Autoren Verfahren mit verschiedenen theoretischen Grundansätzen bereitgestellt. Die beiden bedeutendsten sind Kaden und Schelkunoff.

Kaden [3.2] geht vor allem von den in den Wänden induzierten Wirbelströmen aus und leitet aus deren Berechnung die Schirmwirkung ab. Er berücksichtigt aber auch nichtquasistationäre Erscheinungen bei räumlich ausgedehnten Schirmen.

Schelkunoff [3.4] geht dagegen von einer Wanderwellenauffassung aus und berechnet die Schirmwirkung mit Hilfe gebrochener und reflektierter Wellenanteile.

Allen theoretischen Ansätzen ist gemeinsam, daß sie nur im Frequenzbereich unterhalb 1 MHz und für Dämpfungswerte, die kleiner sind als etwa 50 dB, zu Ergebnissen führen, die mit Meßergebnissen an ausgeführten Abschirmungen einigermaßen – d.h. besser als 10 dB – übereinstimmen. Erzielte bessere Übereinstimmungen zwischen Messung und Rechnung, die über die erwähnten Grenzen hinausgehen, sind mit großer Wahrscheinlichkeit zufällig.

Der Wert der Theorien liegt deshalb nicht in erster Linie darin, mit ihrer Hilfe Abschirmungen wirklich vorausberechnen zu können, sondern sie vermitteln Informationen darüber, in welcher Richtung die wichtigsten Einflußgrößen die Abschirmwirkung beeinflussen.

Es hat sich im Rahmen der erwähnten Grenzen (bis 1 MHz; < 50 dB) als zweckmässig und für praktische Zwecke hinreichend erwiesen, sowohl rechteckige als auch zylindrische Abschirmungen bis bei einem Verhältnis von Länge zu Durchmesser < 1 für die Berechnung durch kugelförmige Gehäuse zu ersetzen, wobei der Durchmesser etwa den gegebenen Gehäuseabmessungen entspricht, [3.3], [3.5].

Im folgenden wird jeweils das Verhältnis der Außen- zur Innenfeldstärke

$$a_s = 20 \, \log \frac{H_{au\beta en}}{H_{innen}} \, [\text{dB}]$$

für zwei verschiedene Situationen angegeben:

A Die Wirkung einer Hohlkugel mit $\mu_r \gg 1$, die als magnetischer Nebenschluß auch
   für Gleichfelder und niederfrequente Magnetfelder wirksam ist [3.3].

$$a_s = 20 \log \sqrt{\left(\frac{2\mu_r \cdot t}{3r_a U}\right)^2 \left(\cosh U - \cos U\right) + 1} \qquad (3.28)$$

$$U = t \cdot \sqrt{2 \varkappa \omega \mu} \qquad (3.28a)$$

ω = Frequenz des abzuschirmenden Feldes
$\varkappa$ = elektrische Leitfähigkeit der Kugelwand
μ = Permeabilität der Kugelwand ($\mu_r \cdot \mu_o$)
r_a = Außenradius der Kugel
t = Wandstärke

B Das Verhalten von Hohlkugeln mit $\mu_r = 1$, aber elektrisch gut leitfähigem Material,
   die bei Gleichfeldern nicht abschirmen, aber dafür bei hochfrequenten Feldern wirksamer sind als Kugeln mit $\mu_r \gg 1$.

$$a_s = 20 \log \sqrt{\left(\frac{r_a U}{6t}\right)^2 \left(\cosh U - \cos U\right) + 1} \qquad (3.29)$$

Bild 3.34 zeigt einen Vergleich zwischen Rechnung und Messung für eine kleine
zylindrische Abschirmung aus Messing mit $r_o = 16$ mm und $t = 0,63$ mm [3.3].

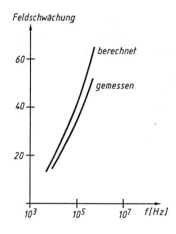

Feldschwächung

Bild 3.34
Vergleich berechneter und gemessener Abschirmwirkung eines zylindrischen Gehäuses [3.3]
(mit äquivalenter Kugel berechnet).

In der folgenden Tabelle sind einige Werkstoffdaten zusammengestellt, die für Abschirmgehäuse von Bedeutung sind.

Werkstoff	relative Permeabilität μ_r	relative Leitfähigkeit $\varkappa_r$
Kupfer	1	1
Aluminium	1	0,6
Eisen	60 - 200	0,18
Mumetall	$3.10^4 - 7.10^4$	0,03

(die relative Leitfähigkeit $\varkappa_r$ bezieht sich auf Kupfer mit $\varkappa = 57$ S m/mm^2)

Für die praktische Dimensionierung einer Abschirmung ist es nicht nur wichtig zu wissen, wie dick etwa die Wandstärke, die Leitfähigkeit und die Permeabilität sein müssen, sondern es ist auch notwendig, eine Vorstellung von der Größe der Löcher zu haben, die man zwangsläufig für verschiedene Zwecke in der Abschirmung anbringen muß. Die Theorie [3.6] läßt mit dem Ausdruck

$$a_{s\,Loch} = 20 \log \left(0,34 \cdot \frac{A}{a^3 \cdot W} \right) \qquad (3.30)$$

A = Querschnitt des Gehäuses
W = Breite des Gehäuses
a = Lochradius

erwarten, daß ein kreisförmiges Loch einen Dämpfungsbeitrag leistet, der unabhängig von der Frequenz ist. Mit anderen Worten, die mit zunehmender Frequenz ansteigende Dämpfung eines vollständig geschlossenen Gehäuses ist nur bis zu derjenigen Frequenz wirksam, bei der das Dämpfungsniveau eines Loches erreicht ist. Von dieser Frequenz an erzwingt das Loch bei weiter steigender Frequenz einen konstanten Dämpfungsverlauf.

Diese theoretisch vorausgesagte Wirkung eines Loches in einer Abschirmwand wird durch die Messung recht gut bestätigt (Bild 3.33).

Die dort wiedergegebenen Ergebnisse von einzelnen Löchern in einem rechteckigen Gehäuse aus 1,5 mm dickem Aluminium mit der Kantenlänge von 0,5 m x 0,5 m x 0,2 m zeigen, daß bei mittleren Dämpfungsanforderungen von etwa 50 dB, – d.h. immerhin eine Feldabschwächung um den Faktor 300 – ein recht großes Loch mit einem Durchmesser von 100 mm in der Wand toleriert werden kann.

In diesem Zusammenhang muß aber ausdrücklich darauf hingewiesen werden, daß elektrisch gut leitfähige Abschirmgehäuse, die auf dem Prinzip von Gegenfeldern durch induzierte Wirbelströme beruhen, abgesehen von Löchern in der in Bild 3.33 angedeuteten Größenordnung, überall geschlossen sein müssen. Geschlossen heißt, daß sie als Ganzes den schützenden Wirbelströmen Strombahnen bieten müssen. Diese Ströme dürfen nicht durch Schlitze zwischen zusammengefügten Wänden oder Gehäusedeckeln beliebig unterbrochen werden. Leitfähigkeitsabschirmungen sind deshalb, wenn irgend möglich, zu verschweißen oder zu verlöten und an den unvermeidbaren Trennstellen mit hinreichend dicht angeordneten Schrauben zu verbinden. Bei hohen Dämpfungsanforderungen müssen die Verschraubungen noch durch leitende Dichtungen ergänzt werden.

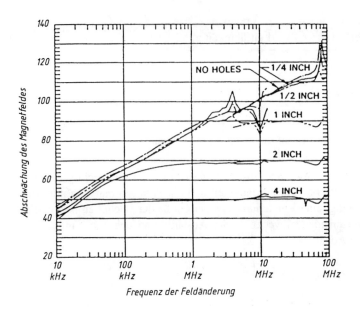

Bild 3.35 Der Einfluß von Löchern in der Gehäusewand auf die Abschirmwirkung gegen
Magnetfelder [3.6].

Besonders ungünstig sind Gehäuse, die aus eloxierten Aluminiumteilen zusammengesetzt
werden, weil die Eloxierschichten elektrisch schlecht leiten und dadurch die für die
Abschirmwirkung notwendigen Wirbelströme an vielen Stellen unterbrechen.

3.5 Literatur

[3.1] *Schelkunoff, S.A.*: The elektomagnetic theory of coaxial transmission lines and
      cylindrical shields
      Bell System Technical Journal Vol. 13, pp. 532-579
[3.2] *Kaden, H.*: Wirbelströme und Schirmung in der Nachrichtentechnik
      2. Auflage (Springer, Berlin 1959)
[3.3] *Cake, B.V.*: Aspects of the design of sreened boxes
      EMC Symposium Montreux 1975
[3.4] *Schelkunoff, S.A.*: Electromagnetic Waves
      Van Nostrand, Princeton 1943
[3.5] *Mager, A.*: Der magnetische Längsabschirmfaktor von zylinderförmigen
      Abschirmungen
      ETZ-A Bd 89 (1968) S. 11-14
[3.6] *Hoeft, L.O.*: How big a hole is allowable in a shield
      IEEE Symposium on Electromagnetic Compatibility 1986, pp. 55-58

4 Die quasistationäre kapazitive Kopplung

Eine kapazitive Kopplung kommt etwa wie folgt zustande:

Im Isolierstoff, der sich zwischen zwei spannungsführenden Leitern befindet, z.B. Luft, existiert immer ein elektrisches Feld. Wenn sich die Spannung ändert, fließt diffus verteilt durch das Feld ein Strom, der sogenannte Verschiebungsstrom i_v, und zwar quer durch das Isoliermaterial von einem Leiter zum anderen. Falls sich zwei Leiter eines anderen Schaltungsteils oder eines fremden Systems in einem solchen Feld befinden, fließt ein Teil des Verschiebungsstromes über den Innenwiderstand dieser Schaltung und erzeugt dabei eine Spannung, die unter Umständen störend wirkt (Bild 4.1).

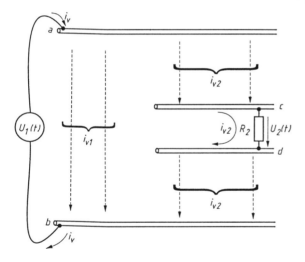

Bild 4.1 Kopplung zwischen den Leitern a, b und c, d durch Strömungslinien des Verschiebungsstromes i_V.

Die Spannung U_1 zwischen den spannungsführenden Leitern a und b spielt in Bild 4.1 die Rolle der Störquelle. Die Störsenke wird vom Innenwiderstand R_2 der benachbarten Schaltung (Leiter c und d) gebildet. Die Kopplung entsteht durch den Anteil i_{V2} des Verschiebungsstroms, der auf seinem Weg von einem spannungsführenden Leiter (a) zum anderen (b) zwischendurch von Leiter c des benachbarten Systems aufgefangen und über dessen Innenwiderstand R_2 geleitet wird.

Die Höhe des Verschiebungsstromes ergibt sich einerseits aus der Höhe der Spannung U_1 und andererseits aus der Struktur des Feldes zwischen den Leitern. Die Feldgröße, die beides gleichzeitig erfaßt, ist der Verschiebungsfluß $\Psi(U_1)$.

Die mathematische Beziehung zwischen U_1 und dem Verschiebungsstrom i_V lautet:

$$i_v = \frac{d}{dt}\left[\Psi(U_1)\right]. \tag{4.1}$$

In der Rechentechnik der Elektrotechnik ist es üblich, anstelle des Verschiebungsflusses $\Psi(U_1)$, den auf die Spannung bezogenen Fluß zu benützen. Man nennt diese bezogene Größe die Kapazität des Feldes

$$C = \frac{\Psi(U)}{U}.$$

Die Gleichung (4.1) erhält dann die Form

$$i_v = \frac{d}{dt}\left[\frac{\Psi(U_1)}{U_1} \cdot U_1\right] = C \cdot \frac{dU_1}{dt}. \tag{4.2}$$

Wenn man die Darstellung des elektrischen Feldes in Form von Strömungslinien des Verschiebungsstromes in Bild 4.1 durch die normierten elektrischen Flüsse – d.h. durch die Kapazitäten – ersetzt, erhält man Bild 4.2.

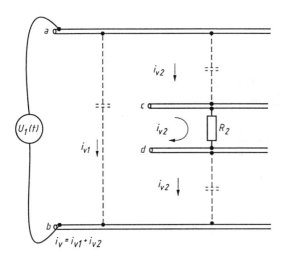

Bild 4.2   Kopplung zwischen den Leitern a, b und c, d durch die Streukapazitäten.

Weil die Kopplung, die durch den Verschiebungsstrom des Feldes zustande kommt, in der Regel mit Hilfe der Kapazität des Feldes beschrieben wird, nennt man sie kapazitive Kopplung.

Der Zusammenhang zwischen einem elektrischen Feld und der zugehörigen Kapazität wird besonders deutlich, wenn man den C-Wert unmittelbar aus dem Feldbild ermittelt. Im Anhang 2 wird dieses Verfahren näher erläutert.

Die folgenden Betrachtungen beziehen sich auf quasistationäre elektrische Felder, d.h. auf Felder, die zwar als Ganzes mit der Änderung der erregenden Spannung schwanken, dabei aber insgesamt ihre Gestalt beibehalten. Nur solange ein Feld bei steigender Frequenz der Spannung $U(t)$ seine Form behält, bleibt auch seine Kapazität unverändert bestehen, und man kann die Formel (4.2) zur Berechnung anwenden, bzw. ein Ersatzschaltbild entsprechend 4.3 zur Erläuterung der Situation benutzen.

4.1 Der Frequenzgang einer kapazitiven Kopplung

Kapazitive Kopplungen treten sowohl in Situationen auf, in denen das störende und das gestörte System je zwei getrennte Leiterpaare aufweisen (Bild 4.3a), als auch in Anordnungen, in denen die Störquelle und die Störsenke einen Leiter gemeinsam benutzen. In Bild 4.3b ist dies der Leiter 2.

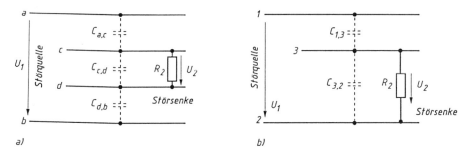

Bild 4.3   Die Streukapazitäten zwischen galvanisch getrennten Systemen (a) und Systemen mit einem gemeinsamen Leiter (b).

Beide Anordnungen haben im Hinblick auf die kapazitive Kopplung das gleiche Verhalten, wenn die Kapazität $C_{1,3}$ genauso groß ist wie die Reihenschaltung aus den Kapazitäten C_{ac} und C_{db}.

Im folgenden wird der besseren Übersicht wegen nur Schaltung 4.3b untersucht. Man kann die Ergebnisse auch auf Anordnungen mit zwei getrennten Leiterpaaren anwenden, wenn man anstelle von $C_{1,3}$ den Wert $(C_{ac} \cdot C_{db})/(C_{ac} + C_{db})$ einsetzt.

Das Verhalten der Schaltung 4.3b wird durch die einfache Gleichung

$$U_2 = \frac{pR_2 C_{1,3}}{1 + pR_2 [C_{1,3} + C_{3,2}]} \cdot U_1 \qquad (4.3)$$

mit $p = j\omega$ beschrieben. In Bild 4.4 ist das Verhältnis U_2/U_1 in Abhängigkeit der Frequenz grafisch dargestellt.

Bei tiefen Frequenzen ist der zweite Term im Nenner der Gleichung 4.3 wesentlich kleiner als 1 und der Frequenzgang folgt der Geraden

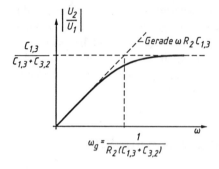

Bild 4.4
Der Frequenzgang der kapazitiven Kopplung in Bild 4.3b.

$$\left|\frac{U_2}{U_1}\right| = \omega \ R_2 C_{1,3} \tag{4.4}$$

für
$$\omega << \frac{1}{R_2\left[C_{1,3} + C_{3,2}\right]}. \tag{4.4a}$$

Bei hohen Frequenzen bleibt das Verhältnis U_2 zu U_1 konstant auf dem Wert

$$\left|\frac{U_2}{U_1}\right| = \frac{C_{13}}{C_{1,3} + C_{3,2}} \tag{4.5}$$

$$\omega >> \frac{1}{R_2\left[C_{1,3} + C_{3,2}\right]}. \tag{4.5a}$$

Man kann die Situation wie folgt beschreiben:

Eine kapazitive Kopplung wirkt wie ein Spannungsteiler mit der störenden Spannung U_1 als Primärspannung und der Störspannung U_2 als Sekundärspannung. Der Primärteil des Spannungsteilers besteht aus der Kapazität $C_{1,3}$. Der Sekundärteil wird durch die Parallelschaltung von $C_{3,2}$ und dem Innenwiderstand R_2 des gestörten Systems gebildet (Bild 4.5a).

Bei tiefen Frequenzen ist die Impedanz von $C_{3,2}$ gegenüber R_2 vernachlässigbar und der Spannungsteiler besteht nur aus der Reihenschaltung von $C_{1,3}$ und R_2 (Bild 4.5b). Das Übersetzungsverhältnis ändert sich linear mit der Frequenz, weil sich die Impedanz von $C_{1,3}$ linear mit der Frequenz verändert, während die Impedanz von R_2 fest bleibt.

Bei hohen Frequenzen ist R_2 gegenüber $C_{3,2}$ im Sekundärteil des Teiles vernachlässigbar. Weil Primär- und Sekundärteil jetzt nur aus Kapazitäten bestehen, ist das Übersetzungsverhältnis in diesem Frequenzbereich unabhängig von der Frequenz.

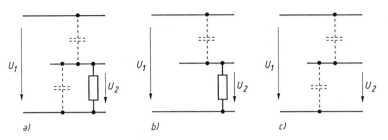

Bild 4.5 Die Darstellung einer kapazitiven Kopplung als Spannungsleiter.
a) allgemein
b) für tiefe Frequenzen
c) für hohe Frequenzen

◆ **Beispiel 4.1**

Bild 4.6 zeigt den gemessenen und berechneten Frequenzgang der kapazitiven Kopplung in einem 10 m langen 3adrigen Kabel. Zwischen den Adern 1 und 2 befindet sich die Störquelle und zwischen den Adern 3 und 2 die Störsenke.

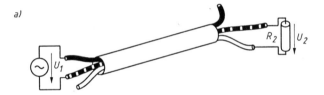

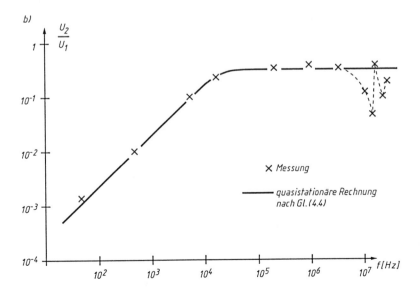

Bild 4.6 Der Frequenzgang der kapazitiven Kopplung in einem 3adrigen Kabel.

Man kann sehen, daß die Theorie und die Messung etwa bis zu einer Frequenz von 1 MHz recht gut übereinstimmen. Bei höheren Frequenzen treten größere Abweichungen auf, weil die der Theorie zugrunde gelegte Voraussetzung, daß das Feld sich quasistationär verhalte, nicht mehr gegeben ist. Die Länge des Kabels ist dann größer als 1/10 der Wellenlänge. ◆

4.2 Praktische Schlußfolgerungen aus dem Frequenzgang

Die Darstellung des Frequenzganges in Bild 4.4 bietet insgesamt drei Schaltungsparameter an, mit deren Hilfe eine bereits vorhandene Beeinflußung verringert oder eine beim Entwurf voraussehbare Störung vermieden werden kann.

- Man kann die Kapazität $C_{1,3}$ zwischen Störquelle und Störsenke verkleinern,
- die Kapazität $C_{3,2}$, die zwischen den Klemmen der Störsenke wirksam ist, vergrößern
- und den Innenwiderstand R_2 der Störsenke verringern.

Darüber hinaus ist empfehlenswert, die Frequenz ω der Störquelle so tief wie möglich zu halten, falls dazu die Möglichkeit besteht.

Die Kapazität $C_{1,3}$ verkleinern

Man kann $C_{1,3}$ z.B. dadurch verkleinern, indem man die Länge eines Kabels, das die Leiter 1, 2 und 3 gemeinsam führt, verkürzt oder indem man den Abstand zwischen den Leitern 1 und 3 vergrößert.

Eine Verringerung von $C_{1,3}$ verschiebt den Frequenzgang insgesamt zu tieferen Werten von U_2/U_1 und ist damit für alle Frequenzanteile von U_1 wirksam.

◆ **Beispiel 4.2**

Ein System mit einem Innenwiderstand von 1 kΩ und einer Kapazität $C_{3,2}$ von 1 nF zwischen den Klemmen wird von einer benachbarten 220 V Leitung (50Hz) beeinflußt (Bild 4.7a). Die Kapazität $C_{1,3}$ zwischen der störenden 220 V Leitung und der gestörten Schaltung beträgt ebenfalls 1 nF.

Bild 4.7b zeigt den Verlauf des vollständigen Frequenzganges unter den genannten Bedingungen. Wenn man $C_{1,3}$ von 1 nF auf 0,3 nF verringert, verschiebt sich der gesamte Frequenzgang nach unten (Kurve B bzw. Gerade (B)). ◆

In der ursprünglichen Anordnung mit einem $C_{1,3}$-Wert von 1 nF erreichte die Störung U_2 eine Amplitude von 69 mV. Mit dem reduzierten $C_{1,3}$-Wert von 0,3 nF geht die Störung auf 21 mV zurück.

Die Kapazität $C_{3,2}$ zwischen den Klemmen der Störsenke vergrößern

Man kann $C_{3,2}$ mit zusätzlichen Kondensatoren zwischen den Klemmen der Störsenke vergrößern oder die Leiter 2 und 3 dichter zusammenlegen.

Eine Vergrößerung von $C_{3,2}$ verschiebt das Verhältnis U_2/U_1 nur bei hohen Frequenzen nach unten. Das Verhalten bei tiefen Frequenzen bleibt unverändert (Bild 4.8)

In Beispiel 4.1, der 50 Hz Störung mit R_2 = 1 kΩ, $C_{1,2}$ = 1 nF und $C_{3,2}$ = 1 nF, würde eine Vergrößerung von $C_{3,2}$ selbst um zwei Zehnerpotenzen noch keine Verbesserung bringen.

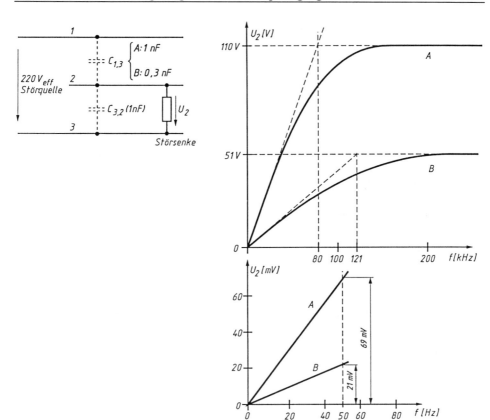

Bild 4.7   Die Veränderung des Frequenzganges bei Variation der „Primärkapazität" $C_{1,3}$.

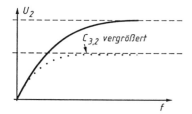

Bild 4.8
Der Einfluß einer größeren „Sekundärkapazität"
$C_{3,2}$ auf den Frequenzgang.

Den Innenwiderstand R_2 der Störsenke verkleinern

In der Regel wird der Innenwiderstand R_2 der Störsenke mit dem Entwurf der Schaltung festgelegt und ist dann später nur noch schwer veränderbar.

Die Wahl eines kleineren Innenwiderstandes R_2 verringert den geraden Anstieg des Frequenzganges bei tiefen Frequenzen (Bild 4.9). Das Niveau des Frequenzganges bei hohen Frequenzen bleibt unverändert, weil es nur durch die Kapazitäten beeinflußbar ist.

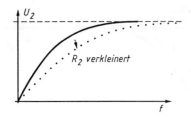

Bild 4.9
Der Einfluß eines kleineren Innenwiderstandes
der Störsenke auf den Frequenzgang.

Wenn Störungen bei tiefen Frequenzen zu erwarten sind – tief heißt in diesem Fall unterhalb der Grenzfrequenz f_{g1} – sollte man schon beim Entwurf des Systems versuchen, den Innenwiderstand R_2 so klein wie möglich zu wählen, um damit die Empfindlichkeit gegenüber Störungen gering zu halten.

Mit den Gleichungen (4.3) bzw. (4.4) und (4.5) kann man übrigens auch den Verlauf der Meßergebnisse im Beispiel 1.1 erklären. Dort wurde ω konstant gehalten und R_2 in einem weiteren Bereich verändert.

4.3 Das Impulsverhalten der kapazitiven Kopplung

Man kann natürlich grundsätzlich mit Hilfe des Frequenzgangs auch das Verhalten der kapazitiven Kopplung gegenüber allen möglichen nicht-sinusförmigen Formen der Störquellenspannung studieren. Man muß dazu zunächst den zeitlichen Verlauf der Störspannung in den Frequenzbereich transformieren, dann diese Größe mit dem Frequenzgang der Kopplung multiplizieren und schließlich eine Rücktransformation in den Zeitbereich vornehmen. Die Reaktion der Kopplung auf ausgesprochen sprungförmige Änderungen dieser Spannung läßt sich jedoch klarer darstellen, wenn man ohne Umwege über die Frequenzgänge direkt untersucht, wie Impulse von der Kopplung übertragen werden.

Eine kapazitive Kopplung reagiert zum Beispiel auf einen Sprung und anschließend konstantes Niveau der Störquellenspannung U_1 (Bild 4.10a) ebenfalls zunächst auch mit einem Sprung, aber dann mit anschließendem exponentiellen Abfall der Spannung U_2 an der Störsenke (Bild 4.10b).

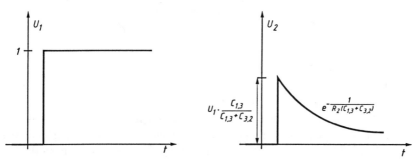

Bild 4.10 Die Reaktion einer kapazitiven Kopplung auf einen Sprung der störenden Spannung U_1.

Mathematisch läßt sich der Verlauf der Spannung U_2 an der Störsenke leicht mit Hilfe der Laplace-Transformation aus der Gleichung 4.3 ableiten.

$$U_2 = U_1 \frac{C_{3,2}}{C_{3,2} + C_{1,3}} \exp\left(-\frac{t}{R_2[C_{3,2} + C_{1,3}]}\right) \tag{4.7}$$

Wenn die Störquellenspannung nicht wie in Bild 4.10a ideal unendlich schnell springt, sondern wie in Bild 4.11a mehr oder weniger flach rampenförmig ansteigt, nimmt auch die Amplitude von U_2 ab, und zwar um so stärker je mehr die Amplitude von U_1 gegenüber der Zeitkonstanten R_2 ($C_{1,2} + C_{3,2}$) ins Gewicht fällt.

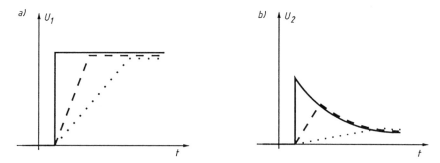

Bild 4.11 Die Reaktion einer kapazitiven Kopplung auf Störspannungen mit endlicher Ausstiegszeit.

◆ **Beispiel 4.3**
Wenn man an die zwei Adern 1 und 2 eines 3adrigen Kabels eine von einer Thyristorschaltung „angeschnittene" Wechselspannung anlegt, entsteht zwischen den Adern 3 und 2 die im Bild 4.12a wiedergegebene Spannung. Der Innenwiderstand der Störsenke zwischen den Adern 3 und 2 beträgt 100 kΩ.
Man erkennt deutlich die Spannung im Verlauf von U_2 zum Zeitpunkt des Sprungs von U_1. Der anschließende Abfall von U_2 erfolgt nicht genau exponentiell, weil ihm ja der gleichzeitige sinusförmige Rückgang von U_1 überlagert ist. Trotzdem ist die Übereinstimmung des Meßergebnisses mit der Theorie befriedigend.
Wenn U_1 beim Spannungsnulldurchgang einen Knick aufweist, sich also rampenförmig ändert, reagiert U_2, wie zu erwarten, ebenfalls mit einer rampenförmigen Spannung.
Besonders bemerkenswert ist der Vergleich mit einer sinusförmigen 50 Hz-Störquelle gleicher Amplitude in Bild 4.12b, der zeigt, wieviel stärker die angeschnittenen Spannungen über die Kopplung wirken. ◆

– **Angeschnittene Wechselspannung** (Bild 4.12a)

Theorie: $U_2 = \dfrac{C_{1,2}}{C_{1,2} + C_{3,2}} U_1 = \dfrac{0,39}{0,38 \cdot 0,75} \cdot 300 = 101$ V

Messung: $U_2 = 90$ V

- **Sinusförmige Wechselspannung** (Bild 4.12b)

  Theorie: $U_2 = R_2 C_{1,2} U_1 = 314 \cdot 10 H 5 \cdot 0,38 \cdot 10^{-9} \cdot 300 = 3,6$ V

  Messung: $U_2 = 8$ V

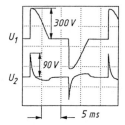
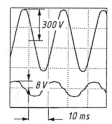

Bild 4.12 Die Reaktion einer kapazitiven Kopplung auf sinusförmige (b) und angeschnittene
Spannungen (a).

4.4 Die Abschirmung gegen ein quasistationäres elektrisches Feld

Die Methode der Abschirmung muß sich natürlich am physikalischen Ablauf der kapazitiven Kopplung orientieren. Dieser Vorgang besteht, wie bereits zu Beginn dieses Kapitels geschildert, darin, daß der Verschiebungsstrom, der zwischen den spannungsführenden Leitern der Störquelle durch den Raum strömt, teilweise über den Innenwiderstand der Störsenke geleitet wird und dort eine störende Spannung erzeugt (Bild 4.13).

Dieser physikalische Vorgang legt folgende Abschirmungsstrategie nahe:

1. Der Verschiebungsstrom wird abgefangen, bevor er die störempfindliche Schaltung erreicht.

2. Der abgefangene Verschiebungsstrom wird an der störempfindlichen Schaltung vorbeigeleitet.

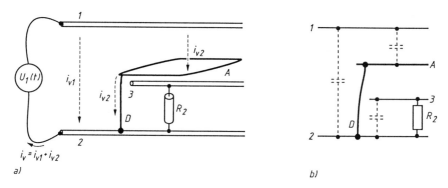

Bild 4.13 Das physikalische Prinzip der Abschirmung eines zeitlich veränderlichen, elektrischen Feldes (Störquelle und Störsenke haben gemeinsamen Leiter 2).
a) Räumliche Anordnung
b) Ersatzschaltbild

Das Abfangen geschieht mit einer leitenden Fläche A (Bild 4.18). Sie nimmt den diffus vom Leiter 1 her auf die empfindliche Schaltung zuströmenden Verschiebungsstromanteil i_{V2} auf.

Das Weiterleiten übernimmt die Verbindung D. Sie führt den Verschiebungsstrom an die Stelle weiter, zu der er auch ohne die Fläche A und die Verbindung D hinfließen würde, nämlich zum Leiter 2.

Im kapazitiven Ersatzschaltbild stellt sich der Abschirmvorgang wie folgt dar:

1. (Abfangen von Verschiebungsstrom): Mit dem Leiter der Fläche A wird die ursprüngliche Kapazität $C_{1,3}$ in zwei Teile zerlegt, und zwar in $C_{1,A}$ und $C_{A,3}$.
2. (Vorbeileiten des Verschiebungsstromes): Mit der Verbindung B wird ein Nebenschluß zum ursprünglichen Strompfad von i_{V2} über $C_{A,3}$ und R_2 gebildet.

Für den Fall, daß die Störquelle und die Störsenke keinen gemeinsamen Leiter haben, d.h. galvanisch vollständig voneinander getrennt sind, benötigt man zur Abschirmung zwei Flächen (Bild 4.14). Eine (A1) ist in Feldrichtung vor der zu schützenden Schaltung angeordnet und die andere (A2) in Feldrichtung dahinter. Der diffuse Verschiebungsstrom wird von der einen Fläche aufgefangen, als konzentrierter Leitungsstrom mit der Verbindung D an der zu schützenden Schaltung vorbei an die andere Fläche weitergegeben und von dieser dann wieder diffus an das Feld übergeben zur Weiterleitung an den Leiter 2 der Störquelle.

In den Prinzipskizzen 4.13 und 4.14 zur Erläuterung der Abschirmungsstrategie wird für die Komponente, mit welcher der Verschiebungsstrom an der Störsenke vorbeigeleitet wird, ein Draht benutzt.

Damit sind aber zwei Nachteile verbunden:

– Ein Teil des elektrischen Feldes gelangt seitlich vorbei zur Störsenke (Bild 4.15a).
– Bei zeitlich schnell veränderlichen Feldern macht sich das Magnetfeld des Verschiebungsstromes bemerkbar und führt u.U. zu einer induktiven Kopplung in die Störsenke (Bild 4.15b).

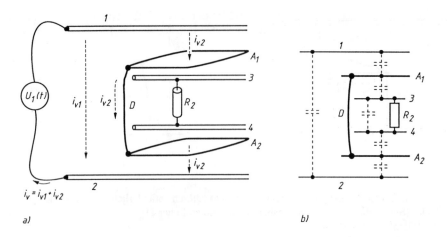

Bild 4.14 Das physikalische Prinzip der Abschirmung eines zeitlich veränderlichen elektrischen
Feldes (Störquelle und Störsenke sind galvanisch getrennt).
a)   Räumliche Anordnung
b)   Ersatzschaltbild

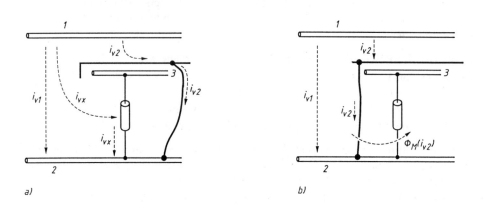

Bild 4.15 Die Auswirkung unvollkommener Abschirmungen.
a) Eingriff des Feldes durch eine Öffnung in der Abschirmung.
b) Transformatorische Induktion durch das Magnetfeld des Verschiebungsstromes.

In der Praxis werden die Abschirmungen deshalb meistens als Gehäuse ausgeführt, wobei dann der Verschiebungsstrom über die Seitenwände an der Störsenke vorbeifließt.

4.5 Demonstrationsversuch zur Abschirmung eines quasistationären E-Feldes

In diesem Versuch werden die gleiche Leiterschleife und der gleiche Metallrahmen benutzt, der in Abschnitt 3.4.2 zur Demonstration der Magnetfeldabschirmung verwendet wurde.

Das System, von dem die Störung ausgeht, besteht aus der Spannungsquelle $U_1(t)$ und den Leitern 1 und 2 (Bild 4.16a). Das Modell der Störsenke besteht aus dem Drahtrahmen 3, der sich im Feld zwischen den Leitern 1 und 2 befindet, dem Widerstand R_2, der den Innenwiderstand der Störsenke repräsentiert, und dem Leiter 2.

Die Störung besteht darin, daß der vom Leiter 1 ausgehende Verschiebungsstrom i_{V2} auf den Drahtrahmen trifft und dann über den Widerstand R_2 abfließt. Dabei entsteht an R_2 die störende Spannung $i_{V2} \cdot R_2$.

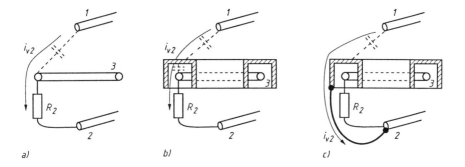

Bild 4.16 Drahtschleife 3 mit U-förmigem Metallrahmen umgeben.
  a) ohne Abschirmung
  b) Abschirmung unwirksam
  c) Abschirmung wirksam, der Verschiebungsstrom i_{V2} fließt über die Verbindungsleitung

Um die Störung besonders stark zur Wirkung zu bringen, wurde für $U_1(t)$ eine phasenangeschnittene Wechselspannung (220 V) und für R_2 ein hoher Widerstand (10 MΩ) gewählt. Unter diesen Umständen entstand an R_2 die verhältnismäßig hohe Spannung von etwa 120 V.

Wenn man die Drahtschleife 3 wie beim Versuch mit der Magnetfeldabschirmung mit einem U-förmigen Metallrahmen umgibt, ändert sich nichts, d.h. die Spannung am Widerstand R_2 beträgt nach wie vor 120 Volt. Es ist dabei völlig unerheblich, ob der Metallrahmen durch einen Schlitz unterbrochen oder geschlossen ist.

Die Erklärung für die Wirkungslosigkeit des zu einer Kurzschlußmasche geschlossenen Metallrahmens ist in Bild 4.16b angedeutet: der Verschiebungsstrom i_V trifft zwar auf den Metallrahmen auf, aber er hat damit noch nicht sein Ziel, den anderen spannungsführenden Leiter Z, erreicht. Er tritt deshalb im Innern des U-förmigen Metall-

rahmens wieder aus und fließt weiter über die innere Streukapazität zum Leiter 3, der
ihm über den Widerstand R_2 einen Weg zu seinem Bestimmungsort bietet.

Wenn man hingegen wie in Bild 16c den Metallrahmen mit Hilfe eines widerstandsarmen
Leiters D mit dem Bestimmungsort des Verschiebungsstroms, nämlich dem Leiter 2,
verbindet, dann fließt i_{V2} über diesen widerstandsarmen Weg. An R_2 tritt dann keine
störende Spannung mehr auf.

4.6 Kapazitive Kopplung im Inneren von Abschirmgehäusen

Abschirmungen bieten einerseits Schutz vor der Einwirkung äußerer Felder. Sie können
aber unter Umständen auch die Beziehungen zwischen Schaltungsteilen, die sich im
Innern befinden, verschlechtern.

In Bild 4.17a wird ein Schaltungsteil mit der Spannung U_1 betrieben. Dieser Schaltungsteil treibt über die Streukapazitäten $C_{1,A}$ und $C_{3,A}$ den Verschiebungsstromanteil i_{V2} in
den benachbarten Schaltungsteil mit dem Innenwiderstand R_2 und erzeugt dort die
störende Spannung U_2.

Als Gegenmaßnahme muß man dem störenden Verschiebungsanteil einen bequemeren
Weg über die Verbindung V anbieten (Bild 4.17b). Im technischen Sprachgebrauch sagt
man dann: Die Masse (der gemeinsame Leiter 2) der Schaltung ist mit der sie umgebenden Abschirmung A zu verbinden.

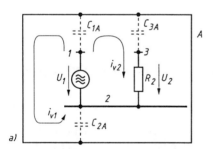

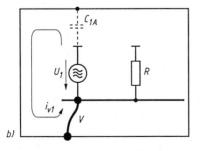

Bild 4.17
Unterbindung kapazitiver Kopplungen
innerhalb von Gehäusen durch Verbindung V
zwischen Gehäusen und dem Bezugsleiter der
Schaltung.

4.7 Reduktion der quasistationären, kapazitiven Kopplungswirkung durch Symmetrieren

In Situationen, in denen die Störsenke und die Störquelle galvanisch voneinander getrennt sind, kann man die Auswirkung einer kapazitiven Kopplung verringern oder ganz vermeiden, indem man alle Teile der Störsenke einer gleich starken kapazitiven Kopplung aussetzt. Dadurch entstehen in allen Teilen der Störsenke in bezug auf die Störquelle gleich hohe Spannungen und die Störung innerhalb der Störsenke ist damit Null. Man nennt dieses Verfahren Symmetrieren.

Wenn zwischen den Leitern 3 und 4 der Störsenke und dem Leiter 2 der Störquelle noch Widerstände $R_{3,2}$ und $R_{4,2}$ vorhanden sind, muß man bei tiefen Frequenzen noch zusätzlich die Bedingung

$$R_{3,2} \cdot C_{1,3} = R_{4,2} \cdot C_{1,4}$$

einhalten, die sich aus der Gleichung (4.5) ergibt.

In der Anordnung in Bild 4.18 wird die Spannung des Leiters 3 in bezug auf die Leiter 1 und 2 der Störquelle durch die kapazitive Spannungsteilung $C_{1,3} : C_{3,2}$ bestimmt.

Wenn die Spannungsteilung für den Leiter 4 durch die Kapazitäten $C_{1,4}$ und $C_{4,2}$ gleich groß ist, entsteht zwischen den Leitern 3 und 4 – d.h. in der Störsenke – keine Spannung.

Praktisch wird die Symmetrierung in langen Kabeln durch symmetrisch räumliche Anordnung der Leiter erreicht. Man nennt solche Anordnungen Sternvierer. Wenn der geometrische Aufbau asymmetrisch ist, kann man die elektrische Symmetrie mit Zusatzkapazitäten herstellen.

Eine weitere Methode ungefähr symmetrische elektrische Verhältnisse zu erreichen, besteht darin, die Leiter 3 und 4 miteinander zu verdrillen. Durch die wechselseitige Lageänderung befinden sich dabei im Mittel beide Leiter in derselben Position im Feld der Störquelle.

Es muß im Zusammenhang mit dem Verdrillen aber ausdrücklich betont werden, daß diese Methode nur wirksam ist wenn sie als Symmetrierverfahren in Systemen eingesetzt wird, in denen Störquelle und Störsenke galvanisch voneinander getrennt sind. In asymetrisch betriebenen Verbindungsstrukturen kann man kapazitive Kopplungen nicht oder nur geringfügig durch Verdrillen verringern, weil sich die Kapazität $C_{1,3}$ (Bild 4.3) in der Regel nur geringfügig verringert wenn der Leiter 2 den Leiter 3 durch die Verdrillung stellenweise überdeckt.

4.8 EMV-Regeln im Hinblick auf quasistationäre kapazitive Kopplungen

a) **Im Zusammenhang mit dem Schaltungskonzept**

möglichst niedriger Innenwiderstand R_2 der Störsenke (siehe Bild 4.9),

Störquelle und Störsenke galvanisch getrennt, um symmetrieren zu können (siehe Abschnitt 4.6),

Anstieg von Impulsen so langsam wie möglich (siehe Bild 4.11).

b) **Im Zusammenhang mit dem Schaltungsaufbau**

Großer Abstand zwischen Leitern mit hoher Arbeitsspannung und Schaltungsteilen mit niedriger Arbeitsspannung ($C_{1,3}$ so klein wie möglich, siehe Bild 4.7).

Möglichst großer Abstand zwischen Schaltungsteilen mit schnellen Spannungsänderungen und Schaltungsteilen mit niedrigen Arbeitsspannungen, weil bei schnellen Änderungen die kapazitive Kopplung am stärksten zur Wirkung kommt.

Parallele Leiterführung von Leitern von hoher und niedriger Arbeitsspannung so kurz wie möglich ($C_{1,3}$ so klein wie möglich, siehe Bild 4.7).

c) **Abschirmen**

Bei Anordnungen, in denen Störquelle und Störsenke einen gemeinsamen Leiter benutzen, die Abschirmung der Störsenke mit dem gemeinsamen Leiter verbinden (Bild 4.13).

Wenn die äußere Störquelle und die Störsenke galvanisch getrennt sind, bleibt auch die Abschirmung von beiden spannungsführenden Leitern der Störquelle galvanisch getrennt (Bild 4.14).

Wenn es innerhalb einer Abschirmung von einem Schaltungsteil zum anderen zu einer kapazitiven Kopplung kommt, muß der gemeinsame Leiter (Masse) der Schaltung mit dem Gehäuse verbunden werden (Bild 4.18).

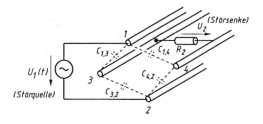

Bild 4.18 Beseitigung der störenden Spannung U_2 durch symmetrische kapazitive Spannungsteilung.

4.9 Bemerkung zu den Verhältnissen in zeitlich unveränderlichen elektr. Feldern

Der Raum, in dem sich zwischen zwei spannungsführenden Leitern ein elektrisches Feld ausbildet, ist im Hinblick auf diese Feldausbildung durch zwei Materialeigenschaften gekennzeichnet: Die Dielektrizitätekonstante ε und die Leitfähigkeit $\varkappa$. Die Stromdichte j, die im Raum durch die elektrische Feldstärkenverteilung $E(x,y,z)$ verursacht wird, hat deshalb bei zeitlich veränderlicher Felderregung zwei Komponenten:

$$j = \varkappa E + \varepsilon \cdot \frac{dD}{dt} \quad \left[\frac{A}{m^2} \right]$$

Bei sinusförmiger Feldschwankung mit der Kreisfrequenz ω ergibt sich

$$j = \varkappa E + \omega \varepsilon E$$

Die eine Komponente $\varkappa E$ ist die ohmsche Stromdichte. Die andere Komponente ist die Verschiebungsstromdichte

$$j_v = \varepsilon \cdot \frac{dD}{dt} \quad \text{oder } \omega \varepsilon E$$

Wenn die Leitfähigkeit $\varkappa$ sehr viel kleiner ist als das Produkt ω , wird die Struktur des Feldes nur durch die räumliche Verteilung der Dielektrizitätskonstante ε bestimmt und die Stromdichte ist praktisch eine reine Verschiebungsstromdichte. Mit anderen Worten, die Spannungsverteilung zwischen Teilfeldern wird durch die Verteilung der Kapazitäten bestimmt. Diese Feldstruktur liegt der Analyse der kapazitiven Kopplung in dem vorangegangenen Abschnitt zugrunde.

Wenn hingegen bei tiefen Frequenzen das Produkt $\omega \cdot \varepsilon$ wesentlich kleiner als $\varkappa$ ist, wird die Spannungsverteilung zwischen Teilfeldern durch die ohmsche Leitfähigkeit $\varkappa$ bestimmt. Eine unter diesen Umständen auftretende Kopplung ist dann keine kapazitive sondern eine ohmsche Kopplung.

Bei Wechselspannung verteilt sich die Spannung auf eine Reihenschaltung von Kondensatoren entsprechend den Kapazitätswerten und bei Gleichspannung entsprechend den ohmschen Widerständen der Kondensatordielektrika.

5 Die ohmsche Kopplung

Eine ohmsche Kopplung kommt zustande, wenn ein System A (Störquelle) und ein System B (Störsenke) einen gemeinsamen unbeabsichtigten ohmschen Widerstand R_g benutzen (Bild 5.1). Der Strom i_A erzeugt an diesem Widerstand eine Spannung

$$U_x = R_g \cdot i_A,$$

die vom System B unter Umständen als störend empfunden wird.

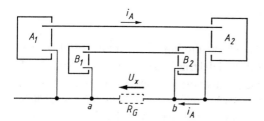

Bild 5.1 Die allgemeine Struktur einer ohmschen Kopplungssituation.

In der Praxis trifft man im wesentlichen drei unterschiedliche Situationen an.

1. R_g wird durch den Widerstand des gemeinsamen Leitungsstücks in Form eines Drahtes oder einer Leiterbahn auf einer gedruckten Schaltung gebildet.

2. R_g besteht aus dem nichtlinearen Widerstand eines mehr oder weniger korrodierten Kontaktes (Schraube, Niet).

3. Bei Fehlerströmen elektrischer Energieversorgungsnetze oder bei Blitzeinschlägen ist der Widerstand der Strombahn durch das Erdreich maßgebend für die Höhe der unbeabsichtigt auftretenden ohmschen Spannung.

5.1 Ohmsche Kopplung durch gemeinsame Drähte bei Gleichstrom

Bei einer ohmschen Kopplung, die gemäß Bild 5.1 über einen gemeinsam benutzten runden Draht zustande kommt, greift die Störsenke die störende Spannung U_{ob} an der Drahtoberfläche ($r = r_o$) ab. Die Höhe dieser Spannung wird durch drei Faktoren bestimmt, durch die Länge c des gemeinsamen Drahtstücks, die Leitfähigkeit $\varkappa$ des Drahtmaterials und die Stromdichte G (r_o) an der Leiteroberfläche:

$$U_{ob} = G\ (r_o) \cdot \frac{1}{k} \cdot c\ [V] \tag{5.1}$$

Für die Spannung pro Längeneinheit, d.h. für die elektrische Feldstärke des elektrischen Strömungsfeldes, gilt die Beziehung

$$E_{ob} = G(r_o) \cdot \frac{1}{k}[V / m]. \tag{5.2}$$

Bei Gleichstrom verteilt sich der Strom i_A gleichmäßig über den Leiterquerschnitt G. Die Stromdichte ist deshalb einfach der Quotient aus Stromamplitude und Leiterquerschnitt

$$G(r_o) = \frac{i_A}{q} \tag{5.3}$$

Für die Oberflächenfeldstärke ergibt sich dann die Gleichung

$$E_{ob} = \frac{i_A}{q} \cdot \frac{1}{\varkappa} = i_A \cdot R_o. \tag{5.4}$$

Die Größe

$$R_o^{'} = \frac{1}{q \cdot \varkappa}[\Omega / m] \tag{5.5}$$

bezeichnet den Gleichstromwiderstand des Drahtes pro Längeneinheit.

Die Drähte und Leiterbahnen haben verhältnismäßig niedrige Gleichstromwiderstände:

- Ein Cu-Draht mit einem Durchmesser von 1 mm ($q = 0,79$ mm^2) hat einen Widerstand R'_o von 22 mΩ/m.

- Eine Leiterbahn auf einer gedruckten Schaltung, die 1 mm breit und 35 μm dick ist, bietet dem Strom einen Widerstand von etwa 0,5 Ω/m.

Das heißt, ohmsche Kopplungen durch gemeinsam benutzte Drähte führen bei Gleichstrom nur zu Störungen, wenn der Strom i_A im System A (Bild 5.1) stark ist, und das System B gleichzeitig mit niedrigen Spannungen arbeitet.

5.2 Ohmsche Kopplung an Drähten bei zeitlich veränderlichem Strom

Wenn von der Störquelle ausgehend ein zeitlich veränderlicher Strom i_A durch das gemeinsame Drahtstück fließt, ändern sich die Verhältnisse gegenüber dem Gleichstromzustand in zweierlei Hinsicht:

- Erstens entstehen durch das zeitlich veränderliche Magnetfeld des Stromes Wirbelströme im Innern des Drahtes,

- zweitens wird durch das Magnetfeld außerhalb des Drahtes eine Spannung in der Masche der Störsenke induziert, die das gemeinsame Drahtstück enthält.

Mit anderen Worten, eine ohmsche Kopplung über ein gemeinsames Drahtstück ist bei zeitlich veränderlichem Störquellenstrom immer mit einer induktiven Kopplung verbunden.

Beide Aspekte wurden bereits ausführlich in Abschnitt 3.3 diskutiert. Es ging dort um die induktiven Kopplungen die in Maschen auftreten welche mit der störenden Strombahn galvanisch verbunden sind. Es hatte sich dabei folgendes gezeigt:

1. Es gibt eine Kenngröße

$$x = \frac{r_o}{2\sqrt{2}} \sqrt{\omega \varkappa \mu}, \qquad (5.6)$$

die den Frequenzgang der Oberflächenfeldstärke in zwei Bereiche aufteilt, je nachdem ob $x > 1$ oder > 1 ist.

2. Für $x < 1$ ist

$$E_{ob} = i_A (R_0' + j\omega M_o'). \qquad (5.7)$$

Darin ist R'$_0$ der spezifische Gleichstromwiderstand des Drahtes. M'_o beträgt 50 nH/m, unabhängig vom Durchmesser des Drahtes.

3. Für $x > 1$ ist

$$E_{ob} = i_A \cdot x \cdot R_o' \ (1 + j). \qquad (5.8)$$

4. In der Regel dominiert für niedrige Frequenzen ($x < 1$) der Realteil der Gleichung (5.7), d.h. es herrschen Verhältnisse wie bei Gleichstrom.

5. Bei hohen Frequenzen ($x > 1$) überwiegt meistens der Einfluß der äußeren Gegeninduktivität gegenüber der Oberflächenspannung.

◆ **Beispiel 5.1**

Es werden die Oberflächenfeldstärken an einen 1 mm dicken Cu-Draht bei verschiedenen Frequenzen berechnet und der induzierten Spannung in einer äußeren Masche gegenübergestellt. Für den Strom i_A wird eine Amplitude von 1 A angenommen, der betrachtete Drahtabschnitt ist 0,1 m lang und die äußere Schleife, mit der die Spannung abgegriffen wird, ist 10 mm breit (Bild 5.2). Die äußere Gegeninduktivität dieser Schleife beträgt

$$M_{außen} = 0,2 \cdot 0,1 \ln \frac{10}{0,5} = 0,06 \ \mu H.$$

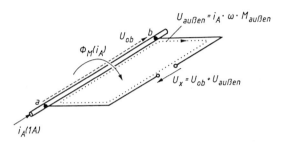

Bild 5.2 Die Kopplungsverhältnisse an einem Drahtstück (i_A Störquelle, U_x Störsenke)

Wenn i_A ein Gleichstrom ist, dann sagt die Gleichung (5.4) mit $\varkappa = 57$, S m/mm^2 und $\mu = \mu_o$ eine Oberflächenfeldstärke von

$$E_{ob} = 22 [mV / m]$$

voraus.

Die Bedingung $x = 1$ ist mit den angegebenen Daten gemäß Gleichung (5.6) für eine Frequenz von 71 kHz erfüllt. Das heißt, unterhalb 71 kHz wird die Oberflächenfeldstärke durch die Gleichung (5.7) und für Frequenzen > 71 kHz durch die Gleichung (5.8) beschrieben.

Bei einer Frequenz von 50 Hz entsteht gemäß Gleichung (5.7) bei einem Strom i_A von 1 A eine Oberflächenfeldstärke von

$$E_{ob} = 22 + j1,6 \cdot 10^{-5} \ [mV / m]. \tag{5.9}$$

Dies ist praktisch der gleiche Wert, wie er bei einem Gleichstrom entstehen würde, denn der Imaginärteil fällt gegenüber dem Realteil überhaupt nicht ins Gewicht.

Die Spannung, die durch das Magnetfeld des Stromes bei 50 Hz in der äußeren Schleife induziert wird, ist gegenüber der ohmschen Oberflächenspannung ebenfalls vernachlässigbar, denn sie beträgt nur

$$U_{außen} = I_A \omega M_{außen} = 1 \cdot 314 \cdot 0,06 \cdot 10^{-6} = 18 \mu V.$$

Bei einer Frequenz von 1 MHz hat x nach Gleichung (5.6) den Wert 3,75. Man muß dann bei einem Strom i_A von 1 A laut Gleichung (5.8) mit einer Oberflächenfeldstärke von

$$E_{ob} = 82 (1 + j) \left[\frac{mV}{m} \right]. \tag{5.10}$$

rechnen.

Gleichzeitig entsteht in der äußeren Schleife eine induzierte Spannung von

$$U_{außen} = 2\pi \cdot 10^6 \cdot 0,06 \cdot 10^{-6} = 380 \ mV.$$

Diese Spannung ist also wesentlich größer als die Oberflächenspannung.

In der folgenden Tabelle sind die Spannungen an der Oberfläche des 10 cm langen Drahtstücks und die induzierten Spannungen in der Anschlußmasche noch einmal einander gegenübergestellt. ♦

f	$[U_{ob}]$	$U_{außen}$
0	2,2 mV	0
50 Hz	2,2 mV	18 μV
1 MHz	8,2 mV	380 mV

5.3 Ohmsche Kopplung an korrodierten Verbindungen (rusty bolt)

Die Berührungsstelle zwischen zwei Metallteilen, deren Oberflächen korrodiert sind, kann eine nichtlineare Strom-Spannungskennlinie aufweisen. Es kann sich dabei zum Beispiel um korrodierte Verschraubungen oder Nietverbindungen oder auch einfach nur um zwei korrodierte Metallteile handeln, die lose aufeinanderliegen. An solchen unvollkommenen Verbindungen wurden vor allem zwei Effekte beobachtet:

– Erzeugung unerwünschter Oberwellen durch Sender [5.1]

– und unbeabsichtigte Demodulation amplitudenmodulierter Hochfrequenzsignale [5.2].

In Bild 5.3 sind Meßwerte dargestellt, die aus den Entwicklungsarbeiten für ein 4 G Hz Übertragungssystem stammen [5.1]. Es war in diesem Zusammenhang zu überprüfen in welchem Ausmaß die unmittelbar am Sender erreichte Oberwellenfreiheit von > 150 dB durch Oberwellenerzeugung an Kontakten auf dem Weg zur Antenne wieder verschlechtert wird. Für dieses System war eine Oberwellenunterdrückung von etwa 130 dB notwendig. Die Meßreihe zeigt, daß keines der untersuchten Materialien den Grenzwert ohne Kontaktdruck einhält.

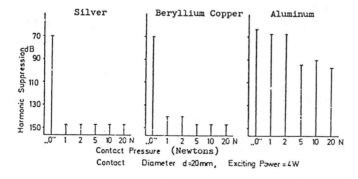

Bild 5.3   Verschlechterung eines erwünschten niedrigen Oberwellengehalts durch metallische Kontakte.

Bei versilberten Kontakten oder solchen aus Beryllium-Kupfer genügt aber bereits ein Kontaktdruck von 1 Newton auf der untersuchten Kontaktfläche von 20 mm Durchmesser, um den geforderten Grenzwert zu erreichen. Bei Aluminium ist dagegen auch die wesentlich höhere Kraft von 20 Newton auf die Kontaktfläche nicht ausreichend, um die verlangte Oberwellenunterdrückung zu gewährleisten.

Beide Effekte, die unerwünschte Oberwellenerzeugung und die unbeabsichtigte Demodulation, sind besonders auf Schiffen sehr ausgeprägt, weil dort durch das Seewasser sehr viel korrodierte Kontakte existieren und gleichzeitig aber auch der Schiffskörper als Basis für Sender und Empfänger benutzt wird [5.3].

5.4 Kopplungen durch ohmsche Strömungsfelder im Erdreich

Es gibt im wesentlichen vier Ursachen für Ströme im Erdreich:
- Blitzeinschläge,
- Erdschlüsse elektrischer Energieversorgungssysteme,
- parasitäre Ströme neben den Schienen elektrischer Bahnen,
- und Erdströme in der Nähe starker Lang-, Mittel- oder Kurzwellensender.

Solche Ströme führen wegen der begrenzten elektrischen Leitfähigkeit des Erdreichs zu Spannungen im Boden. Diese Spannungen können Beeinflussungen zur Folge haben, wenn Geräte bzw. Lebewesen die Erde gleichzeitig an mehreren Punkten berühren und dadurch eine Spannung an der Erde abgreifen.

Im Fall eines Erdschlusses in einem elektrischen Energieversorgungssystem tritt ein Strom i_E an der Fehlerstelle – z.B. durch eine gerissene Leitung – punktförmig in die Erde ein, verteilt sich dann weiträumig im Erdreich und fließt schließlich in die Erdelektrode des speisenden Netzes (Bild 5.4). Diese Erdelektrode, die sich in der Regel am Sternpunkt des speisenden Transformators befindet, ist ein räumlich ausgedehnter, im Erdreich eingegrabener metallischer Leiter. Er wird meistens in Form eines Gitters ausgeführt. Zusätzlich werden oft noch metallische Pfähle einige Meter tief in das Erdreich getrieben und mit dem Gitter verbunden.

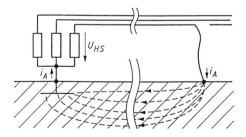

Bild 5.4   Strömungsfeld im Erdreich bei einem Erdschluß einer Hochspannungsleitung.

Von besonderem Interesse im Zusammenhang mit elektromagnetischen Beeinflussungen sind die Spannungen, die sich als Folge des Stromflusses im Erdreich an der Erdoberfläche bemerkbar machen. Bild 5.5 zeigt schematisch den Verlauf der Spannung U_y, die zwischen dem Eintrittspunkt des Stromes und einem Punkt Y an der Erdoberfläche auftritt. Im Bereich der gut leitenden metallischen Erdelektrode ist die Spannung Null oder genauer gesagt, gegenüber den Spannungen im Erdreich vernachlässigbar. Im schlecht leitenden Erdreich in der Nähe der Erdelektrode steigt die Spannung U_y zunächst stark an und nimmt dann mit zunehmender Entfernung nur noch geringfügig zu, weil die Stromdichte in der Nähe der Erdelektrode hoch ist und der Strom sich mit zunehmender Entfernung zunächst immer mehr verteilt. In der Nähe der Fehlerstelle tritt der Strom punktförmig aus mit entsprechend hoher Stromdichte im Erdreich und entsprechend starker Zunahme der Spannung U_y in der Umgebung dieses Punktes.

◆ **Beispiel 5.2**

Bild 5.6 zeigt entsprechend dem linken Teil von Bild 5.5 den gemessenen Verlauf der Spannung U_x außerhalb der flächenhaften Erdelektrode im Bereich eines 1000 MW-Kernkraftwerkes [5.4]. Es ist die Spannung, die entsteht, wenn in der Nähe dieses Kraftwerkes ein Erdschluß einer abgehenden Hochspannungsleitung entstehen würde, wobei zu erwarten ist, daß ein Kurzschlußstrom von etwa 40 kA vom Erdnetz aus in das Erdreich fließt.   ◆

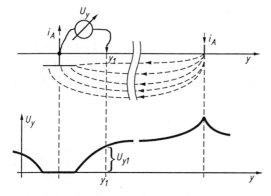

Bild 5.5 Der Verlauf der Spannung U_x an der Erdoberfläche als Folge eines Stromes i_A im Erdreich (schematische Darstellung).

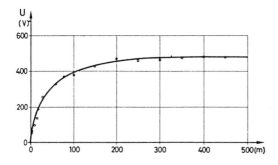

Bild 5.6 Spannungsverlauf außerhalb der Erdelektrode eines 1000 MV Kraftwerks [5.4.]

Im Zusammenhang mit Erdelektroden und den durch sie geformten Strömungsfeldern im Erdreich werden häufig drei Begriffe verwendet, nämlich

- Erdungsspannung,
- Erdungswiderstand,
- und Berührungsspannung.

Unter Erdungsspannung versteht man die Spannung U_E, die man zwischen der Erdelektrode und einem sehr weit von dieser Elektrode entfernten Punkt messen kann (Bild 5.7).

Der Erdungswiderstand R_E ist der Quotient aus Erdungsspannung und dem Strom i_A, der über die Erdelektrode in das Erdreich geleitet wird

$$R_E = \frac{U_E}{i_A}.$$

Von besonderer Bedeutung ist der Begriff der Berührungsspannung. Es ist die Spannung, die man abgreift, wenn man zwei Punkte a und b der stromführenden Erde berührt (Bild 5.7). Dies ist die im Strukturbild 5.1 angegebene Spannung U_X, die von einer Störsenke am Widerstand R_G abgegriffen wird, der von Störquelle und Störsenke gemeinsam benutzt wird. Nach den einschlägigen Vorschriften für die Sicherheit von Personen (z.B. DIN VDE O115/0141) darf eine solche Spannung, wenn sie unbegrenzt andauert, 50 Volt nicht überschreiten.

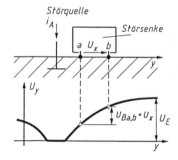

Bild 5.7
Zur Erläuterung der Begriffe Erdungsspannung (U_E) und Berührungsspannung (U_B) aufgrund des Spannungsverhältnisses in Bild 5.5.

Für kurze Einwirkzeiten sind höhere Berührungsspannungen zulässig (Bild 5.8). Da die Schutzeinrichtungen von Hochspannungsanlagen eine Fehlerabschaltzeit von weniger als 100 ms garantieren, kann man gemäß Bild 5.8 für solche Systeme eine Berührungsspannung von etwa 700 V zulassen. Die in Bild 5.8 vorgestellten Verhältnisse sind also in diesem Sinn völlig ungefährlich, weil die kritische Spannung höchstens einen Wert von etwa 500 V erreicht.

Bei einem Blitzeinschlag in das Erdreich ist die räumliche Stromverteilung in der Nähe der Einschlagstelle ähnlich der an der Fehlerstelle eines Netzkurzschlusses. Das heißt, der Strom tritt ebenfalls punktförmig in die Erde ein und verteilt sich dann weiträumig im Erdreich, um schließlich den in einiger Entfernung befindlichen Gegenladungen zuzufließen, die von der Gewitterwolke influenziert wurden.

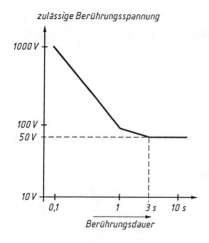

Bild 5.8
Zulässige Berührungsspannung U_B in
Abhängigkeit der Dauer des Fehlerstroms i_A.

5.5 Mathematische Beschreibung eines Flächenerders

Wegen der in der Regel geometrisch unregelmäßigen Struktur von Erdern und der meist
nur ungenauen Kenntnisse über die Leitfähigkeit des vorhandenen Erdbodens, erhält man
sichere Aussagen über die Eigenschaften eines Erdungssystems wie in Bild 5.6 nur durch
eine Messung. Eine mathematische Beschreibung eines Erders kann deshalb nur für den
ersten Grobentwurf hilfreich sein und vor allem einen Eindruck davon vermitteln, welche
Parameter die Wirksamkeit des Erders beeinflussen.

Der Spannungsverlauf an der Erdoberfläche, der sich zum Beispiel in der Umgebung
eines runden, plattenförmigen Erders im Abstand y vom Plattenmittelpunkt einstellt, wird
nach Ollendorff [5.5] außerhalb der Platte durch die Gleichung

$$U(y) = i_A \frac{i}{2\pi\varkappa A}\left(\frac{\pi}{2} - \arcsin \frac{A}{y}\right) \tag{5.11}$$

beschrieben. Darin ist A der Plattenradius. Die Erdungsspannung hat den Wert

$$U_E = \frac{i_A}{4\varkappa A} \tag{5.12}$$

und der Erdungswiderstand beträgt

$$R_E = \frac{1}{4\varkappa A}. \tag{5.13}$$

Es wird bei dieser Berechnung angenommen, daß der Strom i_A über die Platte bei $y = o$ in
das Erdreich eintritt und es in einer unendlich fernen Elektrode wieder verläßt,

◆ **Beispiel 5.3**

Nimmt man für das Erdsystem des Kraftwerks, dessen Erdspannung in Beispiel 5.2 vorgestellt wurde, eine runde Platte mit einem Radius A von etwa 250 m an, die auf feuchtem Humus mit einer Leitfähigkeit $\varkappa$ von 10^{-1} S/m aufliegt, dann ergibt sich rechnerisch mit Gleichung (5.13) ein Erdungswiderstand von

$$R_E = \frac{1}{4 \cdot 10^{-1} \cdot 250} = 0,01\,\Omega.$$

Wenn über diese Platte ein Strom von 40 kA das Erdreich geleitet wird, entsteht zwischen ihr und einem weit entfernten Punkt die größtmögliche Berührungsspannung von

$$U_E = i_A \cdot R_E = 400 \text{ Volt.}$$

Dies entspricht etwa der gemessenen Größenordnung.   ◆

5.6 Abschirmung gegen elektrische Strömungsfelder im Erdreich

Die Spannungen, die durch den Stromfluß in der Erde verursacht werden, kommen durch den verhältnismäßig hohen spezifischen Widerstand des Erdreichs zustande. Es liegt deshalb nahe, eine störende Berührungsspannung dadurch zu verringern, daß man den Widerstand zwischen den Berührungspunkten verkleinert. Man kann dies leicht mit einer Metallschiene PA erreichen, die man zwischen den Berührungspunkten a und b anbringt (Bild 5.9), denn die spezifische Leitfähigkeit eines gut leitenden Metalls ist mit etwa 10^8 S/m um zehn Zehnerpotenzen besser, als gut leitendes Erdreich mit etwa 10^{-1} S/m.

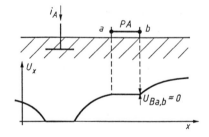

Bild 5.9
Reduktion der Berührungsspannung U_{Bab} zwischen den Punkten a und b durch die gut leitende Verbindung PA.

Mit anderen Worten, das Abschirmungsprinzip gegen elektrische Strömungsfelder im Erdreich beruht auf dem Prinzip des elektrisch besser leitenden Nebenschlusses.

Weil man den Spannungsverlauf im Erdreich gelegentlich auch Potentialverlauf oder wegen seiner trichterförmigen Struktur auch Potentialtrichter nennt, hat man für den gut leitenden abschirmenden Nebenschluß zwischen den Berührungspunkten a und b die Bezeichnung Potentialausgleich (PA) oder auch Potentialausgleichsschiene (PAS) eingeführt.

Der Potentialausgleich ist eine wichtige Komponente im Rahmen jedes Gebäudeblitz-
schutzes. Alle elektrisch leitfähigen Strukturen, die aus dem Erdreich in das Gebäude geführt werden, wie elektrische Energieversorgungskabel, Gasleitungen, Wasserleitungen
und Nachrichtenkabel, werden dort mit der Potentialausgleichsschiene verbunden. Auf
diese Weise kann man verhindern, daß zwischen den genannten Leitungen unzulässig
hohe Berührungsspannungen entstehen.

5.7 Die Grenze zwischen ohmschem Widerstand und Wellenwiderstand

Die Betrachtungen in den vorhergehenden Kapiteln 5.1 und 5.2 waren quasistationärer
Natur. Das heißt, die theoretischen Analysen gingen davon aus, daß die ohmsche Spannung zwischen den Punkten a und b in Bild 5.1 als Ganzes entsteht, weil überall auf dem
Leitungsstück der gleiche Strom i_A gleichzeitig fließt. Das gilt für Punkt a genauso wie
für Punkt b und auch die Mitte des Drahtstücks. Diese Gleichzeitigkeit ist gewährleistet,
wenn sich der Strom i_A nicht wesentlich ändert, während er mit der Geschwindigkeit des
Lichts vom Punkt a zum Punkt b läuft.

In Bild 5.10 ist eine Versuchsanordnung skizziert, mit der untersucht wurde, was geschieht, wenn die Gleichzeitigkeit der Ereignisse auf dem Leitungsstück nicht mehr
gegeben ist. System A, die Störquelle, wird durch einen Generator gebildet, der Impulse
mit unterschiedlicher langer Anstiegszeit t_a liefern kann. System B, die Störsenke, wird
in diesem Modellversuch durch einen Oszillographen repräsentiert, der die durch die
Kopplung übertragene Spannung registriert. Der gemeinsame Widerstand R_G, über den
die Kopplung zwischen der Störquelle A und der Störsenke B zustande kommt, besteht
aus der Reihenschaltung von Mantel und Seele eines 10 m langen Koaxialkabels. Die
Reihenschaltung entsteht durch einen Kurzschluß am Ende des Kabels.

Das Kabel hat einen Wellenwiderstand von $Z = 50\ \Omega$. Die Laufzeit τ des Kabels beträgt
50 ns und die Reihenschaltung von Mantel und Seele weist einen ohmschen Gleichstromwiderstand von 2,6 Ω auf.

Die Nicht-Gleichzeitigkeit drückt sich in dieser Anordnung dadurch aus, daß bei einem
schnellen Anstieg der Störspannung U_A – schnell heißt in diesem Fall kürzer als die
Laufzeit τ – am Anfang des 10 m langen Kabelstücks schon eine Spannung herrscht und
ein Strom fließt, während das Ende zur gleichen Zeit noch strom- und spannungslos ist.

In Bild 5.10 sind die Oszillogramme der impulsförmigen Störungen U_A mit verschiedenen Frontzeilen und die Reaktion der Spannung U_X am Kabel wiedergegeben.

– Das Oszillogramm von U_X beim niedrigen Frontzeitverhältnis $t_a/\tau = 0,1$ ist so zu
  erklären, daß das Kabel des Generators zuerst mit seinem Wellenwiderstand belastet
  ist und erst nach der doppelten Laufzeit 2 τ mit seinem ohmschen Widerstand wirkt.

  Weil der Generator einen Innenwiderstand aufweist, der genauso groß ist wie der
  Wellenwiderstand, kommt es nach dem Impulsbeginn bis zur doppelten Laufzeit zu
  einer gleichmäßigen Spannungsaufteilung zwischen dem Innenwiderstand des Gene-

rators und dem Wellenwiderstand des Kabels. Das heißt, am Kabel tritt die halbe Leerlaufsspannung des Generators auf.

Nach der doppelten Laufzeit wirkt das Kabel mit seinem ohmschen Widerstand als Belastung für den Generator. Zunächst macht sich dabei noch der Skineffekt mit einem erhöhten Widerstandswert bemerkbar und anschließend sinkt die ohmsche Spannung langsam exponentiell auf den Wert ab, welcher durch den Gleichstromwiderstand bestimmt wird.

– Mit zunehmender Frontzeit der Störspannung wird der Einfluß des Wellenwiderstands geringer. Wenn die Frontzeit t_a etwa das 10fache der Laufzeit τ erreicht hat (Bild 5.10c), macht sich der Wellenwiderstandseinfluß nur noch schwach, Verlauf von U_X, bemerkbar.

Man kann aus diesem Beispiel folgende Aussagen ableiten, die der Größenordnung nach wahrscheinlich auch für andere Anordnungen gelten:

– Wenn die Ausstiegszeit t_a des elektrischen Vorgangs in der Störquelle kürzer ist als die 10fache Laufzeit über das gemeinsame Leitungsstück, ist als Kopplungswiderstand der Wellenwiderstand wirksam.

– Wenn die Ausstiegszeit t_a im Bereich des 10- bis 100fachen der Laufzeit liegt, wirkt der durch den Skineffekt erhöhte ohmsche Widerstand.

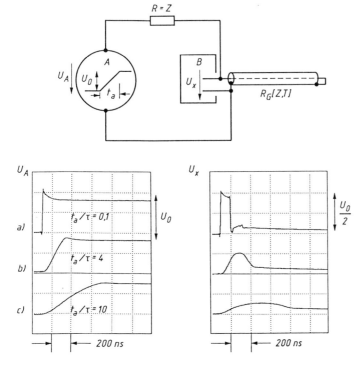

Bild 5.10 Versuchsanordnung, die das Verhalten eines Koaxialkabels als Wellenwiderstand oder ohmschen Widerstand bei steilen bzw. flachen Impulsen zeigt.

5.8 Literatur

[5.1]   *K. Landt:* The reduction of EMC due to nonlinear elements and unintended random contacts in the proximity of antennas of high power RF transmitters, EMC Symposium Montreux 1975, pp. 374-380

[5.2]   *R. F. Elsner*: Rusty bolt demonstrator, IEE transactions on EMC, Vol. 24, No. 4, November 1982, pp. 420-421

[5.3]   *R. Elsner*: Environmental interference study aboard a naval vessel, IEEE EMC Symposium 1968

[5.4]   *F. Schwab*: Erdungsmessungen in ausgedehnten Anlagen, Bull. SEV 71 (1980)

[5.5]   *F. Ollendorf*: Erdströme, Birkhäuser, Basel, Stuttgart 1969

6 Kabelmantelkopplung

Wenn ein Strom im Mantel eines Koaxialkabels fließt, entsteht im Inneren des Kabels eine unbeabsichtigte Spannung. Man nennt diese Kopplung zwischen Mantel und dem Inneren des Kabels Kabelmantelkopplung.

Kabelmäntel können aus verschiedenen Gründen Ströme führen. Am häufigsten trifft man Mantelströme in Situationen an, in denen – wie in Abschnitt 3 näher erläutert wurde – Kabelmäntel Abschnitte von Kurzschlußmaschen bilden, mit denen zeitlich veränderliche Magnetfelder abgeschirmt werden. Der Strom im Kabelmantlel wird dabei absichtlich induziert, um mit seinem Magnetfeld dem störenden Feld entgegenzuwirken. Mit anderen Worten, die Kabelmantelkopplung ist als störender Nebeneffekt zu beachten, wenn man Kurzschlußmaschen zur Abschirmung zeitlich veränderlicher Magnetfelder benutzt.

Gelegentlich fließen auch Betriebsströme- und Fehlerströme geerdeter elektrischer Systeme unbeabsichtigt über die leitenden Mäntel von geerdeten Kabeln, zum Beispiel in der Nähe elektrischer Bahnen befinden, die die geerdeten Schienen als Rückleiter benutzen.

Wenn man ein Koaxialkabel verwendet, dessen Mantel aus einem metallischen Rohr besteht – z.B. dem Kabeltyp UTC 141 C –, dann ergibt sich die in Bild 6.1 dargestellte Situation:

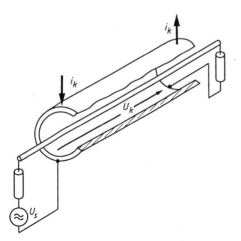

Bild 6.1
Durch einen Strom i_K im Kabelmantel entsteht eine störende Spannung U_K entlang der Rohrwand.

Der Strom i_K, der über dem Kabelmantel geführt wird, erzeugt längs der Rohrwand die Spannung U_K, die sich dem Signal U_S, das vom Kabel übertragen wird, störend überlagert.

U_K ist die Spannung an der Innenwand des Rohres. Sie wird durch die dort herrschende Stromdichte $G(r_i)$ bestimmt sowie durch Leitfähigkeit $\varkappa$ des Rohrmaterials und die Rohrlänge l.

$$U_K = l_K \cdot G(r_i) \cdot \frac{1}{\varkappa} \tag{6.1}$$

Es wurde bereits in Abschnitt 3.4.5 im Zusammenhang mit der Wirkung von Wandströmen in rohrförmigen Gehäusen der sogenannte Kopplungswiderstand Z_K eingeführt. Mit diesem Begriff erhält die Gleichung (6.1) die Form

$$|U_K| = i_K \cdot |Z_K|. \tag{6.2}$$

Dort wurde auch gezeigt, daß Z_K wegen der Stromverdrängung im Rohr von der Änderungsgeschwindigkeit bzw. Frequenz des Stromes i_K abhängt, und daß dieses Verhalten quasistationär durch die Gleichung (siehe Abschnitt 3)

$$Z_K = R_o \frac{U}{\sqrt{\cosh U - \cos U}} \tag{3.25}$$

beschrieben wird

$$U = t \cdot \sqrt{2\varkappa\omega\mu}. \tag{3.26}$$

R_o = Gleichstromwiderstand der Wand pro Meter
t = Wanddicke
$\varkappa$ = elektrische Leitfähigkeit der Wand
μ = Permeabilität der Wand
ω = Kreisfrequenz des Stromes i_K

Der Kopplungswiderstand eines geschlossenen Rohres sinkt, ausgehend vom Gleichstromwiderstand R_o, monoton mit der Frequenz ab, so wie das durch die Gleichung (3.25) beschrieben wird (Bild 6.2).

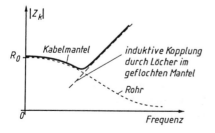

Bild 6.2
Prinzipieller Verlauf des Kopplungswiderstandes Z_K eines geschlossenen Rohres und eines Koaxialkabels mit geflochtenem Mantel.

Der Frequenzgang eines Kabelmantels, der Löcher aufweist, hat bei tiefen Frequenzen den gleichen Verlauf wie ein Rohr mit gleich großem Gleichstromwiderstand. Bei hohen Frequenzen zeigen die Messungen dagegen einen Anstieg des Kopplungswiderstandes. Die Zunahme beträgt 20 dB pro Dekade (Bild 6.2). Aus dieser Vergrößerung proportional zur Frequenz des Stromes i_K kann man schließen, daß der Anstieg durch eine induktive Kopplung zustande kommt, und zwar greift das Magnetfeld des Mantelstromes durch die Löcher und Schlitze im Mantel induzierend in den Raum zwischen Kabelseele und Kabelmantel ein. Die absolute Höhe des Kopplungswiderstandes in diesem Frequenzbereich hängt vom Aufbau des Kabelmantels ab, das heißt, ob er aus einem eng- oder weitmaschigen Geflecht besteht, ob mehrere Geflechte übereinanderliegen oder ob die einzelnen Drähte des Mantels gar nicht miteinander verflochten wurden, sondern nur als Wendel ausgeführt sind.

In Bild 6.3 sind die gemessenen Frequenzgänge von drei verschiedenen Kabeltypen wiedergegeben, die alle drei einen Wellenwiderstand von 50 Ω aufweisen. Kabeltyp A ist 10 mm dick. Sein Mantel besteht aus zwei übereinanderliegenden Kupfergeflechten besteht. Kabeltyp B ist ein 3 mm dickes Kabel, dessen Mantel durch ein einfaches Cu-Geflecht gebildet wird.

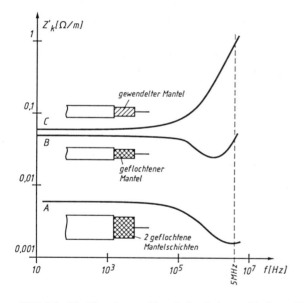

Bild 6.3 Die Kopplungswiderstände drei verschiedener Kabeltypen: A RG 214U (geflochtener Mantel), B RG 142 BU (geflochtener Mantel), C wie ,B aber mit gewendeltem Mantel.

Der Mantel des Kabeltyps C besteht aus etwa gleich viel feinen Cu-Drähten, wie der des Typ B, nur sind sie nicht miteinander verflochten, sondern in Form einer Wendel ausgeführt.

Man erkennt, daß der Frequenzgang des Kopplungswiderstandes des dickwandigen Typs A bei tiefen Frequenzen wesentlich tiefer liegt als bei den dünnwandigen Typen B und C. Dies ist die Folge der unterschiedlichen Gleichstromwiderstände.

Alle Kabel zeigen bei hohen Frequenzen den Anstieg des Kopplungswiderstandes mit 20 dB pro Dekade durch die induktive Kopplung zwischen dem Strom i_K und dem Kabelinneren. Dieser Effekt ist beim Kabel A durch das dichte, doppelt ausgeführte Geflecht des Kabels am schwächsten ausgeprägt.

Besonders bemerkenswert ist der Unterschied zwischen den Kabeln B und C bei hohen Frequenzen. Für beide wurde etwa die gleiche Menge Material in Form von feinen Cu-Drähten für den Mantel verwendet. Aber wegen der Stromführung durch die einsinnige Wendel im Mantel des Kabel C ist die induktive Kopplung offensichtlich viel stärker als im Kabel B, dessen Manteldrähte miteinander verflochten sind.

Während sich die Kopplungswiderstände bei tiefen Frequenzen nur um den Faktor 5 voneinander unterscheiden, wachsen die Unterschiede vor allem zwischen den Kabeln B und C im Bereich > 1 MHz auf zwei Zehnerpotenzen an. Es ist deshalb zu erwarten, daß insbesondere die Kabel B und C auf impulsförmige Mantelströme i_K, die in ihrem Spektrum hohe Frequenzanteile enthalten, extrem unterschiedlich reagieren. Diese Vermutung wird durch die Oszillogramme in Bild 6.4 und 6.5 bestätigt. Sie zeigen die Verläufe der Spannung U_K an den drei 7 m langen Kabelstücken unter Einwirkung des gleichen Mantelstromes i_K. Alle drei Kabelstücke wurden dabei an einem Ende kurzgeschlossen, so daß am anderen Ende die Spannung U_K abgegriffen werden konnte.

Der Mantelstrom i_n, mit dessen Hilfe das Verhalten der Kabel im Zeitbereich dargestellt wird, steigt in etwa 200 μs exponentiell auf 1,4 A an (Bild 6.4a). Zu Beginn des Anstiegs gibt es einen kurzen Vorimpuls mit einer Amplitude von 0,4 A, dessen genauer zeitlicher Verlauf in Bild 6.5a im Zeitraster von 1 μs pro Teilung klarer zu erkennen ist.

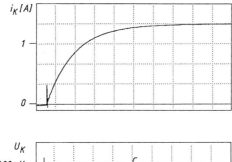

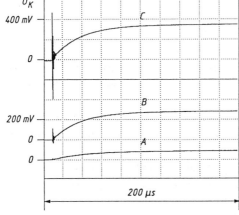

Bild 6.4
Der Strom i_K und die Spannungen U_K an den drei Kabeltypen gemäß Bild 6.3 im Zeitbereich von 200 μs.

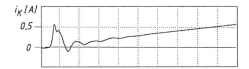

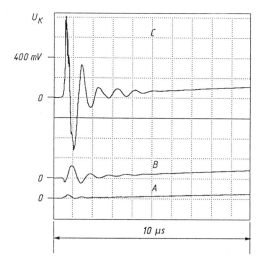

Bild 6.5 Der Strom i_K und die Spannungen U_K an den drei Kabeltypen gemäß Bild 6.3 im Zeitbereich von 1 μs.

Die Kopplungswiderstände sind bei allen drei Kabeltypen über einen Frequenzbereich von Null bis etwa 100 kHz jeweils praktisch konstant. Mit anderen Worten, die Kabelmäntel verhalten sich in diesem Frequenzbereich wie ohmsche Widerstände. Deshalb werden langsam veränderliche Mantelströme, deren Spektren nur diese Frequenzanteile enthalten, praktisch verzerrungsfrei in den Verläufen der Spannung U_K abgebildet. Das heißt, der verhältnismäßig langsame exponentielle Anstieg von i_K führt zu gleichartigen exponentiellen Verläufen von U_K (Bild 6.4b). Es gibt lediglich Unterschiede in den Amplituden entsprechend den unterschiedlichen Z_K-Niveaus im Frequenzgang.

Ganz anders ist die Reaktion der einzelnen Kabeltypen auf den schnellen Impuls zu Beginn von i_K. Da sein Verlauf etwa demjenigen einer Viertelwelle aus einer 5 MHz Sinusschwingung entspricht, muß man die Oszillogramme in Bild 6.5b mit den Amplituden von Z_K bei dieser Frequenz erklären:

– Beim Kabeltyp A ist Z_K bei 5 MHz deutlich kleiner als bei den vorher betrachteten tiefen Frequenzen. Der schnelle Vorimpuls ist also im Verlauf von U_K wesentlich schwächer ausgeprägt als der exponentielle Anstieg.

– Im Frequenzgang des Kabeltyps C ist bis 5 MHz die induktive Komponente wesentlich höher als die ohmsche. Die Änderungsgeschwindigkeit des Vorimpulses kommt deshalb im Verlauf von U_K wesentlich stärker zur Wirkung als der langsame Verlauf des exponentiellen Anstiegs, der durch die niedrigere ohmsche Komponente geprägt wird.

– Beim Kabeltyp B liegt 5 MHz im unteren Teil der mit 20 dB ansteigende induktiven Komponente von Z_K. Deshalb macht sich die zeitliche Ableitung des Stromes di/dt im Vorimpuls weniger stark bemerkbar als beim Kabel C.

Die Auswahlkriterien für Koaxialkabel, deren Mäntel als Teile von Kurzschlußmaschen zur Abschirmung gegen magnetische Felder eingesetzt werden sollen, lauten demnach:

– Es sollten möglichst große Mantelquerschnitte verwendet werden, um den Kopplungswiderstand bei tiefen Frequenzen niedrig zu halten.

– Vor allem aber sollten die Kabelmäntel geflochten ausgeführt werden, damit die induktive Kopplung erst bei möglichst hohen Frequenzen wirksam wird.

7 Kopplungen zwischen parallelen Leitungen

Mit Störungen, die von einer Leitung auf eine parallel verlaufende übertragen werden, mußte man sich bereits im Frühstadium der Elektrotechnik auseinandersetzen, zum Beispiel mit gefährlichen Spannungen auf Leitungen, die parallel zu Hochspannungsleitungen verliefen, oder mit dem sogenannten Nebensprechen in den Telefonsystemen, wodurch man Telefongespräche, die offenbar auf benachbarten Leitungen geführt wurden, mehr oder weniger deutlich mithören konnte.

Im englischen Sprachgebrauch wird heute noch in Anlehnung an diese frühe Form der Störung die sehr bildhafte Bezeichnung crosstalk für alle Arten von Kopplungen zwischen benachbarten Leitungen verwendet.

In neuerer Zeit haben die Kopplungen zwischen den eng benachbarten Leitungen in Flachkabeln und auf gedruckten Schaltungen besondere Bedeutung erlangt, vor allem in digitalen Schaltungen, die mit so steilen Impulsen betrieben werden, daß Wanderwellen auf den störenden und damit auch auf den gestörten Leitungen auftreten.

Es ist besonders bemerkenswert, daß die Kopplungen zwischen den Leitungen auf Wanderwellen ganz anders reagieren als auf quasistationäre Vorgänge. Quasistationär verhalten sie sich so, wie man es gefühlsmäßig erwartet: Die Amplitude des Signals auf der gestörten Leitung nimmt ab, wenn man die Strecke verkürzt, auf der die Leitungen parallel laufen, und sie nimmt zu, wenn man die Koppelstrecke verlängert. Bei Wanderwellenvorgängen bleibt dagegen die Amplitude der Störung unverändert, wenn man die Koppelstrecke verlängert oder verkürzt, nur die Dauer der Störung nimmt zu oder ab.

♦ **Beispiel 7.1**

Gegenstand der Betrachtung sind zwei Leitungen, die von drei dicht zusammenliegenden Drähten gebildet werden (Bild 7.1). Die störende Leitung besteht, wie bei der in Abschnitt 4 geschilderten kapazitiven Kopplung, aus den Leitern 1 und 2, und die gestörte Leitung aus den Leitern 2 und 3. Die größte untersuchte Leitungslänge beträgt 3 m, so daß bei einer sinusförmigen Spannung mit einer Frequenz von 100 kHz auf der störenden Leitung sicher quasistationäre Verhältnisse vorliegen.

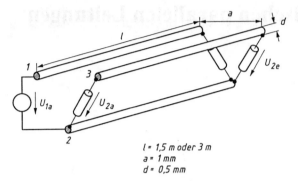

l = 1,5 m oder 3 m
a = 1 mm
d = 0,5 mm

Bild 7.1 Die Spannung in zwei parallelen Leitungen mit einem gemeinsamen Leiter.
Leiter 1-2 störende Leitung   Leiter 2-3 gestörte Leitung

Die gestörte Leitung ist am Anfang offen und am Ende mit dem Wellenwiderstand von 100 Ω abgeschlossen. Die Oszillogramme in Bild 7.2a zeigen, daß eine sinusförmige Spannung mit einer
Amplitude von 4 Volt peak to peak und einer Frequenz von 100 kHz auf der benachbarten Leitung
zu einer Störung von etwa 1 mV führt, wenn die beiden Leitungen auf einer Länge von 1,5 m dicht
aneinander liegen. Die Störung steigt auf den doppelten Wert, wenn man die Berührung der beiden
Leitungen auf 3 m ausdehnt. Es ist kein nennenswerter Unterschied zwischen der Spannung am
Anfang und am Ende der gestörten Leitung zu erkennen.

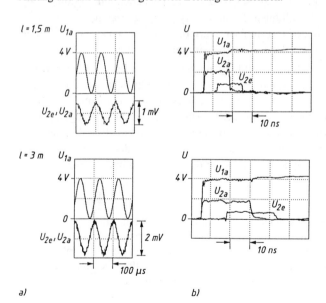

a)   b)

Bild 7.2 Der zeitliche Verlauf der Spannungen in einem Leitungssystem gemäß Bild 7.1,
a) bei sinusförmiger Störung (100 kHz),
b) bei Störung durch einen steilen Impuls.

el. lange leitung

Eine Wanderwellenstörung durch einen Impuls, dessen Frontzeit sehr viel kürzer ist als die Laufzeit, zeigt das Bild 7.2b. Verglichen mit dem oben geschilderten quasistationären Verhalten ergeben sich folgende Unterschiede:

- Die Amplitude der Störung ist um drei Zehnerpotenzen höher als beim Versuch mit 100 kHz.
- Die Amplitude der Störung bleibt bei einer Vergrößerung der Leitungslänge konstant. Lediglich die Dauer des Störimpulses nimmt zu.
- Die Störspannungen am Anfang und am Ende der gestörten Leitung haben unterschiedliche Amplituden. Am Anfang erreicht die Störung U_{2a} etwa 50 % der Spannung U_{1a}, die die Störung auslöst. Am Ende der gestörten Leitung ist die Spannung halb so hoch wie am Anfang. Als Anfang der Leitung wird in diesem Zusammenhang immer diejenige Seite bezeichnet, auf die die störende Wanderwelle auf das parallel verlaufende Leitungsstück auftrifft.
- Die Zeitdifferenz von 7 ns (bzw. 13 ns) zwischen dem Beginn der Spannung U_{2a} am Leitungsanfang und der Spannung U_{2e} am Ende ist gleich der Laufzeit des Signals auf dem parallel verlaufenden Leitungsstück.
   Die Breite der Impulse auf der gestörten Leitung ist sowohl am Anfang als auch am Ende offensichtlich gleich der doppelten Laufzeit.   ◆

Die Spannung, die am Anfang der gestörten Leitung auftritt, wird in der Literatur als Nahüberkoppelspannung (engl. backward crosstalk) bezeichnet. Für die Spannung am Ende der gestörten Leitung wird die Bezeichnung Fernüberkoppelspannung (engl. forward crosstalk) verwendet.

In digitalen Schaltungen muß man die Impulse, die auf eine Nachbarleitung übertragen werden, im Zusammenhang mit der dynamischen Störfestigkeit der jeweils eingesetzten logischen Schaltelemente sehen. Man versteht darunter das Verhalten gegenüber rechteckförmiger Impulsen mit unterschiedlicher Zeitdauer und Amplitude, die auf den Eingang eines Schaltelements einwirken und je nach Höhe und Dauer eine logische Zustandsänderung verursachen oder wirkungslos bleiben [7.4]. Der Zusammenhang ist in Bild 7.3 schematisch skizziert:

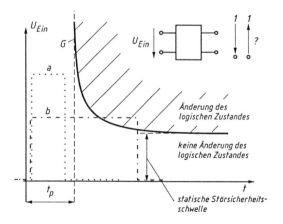

Bild 7.3 Schematische Darstellung der dynamischen Störsicherheit eines logischen Schaltelements auf Halbleiterbasis.
   G   Grenze der logischen Zustandsänderung,
   a   kurzer, nicht schaltender Impuls,
   b   langer Impuls, der zur Änderung des logischen Zustands führt.

Jedes logische Schaltelement ist in bezug auf die Höhe der Eingangsspannung und ihre Dauer durch eine Grenzkurve G gekennzeichnet, oberhalb der eine Zustandsänderung stattfindet und unter der eine solche Änderung ausbleibt. Es gibt darüber hinaus eine für jede Halbleiterstruktur typische Zeit tp – die sogenannte Durchlaufverzögerung – unterhalb der ein logisches Schaltelement überhaupt nicht anspricht. Ein kurzer hoher Impuls (a in Bild 7.3) bleibt unterhalb der Grenzkurve und verursacht keine Veränderung, während der länger andauernde Impuls b einen Umschaltvorgang im Bauelement zur Folge hat.

Aus Bild 7.2b ist erkennbar, daß die Dauer der Impulse, die auf eine benachbarte Leitung übertragen werden, von der Länge des Weges abhängt, auf der die störende und die gestörte Leitung parallel verlaufen. Man darf deshalb beim Schaltungsentwurf eine für jede Schaltelementart typische parallele Weglänge nicht überschreiten, wenn man die überkoppelten Signale nicht zur Wirkung kommen lassen will. Allein von der Amplitude her würden die in Bild 7.2 oszillografierten Störspannungen bei weitem ausreichen, um die statische Störsicherheitsschwelle einer logischen Schaltung zu überwinden.

7.1 Die Frequenzgänge quasistationärer Kopplungen

Im Bild 7.4 sind die Ergebnisse einiger Messungen wiedergegeben, die an zwei 4,7 m langen, parallel zueinander verlaufenden Leitungen durchgeführt wurden [7.1]. Die beiden Leitungen bestanden aus zwei Drähten und einer leitenden Fläche, wobei jeweils ein Draht und die Fläche eine Leitung bildeten. Die Abstände der Drähte voneinander und von der Fläche betrugen je 20 mm. Man erkennt, daß die Frequenzgänge der Spannungen, die von der einen auf die benachbarte Leitung übertragen werden, sehr stark von den Abschlußimpedanzen abhängen, und zwar sowohl von der Belastung der störenden als auch der gestörten Leitung.

Die dargestellten Messungen erfassen den quasistationären Bereich der Leitungskopplung. Wenn man für die Grenze des quasistationären Verhaltens annimmt, daß die Wellenlänge der höchsten Frequenz nicht kürzer als die 10-fache Leitungslänge sein sollte, dann liegt dieser Grenzwert im vorliegenden Fall mit 4,7 m Leitungslänge bei etwa 6 MHz.

Vom physikalischen Standpunkt aus betrachtet, besteht eine Kopplung von Leitung zu Leitung aus zwei Teilen: einer induktiven durch das Magnetfeld des Leitungsstroms und einer kapazitiven, die durch das elektrische Feld der Spannung auf der störenden Leitung zustande kommt. Bei der mathematischen Beschreibung der Frequenzgänge darf man aber nicht einfach die kapazitive und die induktive Kopplung auf der ganzen Länge, auf der die Leitungen parallel verlaufen, berechnen und beide überlagern, sondern muß die Differentialgleichungen lösen, die den Leitungszustand mit Rücksicht auf die Schaltelemente am Anfang und am Ende der Leitung beschreiben [7.1]. In den Differentialgleichungen werden zwar auch die kapazitiven und induktiven Kopplungen überlagert, aber nur als differentielle Elemente in unendlich schmalen Leitungsabschnitten.

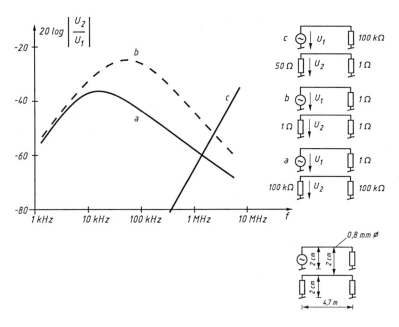

Bild 7.4 Beispiel einer quasistationären Kopplung zwischen zwei Leitungen bei verschiedenen Belastungen an den Leitungsenden.

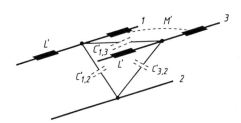

Bild 7.5 Das Ersatzschaltbild zur mathematischen Beschreibung der Kopplung zwischen zwei gleichen Leitungen mit einem gemeinsamen Leiter.

Für ein Leitungssystem, das gemäß Bild 7.5 aus zwei gleichen Leitungen besteht, die einen Leiter gemeinsam benutzen, ist folgendes Gleichungssystem zu lösen

$$-\frac{\partial u_1}{\partial x} = L' \frac{\partial i_1}{\partial t} + M' \frac{\partial i_2}{\partial t} \tag{7.1a}$$

$$-\frac{\partial i_1}{\partial x} = \left(C'_{3,2} + C'_{1,2}\right) \cdot \frac{\partial u_1}{\partial t} - C'_{1,3} \frac{\partial u_2}{\partial t} \tag{7.1b}$$

$$-\frac{\partial u_2}{\partial x} = M' \frac{\partial i_1}{\partial t} + L' \frac{\partial i_2}{\partial t} \tag{7.1c}$$

$$-\frac{\partial i_2}{\partial t} = -C'_{1,3} \frac{\partial u_1}{\partial t} + \left(C'_{3,2} + C'_{1,2}\right) \frac{\partial u_2}{\partial t} \tag{7.1d}$$

Darin sind L' die Eigeninduktivitäten pro Längeneinheit beider Leitungen und C' die entsprechenden Eigenkapazitäten. Die Kopplung zwischen beiden Leitungen wird durch die Gegeninduktivität M' und die Kapazität $C'_{1,3}$ pro Längeneinheit gekennzeichnet. Weil die störende Leitung, die von den Leitern 1 und 2 gebildet wird, dieselben geometrischen Abmessungen aufweist wie die gestörte Leitung, die aus den Leitern 2 und 3 besteht, sind auch die Teilkapazitäten $C'_{1,2}$ und $C'_{3,2}$ gleich.

Das Gleichungssystem (7a-d) läßt sich nach C.R. Paul [7.2] so lösen, daß man für die Spannung U_{2a} am Anfang der gestörten Leitung, bezogen auf die störende Spannung U_1, auf der anderen Leitung, einen geschlossenen Ausdruck folgender Form erhält:

$$\left|\frac{U_{2a}}{U_1}\right| = \left|\frac{j\theta(1+j\theta T)}{(1+j\theta T_G)(1+j\theta T_R)} \cdot M_o\right| \tag{7.2}$$

Darin ist die Wellenlänge λ der störenden Spannung in Gestalt der sogenannten Richard Variablen Θ enthalten:

$$\Theta = \frac{1}{2\pi} tg\left(2\pi \frac{l}{\lambda}\right) \tag{7.3}$$

Die Größen T, T_G, T_R, und M_o hängen von den charakteristischen Daten $C_{1,2}$ $C'_{1,3}$, L', $C'_{3,2}$, M' der Leitungsanordnung der Leitungslänge l sowie von den Belastungsimpedanzen der Leitungen ab [7.2].

Wenn man die Gleichung 7.2 logarithmiert, erkennt man, wie sich der Frequenzgang in Abhängigkeit von Θ in Form eines Bode-Diagramms aus einem konstanten Anteil und mehreren Geraden zusammensetzen läßt:

$$\left|\frac{U_{2a}}{U_1}\right|_{dB} = 20\log\left|\frac{U_{2a}}{U_1}\right| = \left|M_o\right|_{dB} + \left|j\Theta\right|_{dB} + \left|1+j\Theta T\right|_{dB}$$

$$- \left|1+j\Theta T_G\right|_{dB} - \left|1+j\Theta T_R\right|_{dB}$$

7.2 Analytische Berechnung der Impulskopplung

Die Leitungskopplung hat bei zeitlich schnell veränderlichen Vorgängen einen völlig anderen Charakter als im quasistationären Bereich. In den Bildern 7.2a und 7.2b wurden diese unterschiedlichen Verhaltensweisen am Beispiel von zwei Leitungen dargestellt, die aus drei dicht zusammenliegenden Drähten bestehen.

Für die dort untersuchte Anordnung, bei der die störende Leitung am Anfang offen und am Ende mit dem Wellenwiderstand Z_0 abgeschlossen war, kann man aus den Leitungsgleichungen – z.b. mit Hilfe der zweidimensionalen Laplace-Transformation – eine einfache analytische Lösung angeben [7.3].

– Am Anfang der gestörten Leitung (bei $x = 0$) entsteht ein Spannungsimpuls mit der Amplitude

$$U_{2a} = 0,5 k_1 U_1 \qquad (7.4)$$

$$\text{mit } k_1 = \frac{C'_{1,3}}{C'_{1,2} + C'_{3,2}} + \frac{M'}{L'}. \qquad (7.5)$$

– Die Dauer τ dieses Spannungsimpulses beträgt etwa

$$\tau = 2 Tl.$$

In dieser Gleichung stellt T die Laufzeit des Impulses pro Meter und l die Länge der Koppelstrecke dar.

– Für das Ende der Leitung sagt die analytische Lösung einen Impuls mit der Dauer τ wie am Anfang und einer halb so hohen Amplitude voraus.

$$U_{2e} = 0,25 k_1 U_1 \qquad (7.6)$$

Die vollständigen theoretisch zu erwartenden zeitlichen Verläufe der Spannung U_{2a} und U_{2e} sind in Bild 7.6 dargestellt. Sie gelten für den Fall, daß die Umgebung des Leitungssystems homogen ist, das heißt, daß überall in der Umgebung die gleiche Permeabilität und die gleiche Dielektrizitätskonstante herrscht. Für die Wellenwiderstände der störenden und der gestörten Leitung wurde dabei der gleiche Wert Z_0 angenommen.

Die theoretische Analyse einer Reihe von Anordnungen mit unterschiedlichen Abschlußwiderständen an der gestörten Leitung zeigt [7.3], daß in homogenen Medien die höchste Amplitude der Spannung auf der gestörten Leitung den Wert

$$U_{2(\text{max})} = 0,5 k_1 \cdot U_1 \qquad (7.8)$$

erreicht.

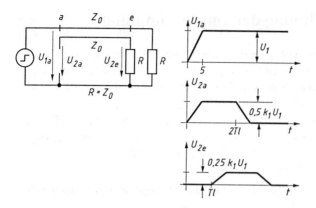

Bild 7.6 Berechneter Spannungsverlauf bei einer am Anfang offenen und am Ende mit dem Wellenwiderstand abgeschlossenen gestörten Leitung in einem homogenen Medium. (*a* Anfang und *e* Ende des parallelen Leitungsverlaufs)

Um U_{2a} und U_{2e} mit Hilfe der Gleichungen (7.4), (7.5) und (7.6) berechnen zu können, benötigt man offensichtlich die Verhältnisse $C'_{1,3}/C'_{1,2} + C'_{1,3}$ und M'/L'. Für den Fall, daß sich das Leitungssystem in einem homogenen Medium befindet (d.h. überall das gleiche ε und μ), kann man die Ermittlung der Leitungsparameter vereinfachen, wenn man die Beziehung $L'_{ik} \cdot C'_{ik} = \varepsilon\mu$ benutzt. Man erhält dann

$$\frac{C'_{1,3}}{C'_{1,2}+C'_{3,2}} = \frac{M'}{L'} \qquad (7.9)$$

Die Kapazitäten kann man entweder aus der Struktur des elektrischen Feldes der Mehrleiteranordnung berechnen oder man kann sie an einem ausgeführten Leitungssystem messen. Dabei ist aber zu beachten, daß es sich bei den hier zur Diskussion stehenden Kapazitätswerten um die Teilkapazitäten in einem Mehrleitersystem handelt, die man in Gegenwart aller Leiter des Systems messen muß, zum Beispiel mit einer Meßbrücke, die über einen sogenannten Wagnerschen Hilfszweig verfügt.

Für die im Beispiel 7.1 vorgestellte Anordnung, in die 3-Leiter-Systeme völlig symmetrisch in einem gleichseitigen Dreieck angeordnet sind, kann man das Kapazitäts- und damit auch das Induktivitätsverhältnis sogar ohne Messung und Rechnung, allein aufgrund einer Analyse der Feldsymmetrie ermitteln. Man kommt dabei zu der Aussage, daß

$$\frac{C'_{1,3}}{C'_{1,2}+C'_{3,2}} = \frac{M'}{L'} = 0{,}5$$

ist. Der Wert von k_1 ist somit für ein vollständig symmetrisch aufgebautes 3-Leiter-System gleich 1. Die theoretisch zu erwartenden Amplituden der Spannung auf der gestörten Leitung erreichen deshalb die Werte $0{,}5U_1$ am Leitungsanfang und $0{,}25U_1$ am Leitungsende. Dies stimmt mit dem Meßergebnis in Beispiel 7.1 überein.

Die Kapazitäts- und Induktivitätsverhältnisse mit dem Wert 0,5 ergeben sich aus der Feldsymmetrie wie folgt:

- Eine Teilkapazität C_{ik} zwischen zwei Leitern i und k in einem Mehrleitersystem beschreibt den elektrischen Fluß Ψ_{ik}, der durch das elektrische Feld vom Leiter i zum Leiter k fließt, während alle anderen Leitersysteme mit dem Leiter k verbunden sind.
- Aus Symmetriegründen sind die Teilflüsse $\Psi_{1,2}$ und $\Psi_{1,3}$ gleich groß. Damit sind auch $C_{1,2}$ und $C_{1,3}$ gleich. (Bild 7.7)
- Erzeugt man analog elektrische Flüsse, die von Leiter 3 ausgehend zu den Leitern 1 und 2 gelangen, wobei die Leiter 1 und 2 miteinander verbunden sind, stellt man fest, daß auch $C_{2,3}$ gleich $C_{1,3}$ ist.
- Wenn alle Teilkapazitäten in der symmetrischen Anordnung gleich groß sind, ergibt sich

$$\frac{C'_{1,3}}{C'_{1,2} + C'_{3,2}} = \frac{1}{2}.$$

Man kann nun schon allein aufgrund der Gleichung (7.9) die Aussage machen, daß damit auch das Verhältnis M'/L' gleich 0,5 ist. Aber man kann dies auch direkt aus der Struktur des Magnetfeldes ablesen, die in Bild 7.8 skizziert ist.

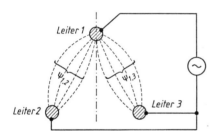

Bild 7.7 Darstellung der Symmetrie des elektrischen Feldes bei symmetrischer Leiteranordnung um zu zeigen, daß alle Teilkapazitäten darin gleich groß sind.

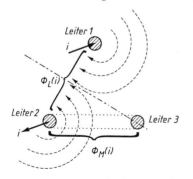

Bild 7.8 Darstellung des magnetischen Feldes in einer symmetrischen Leiteranordnung um zu zeigen, daß $\Phi_M = 0,5 \; \Phi_L$ ist.

– In Bild 7.8 ist der magnetische Fluß Φ_L angedeutet, der von der störenden Leitung
   durch die Ströme in den Leitungen 1 und 2 erzeugt wird. Bezieht man diesen Fluß auf
   den erregenden Strom, so erhält man die Eigeninduktivität L der störenden Leitung

$$L = \frac{\Phi_L(i)}{i}.$$

– Es ist offensichtlich, daß die gestörte Leitung mit den Leitern 2 und 3 genau die
   Hälfte des störenden Flusses umfaßt, wenn sich der Leiter 3 irgendwo auf der Mittel-
   linie zwischen den Leitern 1 und 2 befindet. Damit ist

$$\Phi_M = \frac{1}{2}\Phi_L \ oder \ M' = \frac{1}{2}\,L'.$$

Es sei an dieser Stelle daran erinnert, daß sich alle bisherigen theoretischen Erwägungen
und experimentellen Ergebnisse auf gestörte Leitungen beziehen, die am Anfang offen
und am Ende mit dem Wellenwiderstand abgeschlossen sind. Wenn man diese Widerstandsverhältnisse verändert, erhält man andere Spannungsformen, und zwar sowohl am
Anfang als auch am Ende der gestörten Leitung. In Bild 7.9 sind zwei Beispiele dargestellt. Das erste mit Widerständen an beiden Enden der gestörten Leitung, die gleich dem
Wellenwiderstand sind, und mit einem Leerlauf am Anfang und einem Kurzschluß am
Ende. Weitere Beispiele findet man in der Literatur [7.3].

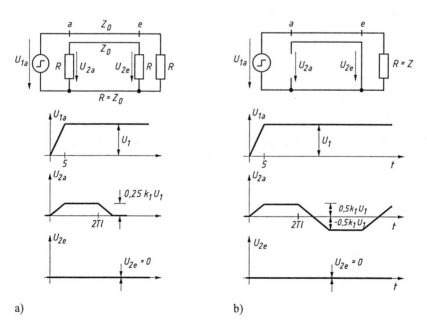

a)   b)

Bild 7.9 Berechnete Spannungsverläufe am Anfang und am Ende einer gestörten Leitung,
a) gestörte Leitung beidseitig mit dem Wellenwiderstand abgeschlossen,
b) gestörte Leitung am Anfang offen und am Ende kurzgeschlossen.

Es ist besonders bemerkenswert, daß bei keiner der möglichen Belastungsarten durch lineare Widerstände die Amplitude der Spannung auf der gestörten Leitung über den Wert 0,5 $k_1 U_1$ hinausgeht.

7.3 Impulskopplungen in Flachkabeln

Man kann die Analyseverfahren, die im vorigen Abschnitt auf symmetrisch im Dreieck angeordnete Leitersysteme angewendet wurden, auch auf andere Leitergeometrien übertragen, zum Beispiel auf Flachkabel. Im Mittelpunkt des Interesses steht dabei, wie oben auch, die Ermittlung des Faktors k_1, mit dessen Hilfe man nach der Gleichung

$$\hat{U}_{2a} = 0,5k_1 \cdot \hat{U}_1$$

die Amplitude der Spannung auf der gestörten Leitung erhält.

Weil die Isolationsschicht der Flachkabelleiter in der Regel dünn ist, kann man die Umgebung der Leiter in guter Näherung als homogen annehmen. Weil dann, wie bereits erläutert wurde, die Verhältnisse der Kapazitäten und der Induktivitäten in der Gleichung (7.5), mit der k_1 ermittelt wird, gleich groß sind, genügt es, eines dieser Verhältnisse zu bestimmen. Für die folgende Analyse wird das Verhältnis M'/L' gewählt. Damit ist dann

$$\hat{U}_{2a} = \frac{M'}{L'} \hat{U}_1 \tag{7.10}$$

wenn die gestörte Leitung am Anfang offen und am Ende mit dem Wellenwiderstand abgeschlossen ist.

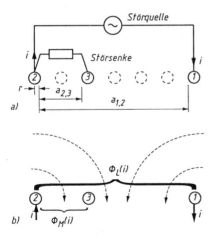

Bild 7.10 Querschnitt durch ein Flachkabel,
        a) Anordnung der störenden und gestörten Leitung in Kabel (Beispiel),
        b) schematischer Verlauf des magnetischen Feldes im Kabel.

In Bild 7.10 ist ein Ausschnitt aus einem Flachkabel dargestellt. Die Leitungen 1 und 2 gehören zur Störquelle und die Leiter 1 und 3 zur Störsenke. Daneben sind in Bild 7.10b die magnetischen Flüsse skizziert, aus denen L' und M' zu bestimmen sind. $\Phi_L(i_1)$ ist der gesamte Fluß, der von Hin- und Rückstrom i_1 der Störquelle erzeugt wird, und aus dem L' zu berechnen ist. Φ_M ist der Teil von Φ_L, der die Störsenke durchdringt, und aus dem M' zu ermitteln ist.

Die Beiträge, welche die Ströme der Leiter 1 und 2 zum pro Stromeinheits-Fluß Φ_L leisten, sind nach Anhang 1

$$IN'_{L1} = IN'_{L2} = 0{,}2 \cdot \ln \frac{a_{1,2}}{r}.$$

Insgesamt ergibt sich deshalb für die Eigeninduktivität

$$L' = 0{,}4 \ln \frac{a_{1,2}}{r} [\mu H]. \tag{7.11}$$

Auf die gleiche Art und Weise kann man mit Hilfe von Anhang 1 berechnen, wie stark die Ströme in den Leitern 1 und 2 zum Fluß Φ_M beitragen.

Daraus ergibt sich dann

$$M' = 0{,}2 \ln \frac{a_{1,2} \cdot a_{2,3}}{r(a_{1,2} - a_{2,3})}. \tag{7.12}$$

◆ **Beispiel 7.2**

Es wird ein 20 mm breites und 1,5 m langes Flachkabel betrachtet, in dem 16 Drähte in einem Achsabstand von 1,2 mm nebeneinander angeordnet sind. Jeder der Leiter hat einen Radius r von 0,25 mm.

Die Leiter des Flachkabels werden im Rahmen dieses Beispiels mit K1 bis K16 bezeichnet.

Insgesamt werden drei Leitungsanordnungen untersucht (Bild 7.11)

1) Die Leiter K1 und K16 sind mit der Störquelle verbunden. Sie bilden also in der Terminologie der Grundanordnung gemäß Bild 7.10 die Leiter 1 und 2.

   Der eine am Rand liegende Leiter K1 und der mittlere Leiter K8 sind mit der Störsenke verbunden.

   Man umfaßt in 7.11b mit den Leitungen K1-K8 der Störsenke genau den halben magnetischen Fluß, der zwischen den Leitern K1 und K2 für die Eigeninduktion wirksam ist. M' ist also gleich 0,5 L'. Damit ergibt sich nach Gleichung (7.10) für die Anordnung nach Bild 7.11b

$$U_{2a} = 0{,}5 U_1.$$

Die Oszillogramme in Bild 7.12 bestätigen diesen Wert.

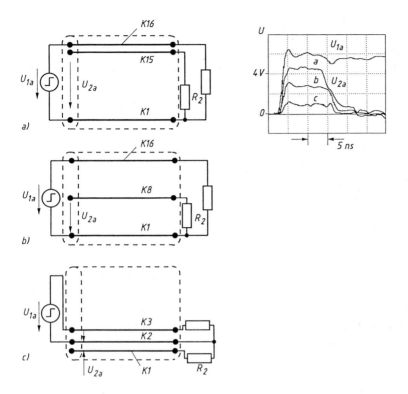

Bild 7.11 Die Veränderung der Spannung am Anfang der gestörten Leitung bei verschiedenen Lagen der störenden und gestörten Leitung innerhalb des Flachkabels (die gestörte Leitung ist jeweils am Anfang offen und am Ende mit dem Wellenwiderstand abgeschlossen.).

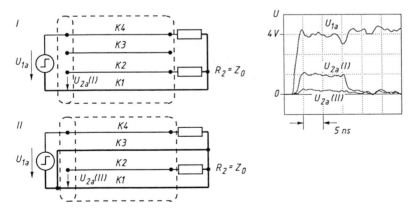

Bild 7.12 Die Reduktion der Impulskopplung in einem Flachkabel durch Benutzung mehrerer paralleler gemeinsamer Leiter.

2) In der Varinate 7.11b bilden die Leiter K1 und K16 die Störquelle und K1 und K15 die Störsenke. Damit umfaßt die Störquelle nahezu den gesamten magnetischen Fluß der Störquelle. Die Berechnung von M' und L' ergibt mit den erwähnten Abmessungen Werte von 1,4 bzw 1,7 μH/m. Die Spannung auf der gestörten Leitung erreicht demnach eine Amplitude von

$$U_{2a} = \frac{1,4}{1,7} = 0,82 U_1.$$

Auch dieser Wert stimmt mit dem Meßergebnis in Bild 7.11 gut überein.

3) In der Variante 7.11c liegen die beiden Drähte K2 und K3 der Störquelle dicht zusammen. Deshalb wird die Leitung der Störsenke (K2 und K3) von zwei fast gleich großen aber einander entgegengerichteten Magnetfeldanteilen durchdrungen. Die Gegeninduktivität ist deshalb wesentlich geringer als in den Anordnungen a) und b). Dies erklärt den niedrigen oszillografierten Wert der Störspannung.   ♦

Die Erfahrung zeigt, daß die Kopplungen zwischen parallelen Leitungen innerhalb eines Bandleiters wesentlich kleiner werden, wenn man nicht nur einen Draht als gemeinsamen Leiter für mehrere Leitungen benutzt, sondern für den Rückstrom mehrere parallele Leiter verwendet. Häufig wird sogar die Hälfte aller Drähte eines Flachkabels als Rückleiter zu einem einzigen Rückleiter zusammengeschaltet. Dazu wird dann jeder zweite Leiter innerhalb des Kabels benutzt.

♦ **Beispiel 7.3**

Wie wirksam mehrere parallele Rückleiter sind, zeigen die Meßergebnisse in Bild 7.12. Dort wurde zunächst die Störung U_{2a} mit einem Rückleiter registriert. Als Störquelle wirkt die Spannung zwischen den Leitern K1 und K4. Der Leiter K3 ist dabei vorerst offen (Anordnung I).
Wenn man zusätzlich zu K1 auch noch K3 als gemeinsamen Leiter von störender und gestörter Leitung einsetzt, geht die Spannung an der Störsenke deutlich zurück (Anordnung II).   ♦

Die physikalische Ursache für diese starke Verringerung der Störspannung ist in Bild 7.13 dargestellt: In die Fläche zwischen den Leitern K1 und K2 der Störsenke greift vom Leiter 1 aus ein geringer Magnetfluß ein, weil jetzt nur noch der halbe Rückstrom durch K1 fließt. Zusätzlich wird aber das Magnetfeld noch durch das Feld des Leiters K3 geschwächt, der ebenfalls den halben Rückstrom führt. Sein Feld wirkt nämlich in Gegenrichtung zu dem von K1.

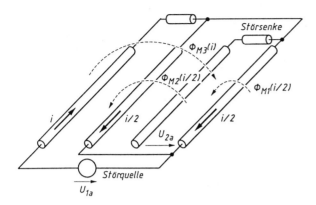

Bild 7.13 Schematischer Verlauf der störenden Magnetfelder bei zwei parallelen gemeinsamen
Leitern (K1 und K3) in einem Flachkabel.

7.4 Kopplungen in nicht homogenen Medien

Die symmetrischen Leiter und die Bandleiter, die in den Abschnitten 7.2 und 7.3 untersucht wurden, befanden sich im wesentlichen in homogenen Umgebungen, weil sich der
größte Teil der Felder nur in einem Material, nämlich in Luft, befand. Die vollständige
Homogenität wurde lediglich durch geringe Feldanteile in der Leiterisolation etwas beeinträchtigt. Wenn eine solche Situation herrscht, d.h. wenn überall im Raum die gleiche
Dielektrizitätskonstante ε und die gleiche Permeabilität μ wirksam ist, breiten sich alle
elektrischen Vorgänge mit der gleichen Geschwindigkeit

$$ V = \frac{1}{\sqrt{\varepsilon\mu}} $$

aus. Darüber hinaus sind, wie bereits erläutert wurde, die Verhältnisse $C_{1,3}/[C_{1,2} + C_{3,2}]$
und M'/L' gleich groß.

In inhomogenen Räumen mit mehreren ε- und μ-Werten gibt es dagegen mehrere Fort-
pflanzungsgeschwindigkeiten, und die erwähnten Kapazitäts- und Induktivitätsverhältnisse sind nicht gleich groß. Die praktisch bedeutsamste Inhomogenität herrscht in gedruckten Schaltungen, in denen sich ein Teil des Feldes langsam im Isoliermaterial zwischen
den Leiterbahnen und ein anderer Teil schnell in der Luft ausbreitet. Praktisch wirkt sich
dies wie folgt aus:

- Die bisher beschriebenen Formen der überkoppelten Impulse verändern sich durch
  die Existenz verschieden starker Anteile mit unterschiedlicher Laufzeit.

- Bei der rechnerischen Analyse kann man die Kapazitätsverhältnisse nicht mehr einfach aus dem Induktivitätsverhältnis bestimmen oder umgekehrt, sondern man muß
  die Kapazitäten und Induktivitäten gesondert ermitteln.

Die Spannung auf einer gestörten Leitung kann sich durch einen zusätzlichen Impuls, der auf Laufzeitdifferenzen zurückzuführen ist, noch über den Maximalwert für homogene Umgebung $(0{,}5 \cdot K1 \cdot U_1)$ hinaus erhöhen. Wenn die gestörte Leitung am Anfang offen und am Ende kurzgeschlossen ist, ergibt sich zum Beispiel der in Bild 7.14 skizzierte Verlauf [7.3]. Dem homogenen Verlauf (Bild 7.9b) überlagert sich noch ein zusätzlicher Impuls mit der Amplitude

$$U = k_2 \cdot U_1. \tag{7.14}$$

Darin ist

$$k_2 = \left[\frac{C'_{1,3}}{C'_{1,2} + C'_{3,2}} - \frac{M'}{L'} \right] \cdot l \cdot \frac{\sqrt{L'C'}}{s} U_1. \tag{7.15}$$

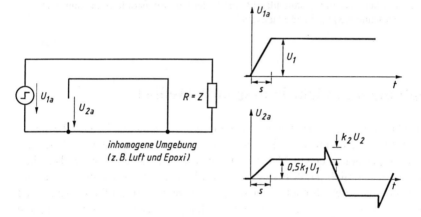

Bild 7.14 Verlauf der Spannung am Anfang einer gestörten Leitung in inhomogenen Verhältnissen (z.B. mehrere ε_r).

Man erkennt aus der Gleichung (7.15), daß diese Spannungserhöhung nur dann auftritt, wenn die Kapazitäts- und Induktivitätsverhältnisse infolge der Inhomogenität nicht gleich sind, und wenn darüber hinaus das Verhältniss von Laufzeit ($\sqrt{L'C'}$) zur Stirnzeit (s) des störenden Impulses groß ist.

7.5 Die kritische Anordnung in digitalen Schaltungen

Die Ausführungen im vorigen Abschnitt haben gezeigt, daß die höchsten überkoppelten Spannungen immer am Anfang der gestörten Leitung auftreten, und daß die maximale Amplitude auch noch von den Belastungen am Anfang und am Ende dieser Leitung abhängt. Der kritische Fall ist dann gegeben, wenn die Leitung am Anfang offen und am Ende kurzgeschlossen ist (Bild 7.7 und 7.14).

Praktisch tritt diese Situation in digitalen Schaltungen dann ein, wenn der Betrieb der störenden und der gestörten Leitung in entgegengesetzter Richtung erfolgt. Dabei liegt der Sender 1A der störenden Leitung dem Empfänger der gestörten Leitung 2E gegenüber (Bild 7.15). Wenn sich der Empfänger 2E im logischen Status H befindet, ist sein Eingang hochohmig, und damit ist der Anfang der gestörten Leitung offen.

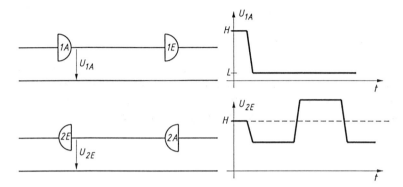

Bild 7.15 Störung eines auf logisch H befindlichen Eingangs (2E) durch den Wechsel eines gegenüberliegenden Ausgang (1A) von H auf L.

Wenn nun der Sender 1A vom logischen Zustand H zu L wechselt, erzeugt er am Eingang des Empfängers 2E einen negativen Impuls. Wenn damit die zulässige Schwelle des H-Zustandes von 2E lange genug unterschritten wird, kommt es zu einem unabsichtlichen Schalten dieses Bauelements.

Wenn die Koppelstrecke aber so kurz ist, daß die Impulsbreite kleiner ist als die Durchlaufverzögerung des Bauelements (siehe Bild 7.3), tritt auch bei starker Kopplung in dieser kritischen Anordnung keine Störung ein.

7.6 Impulskopplungen bei beliebigen Leitungsabschlüssen

In den vorangegangenen vier Abschnitten wurde gezeigt, daß man die Impulskopplung mit einfachen mathematischen Formeln beschreiben kann, wenn die gestörte Leitung an den Enden der Koppelstrecke offen, kurzgeschlossen oder mit dem Wellenwiderstand abgeschlossen ist. Wenn die Leitungsabschlüsse nicht diesen speziellen Charakter haben, muß man ein anderes mathematisches Verfahren anwenden, das in diesem Abschnitt grob erläutert wird. Man kann damit nicht nur die Kopplung für beliebige lineare Abschlußwiderstände voraussagen. Die Methode ist auch für nichtlineare Leitungsabschlüsse anwendbar, wie sie zum Beispiel durch die Ein- und Ausgänge logischer Halbleiterbauelemente gebildet werden.

Das Berechnungsverfahren beruht, vom mathematischen Standpunkt aus betrachtet, auf einer Substitution. Dabei werden die physikalisch realen Ströme und Spannungen U_1, i_1, U_2, und i_2 des Gleichungssystems (7.1) durch virtuelle Rechnungsgrößen U_p, U_n, i_p und

i_n ersetzt. Die physikalischen und die virtuellen Werte sind durch folgende Gleichungen miteinander verknüpft:

$$U_1 = U_p + U_n \tag{7.16a}$$

$$U_2 = U_p - U_n \tag{7.16b}$$

$$i_1 = i_p + i_n \tag{7.16c}$$

$$i_2 = i_p - i_n \tag{7.16d}$$

Wenn man diese Bezeichnungen in das Gleichungssystem (7.1) einsetzt, stellt man fest, daß sich die Verbindung zwischen den Gleichungen auflöst: Aus den vier Gleichungen mit je drei Variablen entstehen vier Gleichungen mit nur je einer veränderlichen Größe. Für die Spannungen U_p und U_n ergeben sich zum Beispiel die Gleichungen

$$\frac{\partial^2 U_p}{\partial x^2} = C'\left[L'+M'\right]\frac{\partial^2 U_p}{\partial t^2} \tag{7.17a}$$

und

$$\frac{\partial^2 U_n}{\partial x^2} = \left[C'+2C'_{1,3}\right]\left[L'-M'\right]\frac{\partial^2 U_n}{\partial t^2}. \tag{7.17b}$$

Dies sind Gleichungen des Typs

$$\frac{\partial^2 U}{\partial x^2} = K' N'\frac{\partial^2 U}{\partial t^2}. \tag{7.18a}$$

Sie beschreiben Wanderwellen, die sich auf einer Leitung mit dem Wellenwiderstand

$$Z = \sqrt{\frac{N'}{K'}} \tag{7.18b}$$

mit der Geschwindigkeit

$$v = \frac{1}{\sqrt{N' K'}} \tag{7.18c}$$

bewegen. Man kann nun leicht – wenn C', $C'_{1,3}$, L' und M' bekannt sind – die Wellenwiderstände Z_p und Z_n sowie die Geschwindigkeit v_p und v_n, für die Spannungen U_p bzw. U_n, aus den Gleichungen (7.17) und (7.18) bestimmen. Mit diesen Informationen ist es dann möglich, die zeitlichen Verläufe von U_p und U_n auch für beliebig nichtlineare Abschlußwiderstände an der gestörten Leitung mit Hilfe von Bergeron-Diagrammen zu ermitteln [7.5]; [7.6].

Man findet in der Literatur auch direkte Angaben von Z_p und Z_n, insbesondere für Leiteranordnungen in gedruckten Schaltungen [7.7].

Der virtuelle Zustand mit dem Index p, (U_p, i_p, Z_p, v_p) wird in der Literatur häufig als Gleichtakt- oder even-Mode bezeichnet und der Zustand mit dem Index n als Gegentakt- oder odd-Mode. Der Hintergrund für diese Bezeichnung wird durch eine kleine Umformung der Gleichungen (7.16) erkennbar:

$$U_p = \frac{U_1}{2} + \frac{U_2}{2} \text{ und } U_n = \frac{U_1}{2} - \frac{U_2}{2}.$$

Die virtuelle Spannung U_p setzt sich also aus Spannungen zusammen, die sowohl auf der störenden als auch auf der gestörten Leitung gleiche Polarität aufweisen, während die Anteile von U_n im Gegentakt verlaufen.

7.7 Literatur

[7.1] *C. R. Paul*: On the superposition of induktive and capacitive coupling in crosstalk-prediction models, IEEE Transactions on Electromagnetic Compatibility Vol 24 (1982), pp. 335-343

[7.2] *C. R. Paul*: Estimation of crosstalk in three-conductor transmission lines, IEEE Transactions on Electromagnetic Compatibilty Vol 26 (1984), pp. 182-192

[7.3] *J.A. De Falco:* Reflection and crosstalk in logic circuit interconnections, IEEE Spektrum July 1970, pp. 44-50

[7.4] *M. Abdel Latif; M.J.O. Strutt:* Pulse noise immunity and its relationship to propagation – delay-time in high speed logic – integrated circuits, AEÜ 23 (1969), pp. 577-578

[7.5] *H. Prinz, W. Zaengl; O. Völcker*: Das Bergeron-Verfahren zur Lösung von Wanderwellenaufgaben, Bull, SEV 53 (1962), pp. 725-739

[7.6] *Hilberg, W.*: Impulse auf Leitungen, Oldenbourg Verlag, München 1981

[7.7] *T.G. Bryan; J.A. Weiss*: Parameters of microship transmission lines and of coupled pairs of microship lines, IEEE Transactions on Microwave Theory and Techniques MTT-16, pp. 1021-1027 December 1968

8 Störende unbeabsichtigte Impulse

Elektrische Impulse, die hohe Änderungsgeschwindigkeiten von Strom oder Spannung aufweisen, sind von Natur aus starke potentielle Störquellen, weil die weit verbreiteten induktiven und kapazitiven Kopplungen auf hohe di/dt- und du/dt-Werte besonders stark reagieren. Es gibt in diesem Zusammenhang drei physikalische Vorgänge, durch die unbeabsichtigt elektrische Impulse mit hohen Änderungsgeschwindigkeiten und damit entsprechend hohem Störpotential zustande kommen können. Es sind dies:

– Schaltvorgänge in elektrischen Energieversorgungen

– Entladungen elektrostatischer Aufladungen

– Gewitterentladungen (Blitze)

8.1 Störende Schaltvorgänge in elektrischen Energieversorgungen

Wenn man eine größere Zahl von Beeinflussungen analysiert, die offensichtlich durch Schaltvorgänge verursacht werden, stellt man folgendes fest:

1. Der Bereich der Betriebsspannungen, in denen solche Situationen auftreten, ist sehr weit gespannt. Er reicht von einigen Volt, mit denen Transistoren in digitalen Schaltkreisen logische Zustandsänderungen herbeiführen, über mechanisch bewegte Schalter und Thyristoren im Niederspannungsnetz (220 V) bis in den Hochspannungsbereich, in dem Leistungs- oder Trennschalter die Steuer- und Überwachungseinrichtungen stören.

2. Die stärksten Beeinflussungen entstehen meistens beim Schließen der Schalter, und zwar nicht nur, wenn dies absichtlich geschieht, sondern auch, wenn sie sich beim Öffnen durch Rückzündungen unbeabsichtigt wieder schließen.

3. In räumlich sehr ausgedehnten Systemen kann man häufig eine regelrechte Hierarchie von Ausgleichsvorgängen beobachten (Bild 8.1).

   – In unmittelbarer Nähe des Schalters fließt ein schneller Ausgleichsstrom mit Anstiegszeiten von einigen Nanosekunden und Schwingungsanteilen im MHz-Bereich (Komponente i_1).

– Der Ausgleich zwischen den konzentrierten Energiespeichern, die weiter vom Schalter entfernt sind, führt zu Ausgleichsschwingungen im kHz-Bereich (Komponente i_2).

– Schließlich reagieren dann auch noch die sehr weit entfernten Energiequellen und Verbraucher (Komponente i_3).

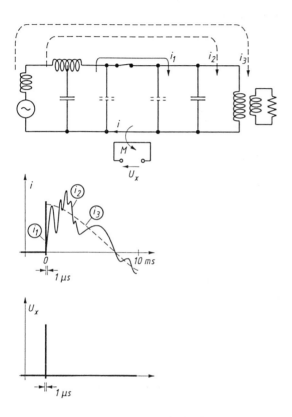

Bild 8.1   Prinzipskizze der Ausgleichsströme i_1, i_2, i_3 nach einem Schaltvorgang und einer induzierten Spannung U_x in der Nähe des Schalters.

Wenn man eine elektromagnetische Beeinflussung in der Nähe des Schalters registriert – zum Beispiel in Form einer induzierten Spannung U_x wie in Bild 8.1 –, dann stellt man fest, daß sie zeitlich mit der Stromkomponente i_1 übereinstimmt. Die anderen drei Komponenten sind demgegenüber im Oszillogramm der Spannung U_x wirkungslos. Die folgenden Abschnitte beschäftigen sich deshalb nur mit der Stromkomponente i_1. Es wird erläutert, wodurch sie räumlich begrenzt wird, und welche Parameter die Änderungsgeschwindigkeiten und Amplituden der sehr schnellen transienten Felder in diesem räumlichen Bereich bestimmen.

Die Anfangsbedingung für den Strom i_1 ergibt sich aus dem elektrischen Feld, das vor dem Schließen auf der spannungsführenden Seite herrscht (Bild 8.2a).

In jedem Fall gibt es ein Feld A, das sich zwischen den Leitern ausbildet, die nach dem Einschalten den Betriebsstrom führen. Häufig existiert aber auch noch ein Feldteil B zwischen dem spannungsführenden Leiter und benachbarten geerdeten Strukturen, die nicht unmittelbar zum elektrischen System gehören.

Nach dem Schließen setzen sich beide Feldteile zwischen den feldbegrenzenden Leitern in Bewegung und bilden Wanderwellen, wobei gleichzeitig in allen Leitern Ströme mit den zugehörigen Magnetfeldern entstehen (Bild 8.2b).

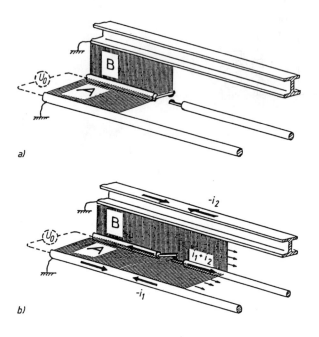

Bild 8.2   Die Anfangsbedingungen (a) und die Bewegung der Wanderwelle (b) nach dem
Einschalten.
A   Das elektrische Feld zwischen den beabsichtigten Leitern
B   Das Feld zwischen dem beabsichtigten Leiter und den benachbarten metallischen
Strukturen.

Es ist besonders bemerkenswert, daß fremde metallische Strukturen, die sich in der Nähe eines schließenden Schalters befinden, ebenfalls Wanderwellenströme führen. Auch diese Ströme können mit ihrem Magnetfeldern störend wirken (Bild 8.3).

Das weitere Schicksal der ersten Welle auf den spannungsführenden Leitungen wird im wesentlichen durch die Reflexionen und Brechungen geprägt, die sie im Laufe ihrer Wanderung erleidet. In diesem Zusammenhang ist es von besonderer Bedeutung, daß die Energieversorgungsleitungen, auf denen sich die Wellen bewegen, nur für einen relativ langsamen Transport elektrischer Energie ausgelegt sind und nicht zur reflexionsfreien Übertragung steiler Impulse. Für die Wanderwellen sind diese Leitungen inhomogen und durchsetzt mit ausgeprägten Reflexionsstellen in Form von Streukapazitäten oder Kondensatoren quer zur Leitung sowie Schleifen oder gar Spulen im Zuge der Leitung. Schon die Befestigung eines Drahtes an einer Klemme oder einem sonstigen isolierten Stützpunkt ist gleichbedeutend mit dem Einbau einer konzentrierten Streukapazität.

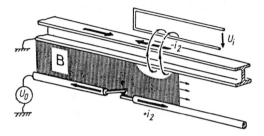

Bild 8.3   Störung durch Wanderwellenströme in Strukturelementen, die nicht zur elektrischen Schaltung gehören.

Für die räumliche Begrenzung des Stromes i_I sind die ersten wesentlichen Reflexionsstellen in Form von Kondensatoren, konzentrierten Streukapazitäten oder Induktivitäten rechts und links vom Schalter von besonderer Bedeutung: Wanderwellen, die auf derartige Elemente auftreffen, werden bekanntlich auf die Weise umgeformt, daß ein Teil, der so steil ist wie die einlaufende Welle, zurückgeworfen wird, während nur eine abgeflachte Teilwelle in der Richtung der einfallenden Welle weiterläuft (Bild 8.4).

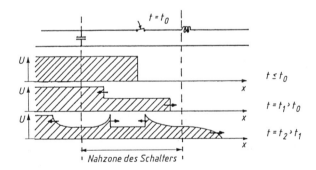

Bild 8.4   Reflexion und Brechung der Wanderwellen an Diskontinuitäten in der Nähe des Schalters.

Die steile zurückgeworfene Teilwelle läuft zurück zum inzwischen geschlossenen Schalter und dann darüber hinaus bis zur ersten Reflexionsstelle auf der anderen Seite. Dort wird sie erneut steil reflektiert, läuft wieder zurück usw.

Auf diese Weise werden die Anteile der Wanderwellen, die hohe Änderungsgeschwindigkeiten enthalten, gewissermaßen zwischen den beiden ersten Reflexionsstellen eingeschlossen, während nur flach ansteigende Wellen dieses Gebiet verlassen. Im folgenden wird dieser Bereich zwischen den nächstgelegenen Reflexionsstellen, der vom Strom i_I beherrscht wird, als Nahzone des Schalters bezeichnet.

8.1.1   Mathematische Analyse einer einfachen Nahzone mit idealem Schalter

Das Nahzonenmodel, welches der mathematischen Analyse zugrunde liegt, [8.1], [8.2], ist durch folgende Einzelheiten gekennzeichnet:

– Es besteht aus einem einzelnen Leitungsabschnitt, der durch zwei ausgeprägte Reflexionsstellen in Form von Kondensatoren oder ausgeprägten Streukapazitäten begrenzt wird. Die Kondensatoren oder Streukapazitäten C rechts und links sind gleich groß (Bild 8.5).

– Der Schalter befindet sich an einem Ende des Leitungsstücks, so daß nur eine einzige hin- und herlaufende Wanderwelle entsteht. Die Überlagerung läßt sich deshalb besonders übersichtlich darstellen.

– Der Einfluß, den die Leitungen Z_1 und Z_2 links und rechts von der Nahzone auf die Ausgleichsvorgänge haben, werden im Sinn einer ersten Näherungsbetrachtung vernachlässigt.

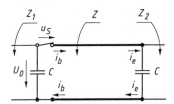

Bild 8.5   Das Modell einer Schalter-Nahzone.

Die mathematische Beschreibung erfolgt in der Form, daß die Ströme der einzelnen Wanderwellen ermittelt werden, die nach dem Schließen des Schalters in der Nahzone hin- und herlaufen. Der Gesamtstrom ergibt sich dann durch eine Überlagerung der Teilströme.

Unmittelbar nach dem Schließen des Schalters fließt am Anfang der Leitung der Strom i_{bo}. Ihm folgt nach der doppelten Laufzeit, wenn die erste am Ende reflektierte Welle wieder am Anfang eintrifft, der Strom i_{b2}. Nach der vierfachen Laufzeit überlagert sich der Strom i_{b4} usw. Der Gesamtstrom i_b am Anfang der Leitung ist dann

$$i_b = i_{bo} + i_{b2} + i_{b4} + i_{b6} + \dots \tag{8.1}$$

Die einzelnen Teilströme lassen sich leicht mit Hilfe der Leitungsgleichungen bestimmen [8.1] [8.2]. Für den n-ten Teilstrom erhält man

$$i_{bn}(t) = \frac{2U_o}{Z} e^{-at} \left[L_{n-1}(2at) - a \int_0^t L_{n-1}(2a\tau)d\tau \right].$$

(8.2)

In dieser Gleichung bedeuten

U_o = die Spannung vor dem offenen Schalter
Z = der Wellenwiderstand der Nahzonenleitung
L_n = das Laguerssche Polynom n-ter Ordnung
a = $1/ZC$
C = die Kapazitäten an den Enden der Nahzone

Es wird zunächst angenommen, der Schalter verhalte sich ideal. Das heißt, der Übergang vom isolierenden zum leitenden Zustand erfolgt unendlich schnell, so daß der Verlauf der Spannung über dem schließenden Schalter die Form eines idealen Rechtecksprungs aufweist (Bild 8.4a).

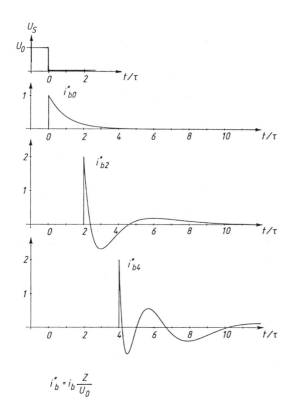

Bild 8.6 Der nullte, zweite und vierte Teilstrom in der Nahzone ($i_{b^*} = i_b\, Z/U_o$).

Der Strom i_{bo}, der unmittelbar nach dem Schließen des Schalters im Anfang des Leitungsstücks fließt, wird durch die Gleichung

$$i_{bo} = \frac{U_o}{Z} \cdot e^{-\frac{t}{ZC}} \tag{8.3}$$

beschrieben. Der aufgeladene Kondensator neben dem Schalter wird also durch den plötzlich angeschlossenen Wellenwiderstand mit der Zeitkonstanten ZC entladen.

Der Strom i_{b2}, der nach der doppelten Laufzeit τ, vom Leitungsende kommend, wieder am Anfang eintrifft, hat die Form

$$i_{b2} = \frac{2U_o}{Z} e^{-at} \left[1 - 3at + a^a t^2 \right] \tag{8.4}$$

und der Strom, der nach der vierfachen Laufzeit am Leitungsanfang einsetzt, wird durch die Gleichung

$$i_{b4} = \frac{2U_o}{Z} e^{-at} \left[1 - 7at + 9a^2 t^2 - \frac{10}{3} a^3 t^3 + \frac{1}{3} a^4 t^4 \right] \tag{8.5}$$

beschrieben. Mit zunehmender Ordnungszahl n nimmt der Grad der Polynome, mit denen die Teilströme beschrieben werden, immer mehr zu.

In Bild 8.6 sind die zeitlichen Verläufe der ersten drei Teilströme grafisch dargestellt.

Die Gestalt des Gesamtstromes i_b, der durch die Überlagerung der Teilströme entsteht, hängt wesentlich davon ab, zu welchen Zeitpunkten die Überlagerung einsetzt. Wenn sie auf die Weise stattfindet, daß der neu hinzukommende Teilstrom erst beginnt, wenn die vorhergehenden Teilströme bereits weitgehend abgeklungen sind, ergibt sich zum Beispiel ein Stromverlauf wie in Bild 8.7a. Hier ist die Zeitkonstante $1/a = ZC$ gleich der Laufzeit τ, die die Wanderwellen benötigen, um über das Leitungsstück zu laufen.

Das Bild 8.7b zeigt dagegen die Form des Gesamtstromes, wenn sich der neu hinzukommende Teilstrom dem vorhergehenden schon überlagert, bevor dieser Zeit hatte, nennenswert abzuklingen. Es ist bei dieser Form der zeitlichen Abfolge klarer erkennbar als in Bild 8.7a, daß sich allein durch die Überlagerung der impulsförmigen Teilströme eine sinusförmige Grundwelle herausbildet. Es läßt sich zeigen, daß dies die Schwingung ist, die man rechnerisch durch eine quasistationäre Betrachtungsweise erhalten würde, wenn man die Eigeninduktivität des Leitungsabschnitts zusammen mit den beiden Kapazitäten C an den Leitungsenden als Schwingkreis betrachtet.

Wenn man die Voraussetzung, der Schalter sei ideal und schließe unendlich schnell, aufgibt, und das Verhalten realer Schalter in die mathematische Analyse einbezieht, muß man berücksichtigen, daß sich die Spannung U_s über dem Schalter beim Schließen mit endlicher Geschwindigkeit ändert (Bild 8.8a). Der Übergang von sehr schlechter zu sehr guter Leitfähigkeit erfordert einen endlichen Zeitabschnitt T_s, der z.B. in einem schaltenden Halbleiter nötig ist, um die entsprechenden Materialschichten mit Ladungsträgern zu füllen. Bei einem Schalter mit bewegten Kontakten wird Zeit benötigt, um das Plasma eines Funkens aufzubauen, der vor dem Berühren von Kontakten entsteht. Als Folge der endlichen Schließungszeit T_s steigen die Ströme der einzelnen Wanderwellen deshalb nicht sprungartig an, sondern verlaufen flacher (Bild 8.8b, c).

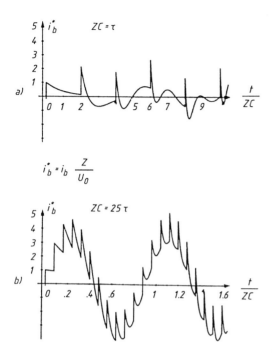

Bild 8.7 Der Gesamtstrom in der Nahzone in der Nähe des Schalter bei verschiedenen Verhältnissen von Laufzeit τ zur Zeitkonstante ZC.

Bei der Überlagerung der abgeflachten Teilströme erhält man Stromverläufe, wie sie in Bild 8.9 dargestellt sind. Es wurde dort zum Beispiel bei der Berechnung des Bildes a) angenommen, daß T_s gleich der halben Laufzeit τ ist, die eine Wanderwelle benötigt, um von Anfang bis zum Ende der Nahzonenleitung zu laufen. Unter diesen Umständen ergibt sich eine ähnliche Gestalt des Gesamtstromes, wie mit idealem Schalter berechnet wurde, lediglich die Flankensteilheit beim Einsatz der Teilströme hat sich verändert.

Das Erscheinungsbild ändert sich grundlegend, wenn der Zusammenbruch der Spannung am Schalter in der Zeit T_s größer ist als die doppelte Laufzeit der Wanderwellen. Bild 8.9b wurde zum Beispiel unter der Voraussetzung berechnet, daß T_s gleich der 2,5-fachen Laufzeit ist. Das heißt, wenn der Anstieg eines Teilstroms noch nicht ganz beendet ist, überlagert sich schon der nächste und setzt den Anstieg fort. Es treten deshalb keine ausgeprägten Stufen mehr im Stromverlauf ein, und das Gesamtbild des Stromes nähert sich dann einer Sinusschwingung.

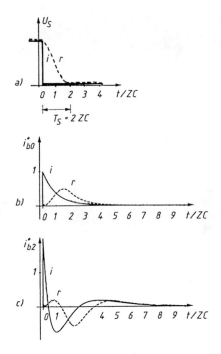

Bild 8.8   Der Einfluß der endlichen Schließungszeit T_s eines Schalters.
a) Spannungsverlauf über idealem Schalter,
b) Spannungsverlauf über realem Schalter,
c) Teilströme bei idealen und realen Schaltern.

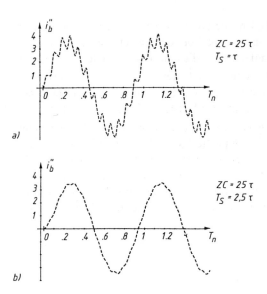

Bild 8.9   Der Einfluß einer kurzen (a) oder langen (b) Schließungszeit T_s auf die Form des
Gesamtstromes.

Im Hinblick auf die Änderungsgeschwindigkeiten der Nahzonenströme und damit auf das Störquellenpotential, das in ihnen steckt, kann man aus der mathematischen Analyse folgende Schlüsse ziehen:

– Es gibt einen einfachen Zusammenhang zwischen der Form, mit der die Spannung über dem schließenden Schalter zusammenbricht, und der Gestalt der Teilströme, die anschließend in der Nahzone fließen: Er besteht darin, daß sich die Form des Spannungszusammenbruchs nur wenig verzerrt in den vorderen Flanken der ersten und zweiten Teilströme abbildet.

Diese Erkenntnis ergibt sich insofern aus der mathematischen Analyse mit idealem Schalter, als sich gezeigt hatte, daß eine sprungartige Änderung der Schalterspannung ebenfalls zu einem sprungartigen Beginn der Teilströme führt. Im weiteren Zeitablauf wird dann die Form der Spannung durch die Teilströme leicht verzerrt wiedergegeben. Während die Spannung konstant auf dem Wert Null bleibt, sinken die Ströme langsam exponentiell ab.

Zur Illustration dieser fast idealen Abbildung des Spannungsverlaufs in den Stufen des Nahzonenstromes ist in Bild 8.10a die Spannung über einem schließenden Thyristor wiedergegeben, die durch eine auffällige Einzelheit gekennzeichnet ist. Sie besteht in einem kurzen Aufwärtsimpuls, der dem Beginn des Spannungszusammenbruchs überlagert ist. Der registrierte Stromverlauf in Bild 8.10b zeigt deutlich, wie sich der Spannungsverlauf mit dem charakteristischen Zusatzimpuls in den Stromstufen, d. h. in den Flanken der Teilströme, abbildet.

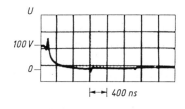
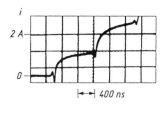

a)   b)

Bild 8.10   Spannungsverlauf an einem einschaltenden Thyristor und das Abbild des Spannungsverlaufs in den Stufen des Nahzonenstroms.

– Die fast exakte Abbildung der Spannungsform im Stromverlauf erlaubt für den Fall, daß die Schließungszeit des Schalters kürzer ist als die doppelte Laufzeit der Nahzone, eine Abschätzung der höchsten Stromänderungsgeschwindigkeit. Sie tritt in den Stufen auf, die durch die Flanken der Teilströme verursacht werden. Bei idealem Schalter springen die zweiten und folgenden Teilströme auf den Wert

$$i_{b2}(\max) = \frac{2U_o}{Z}.$$

Bei gleichmäßigem Spannungszusammenbruch in der Zeit T_s erzeugt deshalb der Schalter eine Stromänderungsgeschwindigkeit von

$$\frac{di}{dt}_{\max} = \frac{2U_o}{ZT_s} \quad [T_s < 2\tau].$$

(8.6)

– Wenn der Schalter so langsam schließt, daß im Stromverlauf keine Stufen durch die Teilströme auftreten (wie in Bild 8.9b), dann ergibt sich eine Stromsteilheit, die man mit Hilfe der bekannten quasistationären Formel

$$\frac{di}{dt_{max}} = \frac{U_o}{L} \quad [T_s > 2\tau]$$

(8.7)

abschätzen kann. L ist dabei die Eigeninduktivität, die durch das Leitungsstück der Nahzone gebildet wird.

8.1.2 Praktische Beispiele von Ausgleichsvorgängen in der Nähe von Schaltern

Eines der größten Störpotentiale im Zusammenhang mit elektrischen Energieversorgungen stellt die Speisung digitaler Schaltungen dar. Jedesmal, wenn an einem der logischen Schalterelemente eine Zustandsänderung bewirkt wird, entsteht in der zugehörigen Gleichspannungsspeisung eine schnelle Strom- und Spannungsänderung, die über kapazitive oder induktive Kopplungen benachbarte Strukturen der eigenen Schaltung, oder auch in der Nähe befindliche fremde Geräte, stören kann.

Um dies zu verhindern, muß man in digitalen Schaltungen sogenannte Stützkondensatoren (decoupling capacitors) verwenden. Sie werden in der Nähe der schaltenden Logikelemente angeordnet und sorgen so, als dicht benachbarte Energiespeicher, für die unmittelbare Zufuhr des Impulsstroms, der durch den logischen Wechsel von 1 auf 0 verursacht wird, oder sie glätten Spannungsspitzen, die bei der Unterbrechung des Stromes beim Wechsel von 0 auf 1 entstehen. Ohne diese Kondensatoren müßte der Impulsstrom von einer weiter entfernten Quelle geliefert werden, und auf der ganzen Länge der Verbindungsleitungen würde dann die Gefahr induktiver Kopplungen bestehen, oder die Spannungsspitzen beim Wechsel von 0 auf 1 würden sich ungehindert ausbreiten können.

♦ **Beispiel 8.1**

In Bild 8.11 ist eine Situation dargestellt, in der ein logischer Schaltkreis A einen benachbarten Schaltkreis B stört, wenn er ohne Stützkondensator betrieben wird.

Die Oszillogramme, die mit einem Stützkondensator C_{st} im Schaltungsteil A aufgenommen wurden, zeigen den Normalbetrieb des Systems B. Es handelt sich um einen sogenannten toggle-flipflop, der immer nur bei einer abfallenden Flanke des Eingangssignals mit einer logischen Zustandsänderung reagiert.

Die Oszillogramme ohne Stützkondensator zeigen zunächst im Verlauf der Spannung A_{aus} hohe Spannungsspitzen beim Wechsel von logisch 0 nach logisch 1. Diese Spitzen werden offensichtlich kapazitiv auf den Eingang des toggle-flipflop im Systemteil B übertragen und führen dort mit den zusätzlichen negativen Flanken zu unerwünschten zusätzlichen logischen Zustandsänderungen.

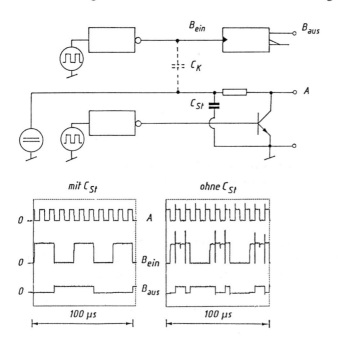

Bild 8.11 Störung des logischen Schaltkreises B durch Schaltkreis A, wenn die Spannung in A nicht durch einen Kondensator C_{St} gestützt wird.

In Schaltern mit bewegten Kontakten kommt es häufig kurz vor der Berührung der Kontaktstücke zu einem Funken.

In solchen Schaltern hängt die Zeit T_s von der Feldstärke ab, die unmittelbar vor der Funkenbildung an dieser Stelle geherrscht hat. Kärner [8.3] gibt dafür eine Näherungsformel für Luft an. Sie lautet

$$T_s = \frac{1300}{E[\text{kV} / \text{cm}]}[\text{ns}]. \qquad (8.8)$$

Die gleiche Bezeichnung gilt auch für Funkenstrecken mit festem Abstand, die zum Beispiel in der Hochspannungsprüftechnik als Schalter eingesetzt werden. Die Funkenbildung kommt dabei entweder durch eine Steigung der Spannung über die Durchschlagfestigkeit hinaus zustande, oder es werden Hilfsfunken zur Zündung eingesetzt.

Wenn man annimmt, das elektrische Feld zwischen den Kontakten sei ziemlich homogen, dann kann man aus der von Paschen entdeckten Abhängigkeit der Durchschlagsspannung vom Kontaktabstand die elektrische Feldstärke berechnen. Mit Hilfe der

Näherungsgleichung (8.8) entsteht dann ein Zusammenhang zwischen T_s und der geschalteten Spannung (Bild 8.12). Daraus ergibt sich, daß T_s bei niedrigen Spannungen von einigen 100 V um etwa 1 ns beträgt und im kV-Bereich Werte um etwa 50 ns erreicht.

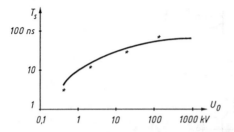

Bild 8.12   Berechneter Verlauf der Schließungszeit T_s von Schaltern zwischen Kontakten in Luft unter Normaldruck in Abhängigkeit von der geschalteten Spannung (*: Meßwerte).

Bild 8.13 zeigt zum Beispiel die Ausgleichsströme bei Schaltvorgängen in einem Hochspannungsprüfkreis, wobei als Schalter einmal eine Kugelfunkenstrecke in Luft und zum anderen in Öl benutzt wurde. Man sieht sehr deutlich, wie sich die unterschiedlichen Zusammenbruchszeiten der Spannung – in Luft etwa 50 ns und in Öl < 10 ns – deutlich in unterschiedlich ausgeprägten Stufen im Stromverlauf auswirken, genauso, wie dies in der mathematischen Analyse bereits geschildert wurde.

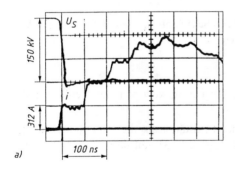 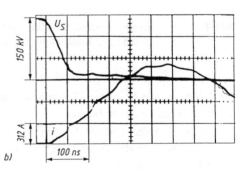

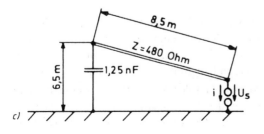

Bild 8.13
Die Auswirkung unterschiedlicher Schalter- Schließungszeiten in einem Hochspannungsprüfkreis [8.7].
a) Verhältnisse bei einer Funkenstrecke unter Öl ,
b) Strom und Spannung bei einer Funkenstrecke Luft (Normaldruck),
c) Skizze der Versuchsanordnung.

Man kann bei Hochspannungsversuchen auch beobachten, daß Schaltvorgänge in abgeschirmten Räumen zu Ausgleichsströmen mit höheren Änderungsgeschwindigkeiten führen als mit der gleichen Einrichtung in einer nicht abgeschirmten Anordnung. Dieser Unterschied ist darauf zurückzuführen, daß der Wellenwiderstand Z in einem abgeschirmten Raum halb so groß ist wie in einer offenen Schaltung (Bild 8.14), und ein niedriger Wellenwiderstand hat nach Gleichung (8.6) eine höhere Änderungsgeschwindigkeit des Ausgleichsstromes zur Folge.

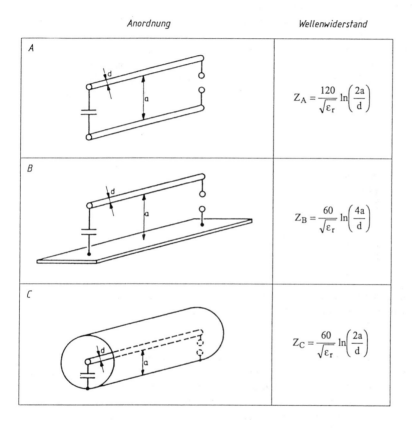

$$Z_A = \frac{120}{\sqrt{\varepsilon_r}} \ln\left(\frac{2a}{d}\right)$$

$$Z_B = \frac{60}{\sqrt{\varepsilon_r}} \ln\left(\frac{4a}{d}\right)$$

$$Z_C = \frac{60}{\sqrt{\varepsilon_r}} \ln\left(\frac{2a}{d}\right)$$

Bild 8.14   Die Wellenwiderstände von Anordnungen mit unterschiedlicher Form der Rückleitung.

Man hat zwar in einem abgeschirmten Raum grundsätzlich bessere Möglichkeiten, Meßgeräte und Leitungen zu schützen, aber wegen der hohen Änderungsgeschwindigkeit der Ausgleichsströme sind sie potentiell höheren Gefahren durch elektromagnetische Beeinflussungen ausgesetzt als in offenen Anordnungen.

Daß man aber auch in offenen Hochspannungsanlagen nicht ohne jede Vorkehrung gegen elektromagnetische Beeinflußung auskommt, zeigt das folgende Beispiel:

♦ **Beispiel 8.2**

Im Rahmen des Neubaus einer 220 kV-Freiluftschaltanlage wurden bei den ersten Schaltversuchen mit den Trennschaltern eine Reihe von Meßinstrumenten in der Schaltwarte zerstört [8.4]. Die Art des Schadens ließ vermuten, daß sie durch beträchtliche Überspannungen zustande gekommen sein mußten.

Bei näherem Hinsehen ergab sich, daß die Zerstörungen auf Ausgleichsströme nach dem Schließen der Schalter in den Nahzonen zurückzuführen waren. Die Nahzonen der Schalter bestanden in diesem Fall aus den Leitungsabschnitten zwischen den Meßwandlern, die sich rechts und links vom Schalter befanden (Bild 8.15), wobei die Leitung einerseits aus dem Draht auf der Hochspannungsseite und andererseits aus dem Erdnetz der Schaltanlage bestand. Nach dem Schließen eines Schalters floß ein impulsförmiger Strom von der aufgeladenen Streukapazität des Meßwandlers auf der spannungsführenden Seite in die Nahzone und führte dann mit Reflexionen an der Streukapazität des gegenüberliegenden Wandlers zu einem Ausgleichsstrom innerhalb dieses Leitungsabschnitts. Es war in diesem Zusammenhang von besonderer Bedeutung, daß dieser Ausgleichsstrom durch die Erdverbindung des Meßwandler floß. Es wurden dort Stromamplituden von etwa einem Kiloampere gemessen.

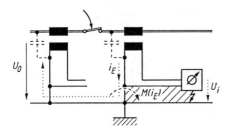

Bild 8.15   Störende induzierte Spannung U_i beim Einschalten eines Hochspannungsschalters verursacht durch das Magnetfeld des Ausgleichstromes i_E.

Zu den Zerstörungen der Meßinstrumente kam es, weil die Verbindungsleitung zwischen den Sekundärseiten der Wandler und den Instrumenten in der Schaltwarte nicht abgeschirmt waren, und weil wegen der seinerzeit geltenden Erdungsvorschriften die Instrumente von den Gestellen der Schaltwarte elektrisch isoliert sein mußten. Deshalb konnten die Magnetfelder der Ausgleichsströme in die Maschen eingreifen, die von den Erdverbindungen der Wandler, den Meßleitungen und dem Erdnetz der Anlage gebildet wurden. Dort wurde dann eine so hohe Spannung induziert, daß es zu Überschlägen zwischen den Instrumenten und den Gestellen in der Schaltwarte kam, die die Instrumente zerstörten.

Die Abhilfe bestand darin, die Meßleitungen mit metallischen Rohren zu umgeben, deren Enden sowohl auf der Seite der Meßwandler als auch in der Schaltwarte mit dem Erdnetz verbunden wurden. Mit anderen Worten, das störende Magnetfeld des Ausgleichsstromes wurde mit einer Kurzschlußmasche abgeschirmt.

8.1.3 Rückzündungen an öffnenden Schaltern

Ein Schalter mit bewegten Kontakten kann sich bei der Absicht, ihn zu öffnen, unbeabsichtigt durch einen Funken wieder schließen. Um zu verstehen, wie eine solche Rückzündung zustande kommt, muß man zwei physikalische Vorgänge beachten:

- Zum einen die Entwicklung der elektrischen Festigkeit des Isoliermediums (z.B. der Luft) zwischen den sich öffnenden Kontakten

- und zum anderen die Spannung, mit der die Isolation zwischen den Kontakten beansprucht wird.

Es kommt zu Rückzündungen, wenn die Spannung, mit der der öffnende Schalter beansprucht wird, das Isolationsvermögen der Kontaktabstände übersteigt.

Die Entwicklung des Isoliervermögens mit zunehmendem Kontaktabstand kann man im Sinne einer Abschätzung nach oben mit der von Paschen entdeckten Gesetzmäßigkeit beurteilen. Sie besagt, daß die Durchschlagsspannung U_d in Abhängigkeit vom Kontaktabstand den Charakter einer V-Kurve hat (Bild 8.16).

Die Spannung U_s, mit der die Isolation zwischen den sich öffnenden und schließlich den offenen Kontakten beansprucht wird, nennt man wiederkehrende Spannung. Sie geht aus von der Spannung Null zwischen den geschlossenen Kontakten und endet im Lauf der Zeit bei der Betriebsspannung U_O des Systems. Dazwischen gibt es, wie in Bild 8.16 schematisch dargestellt ist, eine Übergangsphase, deren Charakter durch die beabsichtigten und parasitären Schaltelemente bestimmt wird, die sich vor und hinter dem Schalter befinden.

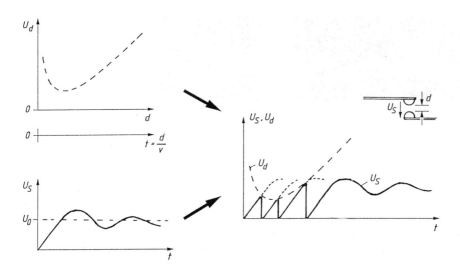

Bild 8.16 Prinzipskizze zur Erläuterung von Rückzündungen an einem öffnenden Schalter.
  U_d: Die Durchschlagsfestigkeit zwischen den Kontakten (Paschenkurve),
  U_s: Die wiederkehrende Spannung über dem öffnenden Schalter.

Man kann unter der Annahme, die Kontakte öffnen sich gleichmäßig mit der Geschwindigkeit v, die Beziehung $t = d/v$ benutzen und zusätzlich die Abszisse der Spannung U_d in Bild 8.16 mit einer Zeitachse versehen. Damit ergibt sich dann die Möglichkeit, das Isoliervermögen in Form der Paschen-Kurve und die wiederkehrende Spannung, mit der die Isolation beansprucht wird, gemeinsam in einem Diagramm darzustellen.

Falls nun die wiederkehrende Spannung so groß wird, daß sie wie in Bild 8.16 zum Zeitpunkt t_1 die Durchschlagsspannung zwischen den Kontakten erreicht, kommt es zu einem Funken, d.h. zu einer Rückzündung. Der Funken erlischt dann nach kurzer Zeit wieder, in der Regel unterstützt durch einen Stromnulldurchgang, und die wiederkehrende Spannung versucht sich erneut über dem Schalter aufzubauen. Dieser Versuch kann scheitern, wie z.B. in Bild 8.16, und es kommt zu einem zweiten Funken, anschließendem Wiederanstieg der wiederkehrenden Spannung usw.

Erst wenn der Wert der Durchschlagsspannung durch hinreichende Öffnung der Kontakte so weit angestiegen ist, daß sie von der wiederkehrenden Spannung nicht mehr erreicht werden kann, hört die Funkenbildung auf und der Schalter ist elektrisch gesehen endgültig offen, auch wenn sich seine Kontakte noch weiter auseinanderbewegen.

Wiederholte Rückzündungen treten sowohl an Niederspannungs- als auch an Hochspannungsschaltern auf. In Bild 8.17 sind Oszillogramme solcher Vorgänge wiedergegeben. Man erkennt die Tendenz, daß die Spannungsscheitelwerte, bei denen die Rückzündungen stattfinden, dem Verlauf der Paschen-Kurve folgen. Sie ist jedoch nur die obere Grenze des Erreichbaren. Tatsächlich bleiben von den vorhergehenden Rückzündungen Plasmareste zurück, die die elektrische Festigkeiten bei den folgenden Spannungsanstiegen beeinträchtigen und auch schwanken lassen.

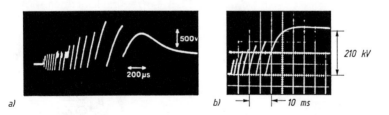

Bild 8.17   Oszillogramme von Rückzündungen an öffnenden Schaltern.
              a) Niederspannungsrelais [8.5],
              b) Hochspannungsschalter [8.6].

Die wiederholten Spannungszusammenbrüche der wiederkehrenden Spannung zu den Zeitpunkten t_1, t_2, t_3 usw. sind unbeabsichtigte Einschaltvorgänge. Sie haben genau dieselbe Charakteristik in bezug auf T_s und Ausgleichstrom i_b in der Nahzone wie beim absichtlichen einmaligen Einschalten (Bild 8.18).

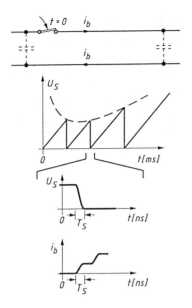

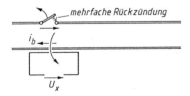

Bild 8.18
Zeitliche Auflösung einer einzelnen Rückzündung
mit dem Strom in der Schalter-Nahzone.

Eine Spannung U_x, die durch das Magnetfeld des Stromes i_b in einer benachbarten Masche induziert wird, und die sich beim einmaligen Einschalten nur einmal kurz in einem Zeitraum von etwa einer Mikrosekunde bemerkbar macht (siehe Bild 8.1), tritt beim mehrfachen unbeabsichtigten Wiedereinschalten durch Rückzünden mehrfach hintereinander auf (Bild 8.19). Man nennt eine solche Folge von mehrfach miteinander durch Schalter-Rückzündungen induzierter Spannungsimpulse Burst (engl. burst). Bursts gehören zu den gefürchtetsten Störungen. Deshalb sind besondere Simulatoren entwickelt worden, mit denen diese Spannungsimpulsfolgen nachgeahmt werden können. Burstprüfungen sind in bezug auf die Form der Einzelimpulse, die zeitliche Breite des Impulspakets und die Amplitude durch die Norm IEC 801-4 vorgeschrieben.

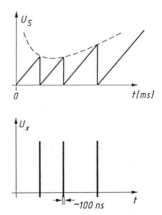

Bild 8.19   Eine Folge induzierter Spannungsimpulse (burst) in der Nähe eines rückzündenden Schalters.

Bild 8.20 zeigt die Form der genormten Impulse, die ein Burst-Prüfgenerator erzeugt, sowie eine Prüfanordnung, in der die Impulse kapazitiv, mit Hilfe einer sogenannten Koppelzange, auf einen Prüfling übertragen werden.

Wenn man Rückzündungen und damit Bursts vermeiden oder unterbinden will, muß man dafür sorgen, daß die wiederkehrende Spannung so langsam ansteigt, daß zu keinem Zeitpunkt während des Öffnens der Kontakte die elektrische Festigkeit überschritten wird. Das heißt bezogen auf Bild 8.16, die wiederkehrende Spannung U_s muß immer unterhalb der Paschen-Kurve bleiben, die den Verlauf der Durchschlagspannung in Abhängigkeit vom Abstand beschreibt. Es werden im wesentlichen zwei Mittel angewendet, um dies zu erreichen:

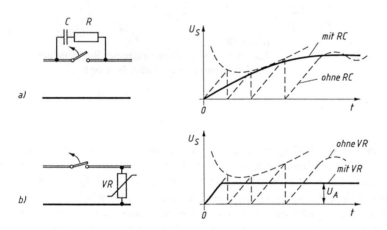

Bild 8.20 Methoden zur Verhinderung von Rückzündungen.
   a) Abflachung der wiederkehrenden Spannung durch eine Kapazität parallel zum Schalter.
   b) Begrenzung der wiederkehrenden Spannung durch einen spannungsabhängigen Widerstand VR.

– Ein Kondensator K wird parallel zum Schalter angebracht, der die wiederkehrende Spannung so weit abflacht, daß sie unter der Paschen-Kurve bleibt (Bild 8.20a). Dabei ist aber zu beachten, daß der Kondensator K bei offenem Schalter aufgeladen wird, und daß er sich beim Schließen des Schalters unmittelbar über die Kontakte entlädt. Um einen Abbrand an den Kontakten zu verhindern, ist es sinnvoll, diese Entladung durch einen Widerstand in Reihe zu K zu dämpfen.

– Die zweite Möglichkeit, die wiederkehrende Spannung unterhalb der Paschen-Kurve zu halten, besteht darin, die Amplitude des transienten Anteils der wiederkehrenden Spannung zu begrenzen.
   Dies kann man zum Beispiel in Niederspannungssystemen, wie in Bild 8.21b, mit einem spannungsbegrenzenden nichtlinearen Widerstand erreichen, den man parallel zur abzuschaltenden Last anbringt. Typische Formen nichtlinearer Widerstände sind in diesem Zusammenhang Zinkoxid-Widerstände und Zenerdioden.

Wenn es darum geht, Gleichströme, die in Spulen fließen, abzuschalten, bringt man häufig sogenannte Freilaufdioden parallel zur Spule an, um zu verhindern, daß durch hohe di/dt hohe induktive Spannung in Verlauf der wiederkehrenden Spannung entsteht.

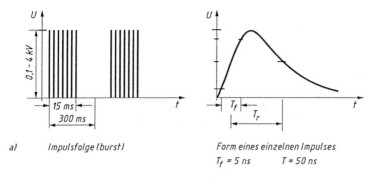

a)   Impulsfolge (burst)

Form eines einzelnen Impulses
$T_f \approx 5$ ns $T \approx 50$ ns

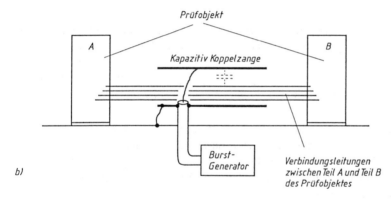

b)

Bild 8.21   Simulation eines Burst mit einem Burstgenerator gemäß Norm IEC 801-4.
          a) Impulsform
          b) Prüfanordnung

8.2 Entladung elektrostatischer Aufladungen

Elektrostatische Aufladungen entstehen immer dann, wenn sich zwei unterschiedliche Materialien berühren. Unterschiedlich heißt in diesem Zusammenhang: die freien Elektronen, die sich im Innern der Stoffe befinden, benötigen verschieden große Mindestenergien, um aus der Materialoberfläche auszutreten. An der Berührungsstelle entsteht dann in jedem der beiden beteiligten Körper eine Ladungsschicht, weil aus dem Material mit der niedrigen Austrittsenergie mehr Elektronen austreten als aus dem Berührungspartner mit der höheren Energieschwelle (Bild 8.22a). Die Ladungswanderung, die unmittelbar nach der Berührung einsetzt, findet so lange statt, bis die abstoßende Kraft der ausgetretenen Ladungen einen weiteren Ladungsnachschub verhindert.

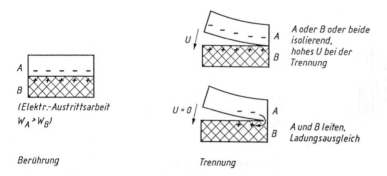

Bild 8.22   Prinzipskizze zur elektrostatischen Aufladung.

An der Berührungsstelle entsteht auf diese Weise ein elektrisches Feld mit ganz kurzen Feldlinien zwischen den negativen Ladungen auf der einen und den Ladungslöchern auf der anderen Seite. Die Ladungsdichte liegt in der Größenordnung von 10^{-5} As/m^2 [8.7], die Spannung zwischen den Schichten beträgt einige Volt [8.8], und die Substanz mit der höheren Dielektrizitätskonstante lädt sich im allgemeinen positiv auf (Ladungsregel von Coehn).

Die Vorstellung, daß die Ladungsdichte von der Differenz der Elektronen-Austrittsarbeit der sich berührenden Materialien abhängt, wird durch eine Versuchsreihe gestützt, bei welcher der gleiche Kunststoff nacheinander mit verschiedenen Metallen in Berührung gebracht wurde. Die gemessenen Ladungsdichten in Abhängigkeit der Austrittsarbeit der Metalle sind in Bild 8.23 dargestellt.

Solange sich die beiden Gegenstände, auf denen sich die Ladungsschichten befinden, noch berühren, stellen die elektrostatischen Aufladungen keine Gefahr für die elektromagnetische Verträglichkeit dar. Das ändert sich jedoch, wenn die aufgeladenen Körper voneinander getrennt werden. Mit der Trennung verringert sich die Kapazität bei gleichbleibender Ladung, so daß die Spannung gemäß

$$U = \frac{Q}{C}$$

ansteigt. Es können auf diese Weise Spannungen bis zur Größenordnung von 10^4 Volt entstehen.

Dieser Spannungsanstieg kann aber nur dann stattfinden, wenn mindestens einer der Gegenstände, die sich vorher berührt hatten, elektrisch sehr schlecht leitfähig ist. Bei beiderseits guter Leitfähigkeit gleichen sich die Ladungen beim Versuch der Trennung sehr schnell aus (8.22b).

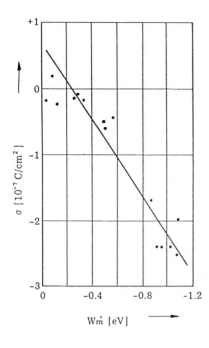

Bild 8.23
Aufladung bei der Berührung von Polyimid mit
verschiedenen Metallen.
Wm': relative Austrittsarbeit der Metalle bezogen
auf Gold.
σ: Flächenladungsdichte.

Es müssen also drei Voraussetzungen erfüllt sein, damit hohe Spannungen durch elektrostatische Aufladungen auftreten:

1. Zwei Materialien mit unterschiedlicher Austrittsarbeit für Elektronen müssen sich berühren.

2. Mindestens einer der beiden Berührungspartner muß aus elektrisch isolierendem Material bestehen.

3. Die Trennung hat so schnell zu erfolgen, daß kein Ladungsausgleich über den Widerstand des isolierenden Materials stattfinden kann.

In alten Physikbüchern wird erwähnt, daß hohe Spannungen entstehen, wenn man geeignete Materialien und Gegenstände aneinander reibt. Deshalb wird dort auch der Begriff Reibungselektrizität verwendet. Der Zusammenhang zwischen dieser Art der Spannungserzeugung und der oben geschilderten wird sofort erkennbar, wenn man sich vor Augen führt, daß sich der Vorgang des Reibens aus den Komponenten Berühren und Trennen zusammensetzt. Nur werden nicht die reibenden Gegenstände voneinander abgehoben, sondern die Trennung erfolgt durch seitliches Wegziehen auf isolierende Oberflächen, auf denen die Ladungen liegen bleiben müssen.

Es gibt drei Bereiche, in denen durch Berührung und Trennung so hohe Spannungen erzeugt werden, daß daraus Gefahren erwachsen. Dies sind:

- Transportvorgänge in technischen Prozessen,

- Bewegung von Menschen auf Bodenbelägen oder Sitzflächen,

- Aufwinde oder Schwerkraftwirkungen in der Atmosphäre, die zu Gewittern führen.

Die Transportvorgänge in technischen Prozessen – z.B. Materialtransport in Rohrleitungen oder auch nur Ausgießen oder Ausschütten – führen insbesondere in der chemischen Industrie zu Gefahrensituationen, weil dort häufig sich entzündende Dämpfe oder Stäube anzutreffen sind, die durch Funkenentladung der elektrischen Aufladung zur Explosion gebracht werden können [8.7]. Im Rahmen der Sicherheitstechnik für chemische Verfahren hat sich herausgestellt, daß man eine Kombination von Oberflächenwiderstand und Trennungsgeschwindigkeit beachten muß. Die Erfahrungen haben gezeigt, daß eine Bewegung mit 0,1 m/s auf einem Oberflächenwiderstand von $10^{11}\,\Omega$ (gemessen nach DIN 53482) noch zu keiner gefährlichen Aufladungen führt.

Im Rahmen der elektromagnetischen Verträglichkeit elektrischer Geräte und Systeme sind vor allem die Entladungen elektrostatisch aufgeladener Personen und die möglichen Zerstörungen durch Gewitterentladungen zu beachten.

8.2.1   Die Entladung elektrostatisch aufgeladener Personen

Personen können sich beim Gehen über Bodenbeläge, die einen hohen Isolationswiderstand aufweisen, bis auf Spannungen in der Größenordnung von 10^4 Volt aufladen. Wenn sich Schuhsohlen und Teppich berühren und beide aus Materialien mit unterschiedlicher Elektronen-Austrittsarbeit bestehen, bildet sich dort eine Ladungs-Doppelschicht und beim Abheben der Sohle während des Gehens findet die Ladungstrennung statt. Dieser Vorgang wiederholt sich mit jedem Schritt und führt so kumulativ zu einem Spannungsanstieg bis zur genannten Größenordnung.

Spannungen ähnlicher Höhe können auch durch Reibung auf Sitzflächen entstehen, wenn die Kleidung und das Material des Sitzes die entsprechenden Voraussetzungen für die Elektronen-Austrittsarbeiten und das Isoliervermögen erfüllen.

Neben dem Isoliervermögen der eigentlichen Materialien kommt es zusätzlich noch auf das Isolierverhalten der Materialoberflächen an. Der Oberflächenwiderstand kann zum Beispiel durch Verschmutzung oder auch durch Feuchtigkeit so stark absinken, daß es trotz hoher Isolationsfähigkeit des Materials nicht zum Spannungsanstieg beim Trennungsvorgang kommt, weil sich die Ladungen über dem niedrigen Oberflächenwiderstand ausgleichen. Aus diesem Grund erlebt man im Winter bei trockener Luft und damit trockener Oberfläche häufiger elektrostatische Aufladungen als im Sommer bei hoher Luftfeuchtigkeit.

Die Wirkung sogenannter Antistatic-Sprays besteht darin, daß auf die Oberfläche eines Materials eine hinreichend leitende dünne Schicht aufgebracht wird, mit deren Hilfe sich die Ladungen beim Trennvorgang ausgleichen.

Gefahren für die elektromagnetische Verträglichkeit elektrischer Systeme ergeben sich nicht aus der Spannung, mit der eine Person aufgeladen ist, sondern aus dem Strom bei der Entladung. Ein Mensch wirkt in diesem Zusammenhang wie ein aufgeladener Kondensator mit einer Kapazität von etwa 100 pF. Bei der Entladung fließt ein Strom, der in etwa einer Nanosekunde auf einige Ampere ansteigt, und der dann in einigen Zehn Nanosekunden auf Null absinkt (Bild 8.24). Für die Entladung elektrostatischer Aufladungen hat man die aus dem Englischen stammende Abkürzung ESD (electrostatic discharge) eingeführt.

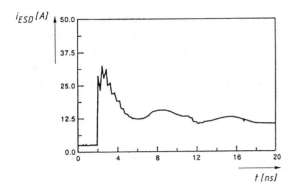

Bild 8.24 Stromimpuls bei der Entladung einer aufgeladenen Person [8.9].

Im Hinblick auf die elektromagnetische Verträglichkeit hat der ESD-Strom zwei Wirkungen:

- Er kann bei der direkten Einwirkung auf mikroelektronische Strukturen Zerstörungen anrichten, z.B. durch Wegbrennen dünner Verbindungen oder Isolierschichten (Bild 8.25).
- Er kann mit seinem Magnetfeld steile Spannungsspitzen induzieren, die störend oder zerstörend wirken.

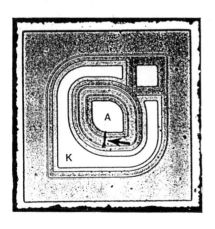

Bild 8.25
Zerstörung eines Transistors durch eine elektrostatische Entladung (3 kV) (Vergrößerung 140 fach) [8.10].

Mikroelektronische Bauelemente sind der möglichen Zerstörung durch elektrostatische Entladungen nicht erst nach dem Einbau in eine elektrische Schaltung ausgesetzt, sondern sie sind bereits während des Transports zum Montageort und während des Montageprozesses gefährdet. Es müssen deshalb sowohl für die Verpackung als auch für die Umstände der Montage besondere Vorkehrungen getroffen werden, um mögliche Entladungen abzufangen bzw. die Entstehung von Aufladungen zu verhindern [8.12].

Um eine störende induzierende Wirkung zu erzielen, muß der Funke der elektrostatischen Entladung nicht unbedingt direkt auf die Verdrahtung oder die Bauelemente dieser Schaltung auftreffen. Ein Gerät kann auch gestört werden, wenn die Entladung auf das Gehäuse oder die Abschirmung von angeschlossenen Kabeln auftrifft und dann anschließend eine Gelegenheit findet, in das Innere zu gelangen. Bild 8.26 zeigt zum Beispiel eine Versuchsreihe, bei der elektrostatische Entladungen auf die Abschirmung eines Kabels erfolgten, daß über verschiedene Arten von Steckern mit einem Gerät verbunden war. Es wurde jeweils registriert, bei welcher Höhe der elektrostatischen Aufladung Störungen durch den Entladestrom im Gerät auftraten.

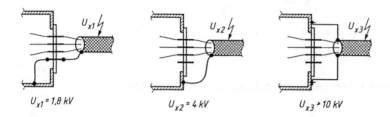

Bild 8.26   Das Verhalten unterschiedlicher Steckverbindungen gegenüber elektrostatischen Entladungen (ESD) (U_{x1}, U_{x2}, U_{x3}, ist die Ladespannung des ESD-Simulators, bei der sich eine Störung bemerkbar machte).

Zur Simulation einer elektrostatischen Entladung für Prüfzwecke entsprechend der Norm IEC 801-2 (VDE 0843-2) werden Kondensatoren mit einer Kapazität von etwa 150 pF aufgeladen und über einen Widerstand von 300 Ω entladen. Die Stirnzeit des Entladestroms wird dabei durch die Art des Schalters beeinflußt, mit dem die Entladung eingeleitet wird. Bild 8.27 zeigt den Unterschied zwischen einer Entladung in Luft unter Normaldruck, ausgehend von einer kugeligen Elektrode mit 8 mm Durchmesser und einer Entladung unter SF-6 mit etwa 2 bar Überdruck. Die unterschiedlichen Stirnsteilheiten sind gemäß Gleichung (8.7) auf die höhere Feldstärke in der schaltenden Funkenstrecke, unmittelbar vor der Entladung, zurückzuführen.

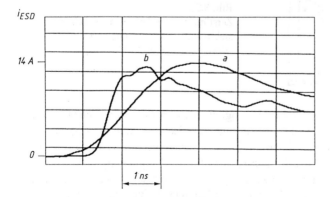

Bild 8.27   Stromformen eines ESD-Simulators mit verschiedenen Entlade-Schaltern.
         a)   Entladung über Luftfunkenstrecke (Normaldruck),
         b)   Entladung über Schalter in SF6 (2 bar) (ESD-Simulator der Firma EM TEST).

Praktische Erfahrungen zeigen, daß Prüfungen mit der steileren Frontzeit (< 1 ns), wie sie mit dem Schalten unter SF 6 und Druck erzielt werden, Schwachstellen in Geräten eher aufdecken, und daß die auf diese Weise geprüften Geräte elektrostatischen Entladungen durch Personen im späteren Betrieb mit größerer Wahrscheinlichkeit widerstehen als solche, die mit flacheren Impulsen geprüft wurden.

8.3 Gewitterentladungen (Blitze)

Ein Blitzeinschlag während eines Gewitters wirkt vom elektrischen Standpunkt aus betrachtet, wie ein geprägter Strom. Das heißt, man hat keine Möglichkeit, seinen Verlauf durch irgendeine schaltungstechnische Maßnahme zu beeinflussen, sondern kann sich im Rahmen des Blitzschutzes nur darum bemühen, die Auswirkungen des Blitzstromes in erträglichen Grenzen zu halten.

In Bild 8.28 ist als Beispiel das Oszillogramm eines Stromes nach einem Blitzschlag in einem Turm wiedergegeben [8.13]. Durch die Auswertung von registrierten Blitzeinschlägen in Türmen [8.13] und Messungen von Feldstärken in Gewittern mit Hilfe von Flugzeugen [8.14], ist im Laufe der Jahre ein Überblick über statistische Mittelwerte der vier wichtigsten Blitzparameter entstanden.

- Scheitelwert des Blitzstromes i,

- Änderungsgeschwindigkeit des Stromes di/dt,

- vom Blitz transportierte Ladung $\int i\,dt$

- und Integral des Stromquadrats $\int i^2 dt$

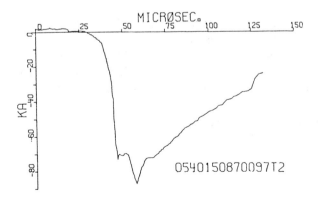

Bild 8.28   Beispiel eines oszillographierten Blitzstromes [18.13].

Parameter	normal	hoch	extrem hoch
î [kA]	150	250	400
di/dt [A/s]	10^{11}	$2 \cdot 10^{11}$	$4 \cdot 10^{11}$
$\int i\, dt$ [As]	50	300	800
$\int i^2 dt$ [A²s]	10^6	10^7	10^8

Jeder dieser Parameter hat eine bestimmte Wirkung

- der Stromscheitelwert i bestimmt die ohmschen Spannungen im Erdreich
- Die Stromänderungsgeschwindigkeit di/dt ist der maßgebende Parameter für die induzierten Spannungen neben dem Blitzstrompfad, also z.B. neben dem Blitzableiter.
- Die vom Blitz transportierte Ladung ist für das Abtragen des Materials an der Einschlagstelle verantwortlich. Dieser Parameter ist deshalb besonders im Flugzeugbau und beim Bau von Behältern für explosive Stoffe zu beachten, um zu vermeiden, daß beim Blitzschlag Löcher entstehen.
- Der Parameter $\int i^2 dt$ bestimmt die Erwärmung der Leiter, die den Blitzstrom führen. Dabei ist zu beachten, daß die Erwärmung adiabatisch erfolgt, weil während der kurzen Stromdauer keine Wärme vom Leiter in die Umgebung abgegeben werden kann.

Wenn man diese Einflüsse beim Entwurf des Blitzschutzes für ein Gebäude berücksichtigt, ergibt sich etwa folgendes Bild:

1. Der Querschnitt des Leiters, der den Blitzstrom i_B von der Fangstange zur Erde leitet (Bild 8.29a), muß der thermischen Belastung ($\int i^2 dt$) durch den Blitzstrom gewachsen sein. Dies ist bei Kupferleitungen, etwa mit einem Querschnitt > 20 mm², der Fall.

2. Die induzierten Spannungen U_{i1}, die zwischen der Blitz-Strombahn und benachbarten geerdeten Leitern durch die Gegeninduktivität M_1 zustande kommt (Bild 8.29b), darf nicht so hoch werden, daß sie zu einem Überschlag vom blitzstromführenden Leiter zum benachbarten Leiter führt. In der Regel wäre dieser Leiter (z.B. des 220 V-Netzes) thermisch nicht in der Lage, Teile des Blitzstromes zu führen und würden verdampfen.

Überschlagssichere Abstände s kann man mit der Faustformel

$$s > \frac{U_{i1}}{E_d}$$

abschätzen. Für Luftstrecken gilt

$$E_d \approx 5[\mathrm{kV}/\mathrm{m}]$$

und für Baumaterial (Ziegel, Beton, Holz)

$$E_d \approx 10 / \sqrt{s}\,[\text{kV} / \text{m}]$$

wobei s in Meter einzusetzen ist [8.15].

3. Es ist ratsam, von der Fangstange nicht nur eine einzelne Verbindung zur Erde her-
    zustellen, sondern mehrere parallele Ableitungen zu benutzen, die am Umfang des
    Gebäudes verteilt sind, zum Beispiel auch unter Einbezug der Regenrohre (Bild
    8.29d). Dadurch verteilt sich einerseits der Blitzstrom auf mehrere Bahnen und die
    Magnetfelder dieser Teilströme wirken im Innern des Hauses gegenläufig. Beide
    Effekte zusammen führen zu geringeren induzierten Spannungen im Innern des
    Gebäudes.

4. Die induzierten Spannungen U_{i2} in Leiterschleifen im Innern des Gebäudes müssen
    mit Überspannungsableitern bewältigt werden.

5. Um zu vermeiden, daß die ohmschen Spannungen, die der Blitzstrom bei seinem Weg
    durch die Erde erzeugt, im Inneren des Hauses wirksam werden, müssen alle
    leitenden Strukturen, die von der Erde in das Haus führen, mit einem Potentialaus-
    gleich verbunden werden (Bild 8.29c) (siehe Abschnitt 5.6).

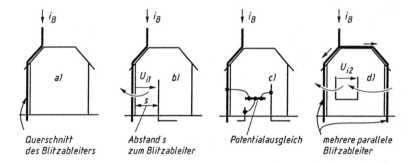

Bild 8.29 Die vier wichtigsten Aspekte eines Gebäude-Blitzschutzes.

Mit diesen fünf Punkten sind nur die wichtigsten physikalischen Zusammenhänge
umrissen worden. Bei der praktischen Ausführung von Blitzschutzanlagen müssen auf
jeden Fall die einschlägigen Vorschriften und Erfahrungen berücksichtigt werden. Entsprechende Hinweise findet man in der Literatur [8.15] und [8.16].

8.4 Literatur

[8.1] A. Rodewald: Eine Abschätzung der maximalen di/dt-Werte beim Schalten von
       Sammelschienenverbindungen oder Hochspannungsprüfkreisen,
       ETZ-A 99 (1978) Nr. 1, S. 19-23

[8.2] A. Rodewald: A Model for Fast Switching Transients in Power Systems: The Near
       Zone Concept.
       IEEE Transaction on Electromagnetic Compatibility
       Vol. 31, No. 2, pp. 148-156

[8.3] F. Heilbronner, H. Kärner: Ein Verfahren zur digitalen Berechnung des
       Spannungszusammenbruchs von Funkenstrecken
       ETZ-A 89 (1968) S. 101-108

[8.4] K. Berger: Notwendigkeit und Schutzwert metallischer Mäntel von
       Sekundärkabeln in Hochspannungsanlagen und Hochgebirgsstollen als Beispiel
       der Schutzwirkung allgemeiner Faradaykäfige,
       Bull. SEV (51) 1960, S. 549-563

[8.5] E.P. Fowler; J.R. Taylor: Diagnosis and cure of some EMC and interference
       immunity problems
       Proc. EMC Conf. Guildford Apr. 1978, pp. 91-102

[8.6] A.T. Roguski: Laboratory test circuits for predicting overvoltages when
       interrupting small inductive currents with an SF6 circuit breaker
       IEEE Transactions on power apparatus and systems
       Vol. PAS-99, pp. 1243-1279

[8.7] G. Newi: Zum Verhalten von Versuchskreis und Prüfling bei
       Durchschlagsuntersuchungen in Luft,
       Diss. TU Braunschweig 1973

[8.8] D.K. Davis: Charge generation on Solids,
       Advances in Static Electricity,
       1970, Vol. 1, p. 10

[8.9] A.S. Podgorski; J. Dunn: Study of picosecond rise time in human-generated ESD,
       IEEE EMC Symposium 1991, pp. 263-264

[8.10] T.W. Lee: Construction and application of a tester for measurement of EOS/ESD
       thresholds to 15 kV.
       Electrical overstress/electrostatic discharge
       Symposium proceedings, Las Vegas, Nevada, Sept. 1983, pp. 37-47

[8.11] M. Mardiguian; D.R.J. White: Electrostatic discharge diagnostics and control,
       EMC Symposium Zürich, 1983, S. 411-414

[8.12] O.J. Mc Ateer: Electrostatic discharge control,
       McGraw-Hill, 1990

[8.13] *K. Berger:* Methoden und Resultate der Blitzforschung auf dem Monte San Salvatore bei Lugano in den Jahren 1963-1971,
Bull SEV 63 (1972), S. 1403-1422

[8.14] *C.D. Weidmann; E.P. Krider:* Submicrosecond risetimes in lightning return stroke fields
Geophysical Research Letters, Vol. 7 (1980), pp. 955-958

[8.15] *P. Hasse; J. Wiesinger:* Handbuch für Blitzschutz und Erdung
VDE-Verlag 1982

[8.16] *E. Montanton; W. Hadrian:* Neuartiges Blitzschutzkonzept eines Fernmeldegebäudes
Bull SEV 75 (1984), S. 45-53

9 Maßnahmen gegen leitungsgebundene Störungen

Man bezeichnet eine Störung als leitungsgebunden, wenn sie in Form einer Spannung zwischen den beiden Leitern einer Leitung geführt wird. Es gibt drei Bereiche, denen man im Hinblick auf die Eindämmung solcher Störspannungen besondere Aufmerksamkeit zuwenden muß:

- dem Ausgang elektrischer Geräte in bezug auf die Emission von Störungen über angeschlossene Leitungen,
- den Leitungen im Hinblick auf die Einkopplung von störenden Spannungen,
- und schließlich den Leitungseingängen in die Geräte mit dem Ziel, das Eindringen von Störungen zu behindern.

Um die Emission von Störungen in Grenzen zu halten, können die Spannungen innerhalb eines Gerätes in der Regel nicht einfach im Sinn eines geringeren Störpotentials verändert werden, weil sie von der Funktion her festgelegt sind. Deshalb beschränken sich die Bemühungen, keine Störungen nach außen dringen zu lassen meistens darauf, Filter in den Leitungsabgängen anzubringen und die Schaltung mit einer Abschirmung zu umgeben. Die Filterstruktur und der nötige Abschirmungsaufwand ist stark von der Geräteart abhängig. Durch gesetzlich bindende Normen werden Grenzwerte der Störspannung vorgeschrieben, die ein elektrisches Gerät an das Netz abgeben darf (siehe Bild 2.9 und Abschnitt 2.4).

Die Ausführungen in diesem Kapitel zum Thema leitungsgebundene Störungen konzentrieren sich auf Methoden, mit denen Kopplungen, die auf Leitungen einwirken, abgeschwächt werden können und auf Hilfsmittel, mit denen es möglich ist, das Eindringen unerwünschter Spannungen in Geräte zu erschweren. Dazu stehen grundsätzlich vier Mittel zur Verfügung:

- Überspannungsableiter
- Filter
- Abschirmungen
- Symmetrierverfahren.

In den folgenden Abschnitten wird geschildert, wie diese Mittel einerseits für Signal- oder Datenleitungen und andererseits für Netzanschlüsse eingesetzt werden.

9.1 Schutz von Netzzuführungen mit Überspannungsableitern

Ein solcher Schutz hat die Aufgabe, gelegentlich auftretende impulsartige Überspannungen, die über den Netzanschluß auf ein Gerät zukommen, am Eingang des Apparates auf eine bestimmte Amplitude zu begrenzen. Es werden dafür hauptsächlich zwei Ableitertypen eingesetzt:

– edelgasgefüllte Funkenstrecken

– und spannungsabhängige Widerstände

   (Varistoren (**variable resistors**)).

Jeder der beiden Typen hat besondere Eigenschaften, die bei seinem Einsatz unbedingt zu beachten sind.

Varistoren sind spannungsabhängige Widerstände mit einer symmetrischen nichtlinearen Strom-Spannungskennlinie (Bild 9.1).

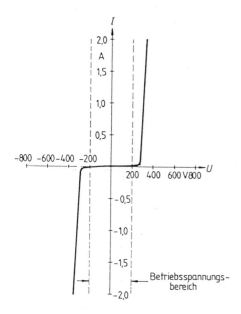

Bild 9.1
Kennlinie eines ZnO-Varistors
(Siemens Typ SIOV-S 10 K 150) [9.1].

Sie begrenzen Spannungen je nach Typ auf Werte von etwa 3 V bis in den Hochspannungsbereich. Man darf aber solchen Bauelementen nicht zu hohe Spannungen zur Begrenzung anbieten, weil dann die Ströme durch das nichtlineare Widerstandsmaterial zu groß werden und zu irreversiblen Schäden führen. In den Datenblättern findet man Grenzwerte für die Amplituden von rechteckförmigen Strömen mit 10 μs Dauer, die z.B. durch Blitzüberspannungen verursacht werden, und Werte für Ströme mit 2 ms Dauer, die bei der Begrenzung von Wechselspannungen vorkommen. Dabei spielt zusätzlich noch eine Rolle, ob ein solcher Strom während der gesamten Lebensdauer des Varistors nur einmal oder wiederholt auftritt.

Nach dem Abklingen der Überspannung begeben sich ZnO-Varistoren von selbst wieder in den Anfangszustand zurück. Ihr Widerstand ist im Spannungsbereich unterhalb des Begrenzungsniveaus so hoch, daß sie ohne zusätzliche Trennfunkenstrecken direkt mit der Netzspannung betrieben werden können, ohne sich unzulässig zu erwärmen.

♦ **Beispiel 9.1**

Der Varistor SIOV-S 10 K 150, dessen Kennlinie in Bild 9.1 dargestellt ist, kann zum Beispiel direkt an eine Leitung angeschlossen werden, die eine Spannung von 200 Volt Scheitelwert führt, weil der Widerstand bis zu dieser Spannung so hoch ist, daß keine nennenswerten Verluste und damit thermische Probleme entstehen.

Dieses Bauelement verträgt einen Impulsstrom von 20 μs Dauer mit einer Amplitude von 25 A beliebig oft. Hingegen verkraftet es einen Strom von 2500 A gleicher Dauer nur ein einziges Mal.

Die entsprechenden Beanspruchungsgrenzen für einen länger andauernden Rechtecksstrom (2 ms) lauten 5 A beliebig oft und 30 A einmalig.

Wenn ein steil ansteigender Strom einem Varistor eingeprägt wird, z.B. durch einen Blitzeinschlag (Stirnzeit > 100 ns), reagiert er für kurze Zeit mit einem leichten Anstieg der Begrenzungsspannung (Bild 9.2).

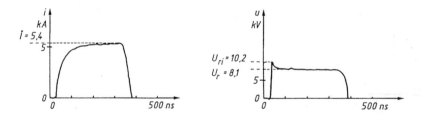

Bild 9.2 Strom- und Spannungsverläufe eines ZnO-Widerstandes [9.2].

Edelgasgefüllte Funkenstrecken

Diese Überspannungsableiter bestehen im wesentlichen aus den beiden Elektroden einer Funkenstrecke, die sich in einem Gefäß aus Glas oder Keramik befinden, das gleichzeitig das Gasentladungsmedium für die Funkenbildung einschließt (Bild 9.3). Bei diesem Medium handelt es sich meist um Argon. Die Spannung wird auf den Wert der Überschlagsspannung der Funkenstrecke begrenzt. Nach dem Überschlag zwischen den Elektroden herrscht am Ableiter dann nur noch die Spannung des Funkens oder Lichtbogens in der Größenordnung von 10 V.

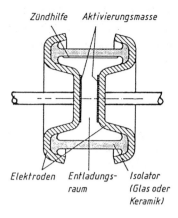

Zündhilfe   Aktivierungsmasse

Elektroden   Entladungs-   Isolator
             raum   (Glas oder
                           Keramik)

Bild 9.3
Prinzipieller Aufbau einer edelgasgefüllten
Funkenstrecke (Siemens).

Solche Ableiter haben, verglichen mit den Varistoren, den Vorteil, daß sie wesentlich größere Ströme ohne bleibende Schäden führen können und zwar im μs-Bereich bis zu einigen 10^4A. Sie können dies auch beliebig oft tun, ohne ihre Charakteristik zu verändern.

Dem stehen jedoch zwei Nachteile gegenüber:

- Zum einen kehren die Funkenstrecken nicht wie die Varistoren von selbst in den Ruhezustand zurück, sondern der Strom muß mit irgendeinem Hilfsmittel unterbrochen werden, damit der Funke erlischt. Man kann dies zum Beispiel mit einer Sicherung erreichen.
- Der zweite Nachteil besteht darin, daß der Begrenzungseffekt erst mit einer zeitlichen Verzögerung einsetzt.

Sie ergibt sich aus dem Zeitbedarf für den Aufbau eines Funkens, der wie folgt stattfindet: Wenn die Spannung an der Funkenstrecke die sogenannte Anfangsspannung U_a erreicht, setzen, ausgehend von einem einzelnen Elektron, Ionisationsprozesse ein, deren Zahl lawinenartig zunimmt. Erst wenn etwa 10^8 solcher Ionisationen stattgefunden haben, kommt es zur Funkenbildung und damit zum Begrenzungseffekt.

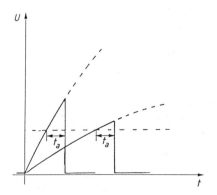

Bild 9.4
Ansprechverzögerung einer gasgefüllten
Funkenstrecke (t_a = Aufbauzeit des Funkens).

In erster Näherung kann man davon ausgehen, daß für die Zeit vom Beginn der Ionisation bis zum Funken eine feste Aufbauzeit t_a benötigt wird. Während dieser Zeit steigt aber die Spannung über die Anfangsspannung U_a hinaus noch weiter an, und zwar desto höher, je steiler die zu begrenzende Spannung verläuft (Bild 9.4).

♦ **Beispiel 9.2**

Bild 9.5 zeigt das Verhalten einer edelgasgefüllten Funkenstrecke bei Beanspruchungen mit mehr oder weniger steilen Impulsen [9.3].

Bei einer langsam ansteigender Spannung – z.B. einer Gleichspannung – spricht der Ableiter bei 90 V an. Die Oszillogramme machen deutlich, daß bei steil ansteigender Spannung die Ansprechschwelle, verglichen mit derjenigen bei Gleichspannung, bis auf das Zehnfache ansteigt.

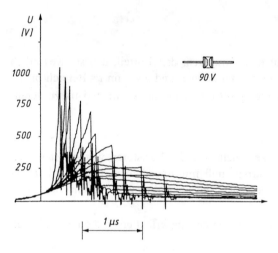

Bild 9.5 Verhalten einer gasgefüllten Funkenstrecke gegenüber mehr oder weniger steilen Impulsen.

9.2 Schutz von Netzzuführungen durch Filter

Während Überspannungsableiter in einer Netzzuführung nur dazu dienen, unbeabsichtigte Spannungen zu begrenzen, die über die Betriebsspannung hinausgehen, haben Filter an dieser Stelle zusätzlich die Aufgabe, hochfrequente Störungen abzuschwächen, deren Amplitude niedriger ist als die der Netzspannung. Es kann sich bei diesen Störungen zum Beispiel um Impulse mit Amplituden von einigen Volt handeln, die in der Lage sind, digitale Schaltungen in Verwirrung zu bringen. Oder es sind sogar Spannungen im μV-Bereich, die vom unbeabsichtigten Empfang von Rundfunksendern herrühren, und die von einer Schaltung, die μV-Signale verarbeiten muß, als störend empfunden werden.

Netzentstörfilter müssen Tiefpaßfilter sein, damit die netzfrequente Energiezufuhr möglichst wenig und eine hochfrequenten Störung möglichst stark gedämpft wird. Bild 9.6

zeigt das Schaltschema eines solchen Filters und einen typischen Dämpfungsverlauf in Abhängigkeit von der Frequenz.

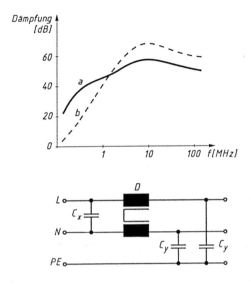

Bild 9.6 Schaltung und Dämpfungscharakteristik eines typischen Entstör-Netzfilters
(Schaffner)[9.4].
a)   Dämpfung einer Störung, die zwischen L und N auftritt,
b)   Dämpfung zwischen L-PE und N-PE.

Durch die Kondensatoren C_y des Filters fließt ein Verschiebungsstrom über den geräteinternen PE-Leiter zum Gehäuse und über den äußeren PE-Anschluß zurück zum Netz. Damit durch einen unterbrochenen Schutzleiter keine Gefährdung beim Berühren des Gehäuses entsteht, darf dieser Strom etwa 1 mA nicht übersteigen. Deshalb dürfen die C_y Kondensatoren höchstens eine Kapazität von einigen nF aufweisen.

Beim Einbau der Filter ist besonders darauf zu achten, daß die Filterwirkung nicht durch Nebenwege beeinträchtigt wird. In den Bildern 9.7a und 9.7b haben zum Beispiel die Magnetfelder oder die elektrischen Felder der störungsbehafteten Netzleitung Gelegenheit, um das Filter herum in die Schaltung bzw. in die Leitung hinter dem Filter einzugreifen. Damit wird ein Teil der Filterwirkung zunichte gemacht. Wenn jedoch wie in Bild 9.7c das metallische Gehäuse des Filters in die Gehäuseabschirmung integriert wird, ist diese Gefahr gebannt.

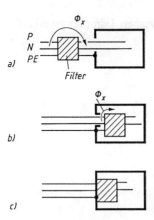

Bild 9.7   Anordnung eines Netzfilter am Netzanschluß eines abgeschirmten Gerätes.
           a), b) ungeeignete Lösung,
           c)   guter Aufbau (Φ_x: das Filter umgreifende Magnetfeld).

9.3 Schutz von Signal- oder Dateneingängen durch Filter

Damit ein Filter zum Schutz eines Signal- oder Dateneingangs überhaupt eingesetzt werden kann, müssen sich die Frequenzspektren der zu übertragenden elektrischen Vorgänge und die der Störungen deutlich voneinander unterscheiden.

Wenn das Frequenzspektrum des Nutzsignals nur tiefe Frequenzen enthält, und das der Störungen sehr viel höher liegt, genügt mitunter schon die Filterwirkung einfacher RC- oder LC-Schaltungen.

Gegen Störungen, die durch einige diskrete Frequenzen zustande kommen, helfen schmalbandige Filter, wenn das Fehlen der ausgefilterten Frequenzen im Nutzsignal verkraftet werden kann.

Bei der Auswahl der Filterschaltung muß man beachten, daß jede Filterwirkung auf einer Spannungteilung beruht. Die störende Spannung teilt sich auf den Innenwiderstand Z_Q der Störquelle, die Impedanz des Filters und den Innenwiderstand Z_s der Störsenke auf. Das Ziel des Filterentwurfs muß sein, daß die Impedanz der Störsenke bei dieser Spannungsteilung einen möglichst niedrigen Anteil übernimmt.

Man erreicht dies entweder durch eine hohe Längsimpedanz des Filters in Form einer Drosselspule, an der ein hoher Prozentsatz der Störspannung abfällt (Bild 9.8a). Oder man setzt eine niedrige Querimpedanz in Gestalt eines Kondensators ein, der für hohe Frequenzen die Störsenke kurzschließt und den Verbrauch der Störspannung auf den Innenwiderstand Z_Q der Störquelle konzentriert (Bild 9.8b).

Das Verfahren mit hoher Längsimpedanz ist besonders wirksam, wenn die Innenwiderstände der Störquelle und der Störsenke niedrig sind. Die niedrige Querimpedanz ist angezeigt, wenn die Impedanzen der Quelle und der Senke hoch sind.

Wenn man beide Methoden kombiniert, wird die Filterschaltung unabhängig von den Innenwiderständen der angeschlossenen Schaltungsteile (Bild 9.8c).

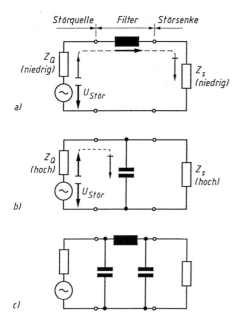

Bild 9.8   Die Aufteilung einer Störspannung auf die Innenwiderstände der beteiligten Geräte und die Impedanzen eines Filters.

9.4 Schutz von Signal- und Datenleitungen durch Überspannungsableiter

Die Betriebsspannungen auf Signalleitungen liegen meist im Bereich zwischen einigen Volt und einigen Mikrovolt. Die Überspannungsableiter müssen deshalb sicherstellen, daß die Spannungen an den Leitungseingängen höchstens auf einige Volt ansteigen. Zur Begrenzung von Spannungen auf derart niedrige Werte werden entweder Halbleiter in Form von Zenerdioden bzw. gewöhnlichen Dioden eingesetzt, oder es werden nicht-lineare Widerstände (Varistoren) mit einer tiefen Knickspannung verwendet.

Beim Einsatz dieser Überspannungsableiter muß man vor allem zwei Gesichtspunkte beachten:

– Die Schutzelemente dürfen die Nutzsignale, die auf der zu schützenden Leitung übertragen werden müssen, nicht in unzulässiger Weise verfälschen.

– Die Schutzwirkung muß schnell einsetzen, weil insbesondere aktive Bauelemente der Nachrichtentechnik und Signalverarbeitung außerordentlich empfindlich auf Überspannungen reagieren.

Um ein Bild davon zu erhalten, wie die verschiedenen Ableiterarten Signale auf der Leitung verfälschen, wurde untersucht, wie sie auf einen Rechtecksprung mit einer

Amplitude von 140 mV und einer Stirnzeit von 0,5 Nanosekunden reagieren (Bild 9.9). Die Amplitude von 140 mV liegt für alle untersuchten Bauelemente unterhalb der Begrenzungsschwelle.

Um festzustellen, wie die Dioden und Varistoren als Begrenzer reagieren, wurden sie zusätzlich noch der gleichen Impulsform mit einer Amplitude von 10 V ausgesetzt.

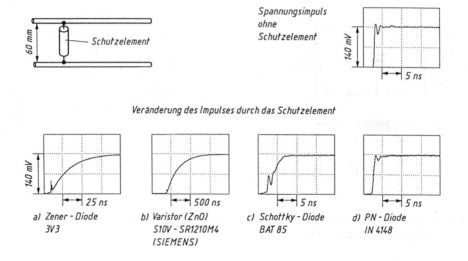

Bild 9.9 Verzerrung eines rechteckigen Spannungsimpulses durch verschiedene Schutzelemente.

Zenerdioden

Zunächst ein Versuch, der die Verfälschung eines Signals unterhalb der Begrenzungsschwelle deutlich macht. Bild 9.9a zeigt, daß eine Zenerdiode den Sprung zu einem exponentiellen Anstieg mit einem kurzen Impuls zu Beginn umformt.

Der exponentielle Verlauf der verfälschten Spannung ist so zu erklären, daß die Zenerdiode wie ein Kondensator wirkt, der für dieses konkrete Bauelement einen Kapazitätswert von etwa 500 pF aufweist. Die Zeitkonstante des exponentiellen Anstiegs ist gleich dem Produkt aus dem Wellenwiderstand Z und dieser Kapazität.

Der kurze Sprung zu Beginn der verfälschten Spannung beruht auf einem transformatorischen Induktionsvorgang. Er geht von dem Magnetfeld des Stromes i_c aus, der als Folge der sprungartigen Spannungsänderung durch die Kapazität der Diode fließt. Ein Teil Φ_M dieses Magnetfeldes greift in die Fläche zwischen den Drähten der Übertragungsleitung ein und induziert dort einen kurzen Spannungsimpuls U_{ix}. Wenn man diesen induzierenden Fluß mit Hilfe einer Gegeninduktivität M_x beschreibt, erhält man das Ersatzschaltbild 9.10. Hinter dem Ableiter herrscht eine Spannung, die sich aus der exponentiell ansteigenden Spannung U_c an der Kapazität der Diode und dem induzierten Spannungsimpuls U_{ix} zusammensetzt.

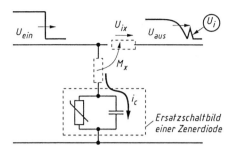

Bild 9.10 Ersatzschaltbild einer Zenerdiode und ihrer Verbindung zu der zu schützenden Leitung.

Wenn man die Amplitude des störenden Spannungsimpulses auf einen Wert erhöht, der über der Knickspannung der Zenerdiode liegt und dann die Diode einfügt, erhält man das Bild 9.11a. Die Spannung beginnt auch wieder mit dem kurzen Impuls am Anfang und steigt dann exponentiell an. Der Anstieg wird aber unterbrochen, wenn die Knickspannung der Zenerdiode erreicht ist. Sie beträgt im vorliegenden Fall etwa 4 Volt.

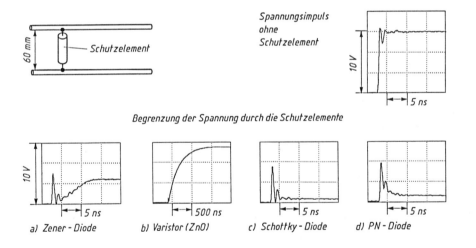

Bild 9.11 Die Begrenzung eines rechteckförmigen Spannungsimpulses von 10 V durch verschiedene Schutzelemente. *(Zuleitungen der Schutzelemente: 60 mm, siehe S 185)*

Der experimentelle Befund, daß die Spannungsspitze zu Beginn des Begrenzungsvorganges gegenüber Bild 9.9 angestiegen ist, erklärt sich aus der höheren Spannung, mit der die Diode beansprucht wird. Mit zunehmender Spannung bei gleicher Impulsform nimmt der Strom durch die Eigenkapazität der Diode zu, und damit wird auch die induzierende Wirkung durch dessen Magnetfeld größer.

Varistoren

Varistoren stören schnell veränderliche Signale in ähnlicher Art und Weise wie Zenerdioden. Durch ihre ebenfalls sehr große Eigenkapazität reagieren sie auf eine schnelle sprungartige Änderung des Signals auch mit einem induzierten Anfangsimpuls und einem anschließenden exponentiellen Anstieg (Bilder 9.9b und 9.11b).

Schottky-Dioden

Schottky-Dioden verhalten sich im wesentlichen wie Zenerdioden. Auch sie verfälschen ein rechteckförmiges Signal, dessen Amplitude unterhalb der Begrenzungsschwelle bleibt, mit ihrer Eigenkapazität. Das heißt, sie reagieren mit einem kurzen Impuls zu Beginn, an den sich ein exponentieller Anstieg anschließt (Bild 9.9c). Nur spielt sich der ganze Vorgang in einer kürzeren Zeitspanne ab, weil die Eigenkapazität dieser Bauelemente sehr viel kleiner ist als die der Zenerdioden und Varistoren. Wenn die Diode eine hohe Spannung begrenzen muß, kann die induzierte Spannungsspitze die Schwellspannung bei weitem übersteigen (Bild 9.11c).

Schottky-Dioden, Zenerdioden oder Varistoren können zum Überspannungsschutz von Signal- oder Datenleitungen nur dann eingesetzt werden, wenn die Anstiegzeit der zu übertragenden elektrischen Vorgänge größer ist als die Zeitkonstante ZC (Z = Wellenwiderstand; C = Eigenkapazität der Diode oder des Varistors).

***pn*-Dioden**

Dioden auf der Basis von *p*- und *n*-dotierten Siliziumschichten lassen Signale mit einer Anstiegzeit von einer Nanosekunde praktisch ungestört passieren, sofern die Spannungsamplitude unterhalb der Schwellenspannung von etwa 1 Volt bleibt (Bild 9.9d).

Spannungen, deren Amplitude höher ist als 1 Volt, werden aber nur dann auf diesen Schwellenwert begrenzt, wenn ihre Anstieggeschwindigkeit nicht zu hoch ist. Bild 9.11c zeigt die Beanspruchung einer Diode mit einer Spannung, die in etwa einer Nanosekunde auf 10 Volt ansteigt. Die Diode reagiert darauf mit einer hohen Spannungsspitze, bevor die Begrenzung auf etwa 1 Volt erfolgt. Die höhere Spannung zu Beginn ist auf den sogenannten „Vorwärts-Erhol-Effekt" dieses Diodentyps zurückzuführen. Bei flacher ansteigenden Spannungen ist diese Spannungserhöhung weniger ausgeprägt.

Durch den Vorwärts-Erhol-Effekt bieten pn-Dioden gegenüber sehr steil ansteigenden Überspannungen keinen nennenswerten Schutz, weil die Spannungsspitze bis fast auf das Niveau der auftreffenden Überspannung ansteigt.

Edelgasgefüllte Funkenstrecken

Diese Bauelemente haben zwar, wie bereits im Zusammenhang mit dem Schutz von Netzleitungen geschildert wurde, den Nachteil, daß sie zeitlich verzögert und erst bei verhältnismäßig hohen Spannungen ansprechen. Sie haben aber in bezug auf den Schutz von Signalleitungen die vorteilhafte Eigenschaft einer niedrigen Eigenkapazität in der Größenordnung von nur einigen pF.

9.5 Der Einfluß der Anschlüsse auf die Schutzwirkung von Ableitern

Beim Schutz durch Zenerdioden, Varistoren und Schottky-Dioden tritt als erste Reaktion beim Auftreffen einer steilen Störspannung ein kurzer Spannungsimpuls auf. Er ist, wie bereits anhand von Bild 9.10 geschildert wurde, auf eine transformatorische Induktion durch das Magnetfeld des Stromes zurückzuführen, der als Folge der schnellen Spannungsänderung durch die Kapazitäten der aufgezählten Schutzelemente fließt.

Die Stärke des Induktionsvorgangs, hängt von der Änderungsgeschwindigkeit des Stromes und von der Größe des Magnetfeldes ab, das vom Strom i_c ausgeht und in die Fläche zwischen den Drähten der Leitung rechts vom Ableiter eingreift. Der magnetische Fluß, bzw. die zugehörige Gegeninduktivität zwischen Ableiter und Leitung, nimmt mit der Länge der Verbindungsdrähte zu, über die das Schutzelement mit den Leitungsdrähten verbunden wird. Es ist deshalb zu erwarten, daß die induzierte Spannungsspitze zunimmt, wenn man bei sonst gleicher Beanspruchung die Zenerdioden über längere Verbindungen anschließt, und daß sie abnimmt, wenn man die Anschlußdrähte kurz hält. Bild 9.12 bestätigt diese Vermutung. Der Vollständigkeit halber sei noch erwähnt, daß die Oszillogramme über das Verhalten der Schottky-Dioden, Zener-Dioden und Varistoren in den Bildern 9.9 und 9.11 mit beidseitig 30 mm langen Anschlußdrähten zu den Schutzelementen aufgenommnen wurden.

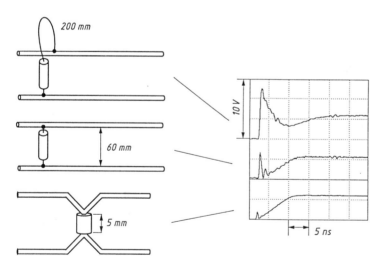

Bild 9.12 Der Einfluß der Länge der Anschlußdrähte auf die anfängliche Spannungsspitze bei einer Zenerdiode (3V3) (Beanspruchung mit Rechtstoß mit < 1 ns Stirnzeit).

Es ist besonders bemerkenswert, daß eine lange Verbindung zwischen dem Ableiter und der Leitung dazu führen kann, daß bei der Begrenzung sehr steiler und sehr hoher Überspannungen die erste induktive Spannungsspitze höher ist als das später folgende stationäre Niveau. Falls steile Überspannungen in der hier vorgestellten Größenordnung von etwa 10^{11} V/s zu erwarten sind, muß man also sehr darauf achten, daß die Verbindungen zwischen dem Ableiter und den Drähten der zu schützenden Leitung kurz sind.

9.6 Überlastungsschutz von Überspannungsableitern

Die geschilderten Dioden, insbesondere die Schottky- und *pn*-Typen, haben zwar als Schutzelement den Vorteil, daß sie praktisch verzögerungsfrei auf niedrige Spannungsniveaus begrenzen, aber ihre Belastbarkeit ist beschränkt. Falls sie Überspannungen begrenzen müssen, die weit über ihre Schwellenspannungen hinausgehen, besteht deshalb die Gefahr, daß sie durch zu hohe oder zu lang andauernde Ströme zerstört werden. Um dies zu verhindern, muß man auf jeden Fall den Strom i_a, der von der Überspannung durch das Schutzelement getrieben wird, unter der jeweils zulässigen Grenze halten, und zwar mit einem Widerstand R_v vor dem Ableiter (Bild 9.13).

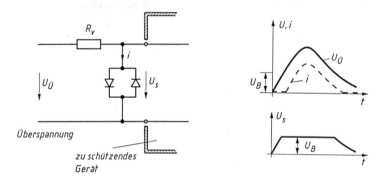

Bild 9.13 Begrenzung des Stromes i_a durch ein Schutzelement mit Hilfe eines Vorwiderstandes R_v.

Falls diese Maßnahme noch nicht ausreicht, weil die Überspannung sehr hoch ist, muß man noch einen weiteren Überspannungsableiter einsetzen, der zum einen die Spannung über dem Widerstand R_v und dem ersten Schutzelement begrenzt, und zum anderen in der Lage ist, einen entsprechend hohen Strom i_b zu führen (Bild 9.14). Mit dem Ansprechen des zweiten Ableiters wird der zuerst wirksame Schutz durch die Dioden abgelöst. Das in Bild 9.14 dargestellte Ansprechverhalten des zweiten Ableiters ist das einer edelgasgefüllten Funkenstrecke.

Das gleiche Verfahren kann man natürlich auch beim Schutz von Netzleitungen anwenden, um z.B. Varistoren durch Funkenstrecken zu entlasten. Um dabei ohmsche Verluste durch den Netzstrom zu vermeiden, werden dort anstelle des Widerstandes R_v Drosselspulen verwendet.

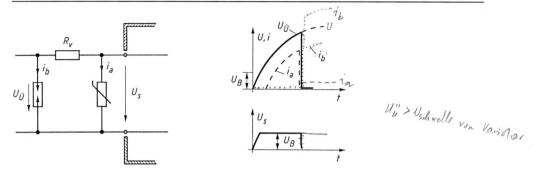

Bild 9.14 Begrenzung des Stromes i_a, der durch ein Schutzelement fließt, mit Hilfe des Widerstandes R_v und einem zweiten, stärkeren Überspannungsbegrenzer.

9.7 Schutz von Signalübertragungen durch Abschirmung und Signalverarbeitung

Es gibt Situationen, in denen Filter oder Überspannungsbegrenzer nicht eingesetzt werden können, weil sie die zu übertragenden Signale unzulässig verfälschen würden. Um in solchen Fällen die elektromagnetische Verträglichkeit der Übertragungsstrecke zu sichern, gibt es drei Alternativen:

- Man kann den Zugriff von störenden Feldern auf die Leitung mit Abschirmungen behindern.
- Bei hohen Ansprüchen an die Störunterdrückung kann man zusätzlich die Signale symmetrisch verarbeiten.
- Eine andere Möglichkeit besteht darin, die Signale optisch, zum Beispiel mit Hilfe von Glasfaserkabeln, zu übertragen.

Ob die optische Übertragung gewählt werden kann, hängt unter anderem davon ab, ob die gewünschte Breite des Frequenzbandes und die gewünschte Langzeit-Zuverlässigkeit mit erträglichen Kosten realisiert werden können. Allein aus der Sicht der elektromagnetischen Verträglichkeit ist dies die bessere der beiden Möglichkeiten.

Bei der Abschirmung und der Symmetrierung müssen einige Aspekte besonders beachtet werden, wenn man das in ihr vorhandene Potential zur Störunterdrückung wirklich nutzen will. Sie werden im folgenden näher erläutert.

9.7.1 Schutz gegen Magnetfelder durch Abschirmen oder Verdrillen

Grundlage der Analyse ist die in Bild 9.15 dargestellte Situation, in der jeweils ein Pol der beiden Geräte A und B mit einem gemeinsamen Leiter G (z.B. dem Schutzleiter) verbunden ist. Das ganze System wird dem magnetischen Feld eines vorbeifließenden Stromes i_1 ausgesetzt.

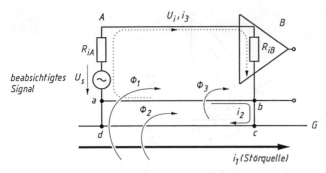

Bild 9.15   Die induktiven Kopplungen zwischen einem störenden Strom i_1 und einer benachbarten leitungsgebundenen Übertragung.

Im Mittelpunkt des Interesses steht die Spannung U_i, die das Magnetfeld zwischen den Drähten der Verbindungsleitung induziert, bzw. der Strom i_3, der als Folge der induzierten Spannung im Signalstromkreis fließt. Die Spannung $i_3 \cdot R_{iB}$ wirkt als Störspannung bei der Signalübertragung.

Der magnetische Fluß, der in die Fläche zwischen den Signaldrähten induzierend eingreift, setzt sich aus zwei Teilen zusammen, und zwar aus dem Fluß $\Phi_1(i_1)$, der direkt vom störenden Strom i_1 ausgeht, sowie dem Anteil $\Phi_3(i_2)$. Dieser zweite Flußanteil entsteht auf indirekte Art und Weise, indem zunächst durch den Fluß $\Phi_2(i_1)$ der Strom i_2 erzeugt wird, der sich dann in einer zweiten Stufe mit dem Fluß $\Phi_3(i_2)$ umgibt. In Bild 3.33a wurde die Verstärkung des direkten Flusses $\Phi_1(i_1)$ durch den indirekt erzeugten Fluß $\Phi_3(i_2)$ bereits schematisch dargestellt.

Die Masche zwischen den Punkten a-b-c-d, in die der Fluß $\Phi_2(i_1)$ induzierend eingreift und den Strom i_2 erzeugt, ist eine sogenannte Erdschleife (s. Abschnitt 10.5). Solche Schleifen kommen immer dann zustande, wenn ein Verbindungsleiter in einem System (im Beispiel die Verbindung a-b) an mehreren Punkten mit einem dritten Leiter verbunden wird.

Es gibt verschiedene mehr oder weniger wirksame Möglichkeiten, um die störende Spannung U_i zu verringern:

– Man kann die „Erdschleife" a-b-c-d auftrennen mit dem Ziel, den Flußanteil $\Phi_2(i_2)$ zu beseitigen. Die Auftrennung kann entweder dadurch erfolgen, daß man das gesamte System nur an einer Seite mit dem Leiter G verbindet (Bild 9.16a), oder indem man Übertrager in die Signalleitung einfügt (Bild 9.16b). Übertrager können allerdings nur dann verwendet werden, wenn das zu übertragende Signal keine Gleichstromkomponente erhält.

  Wenn sich der störende Strom i_2 sehr schnell ändert, ist die Auftrennung aber nur beschränkt wirksam, weil die unvermeidbaren Streukapazitäten trotzdem noch für eine hinreichende Überbrückung sorgen. In Beispiel 10.2 wird sich zeigen, daß schon eine Streukapazität von 200 pF ausreicht, um die „Erdschleife" für einen Stromimpuls mit etwa 20 ns Stirnzeit geschlossen zu halten.

– Um den direkt eingreifenden Flußanteil $\Phi_1(i_1)$ zu verringern, ist es sinnvoll, die Verbindungsleitung zwischen A und B zu verdrillen (Bild 9.17a).

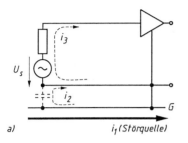 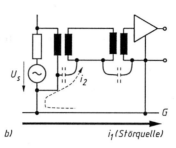

Bild 9.16 Maßnahmen zur Auftrennung einer „Erdschleife".

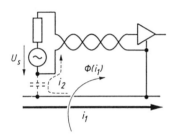 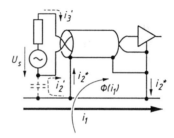

Bild 9.17 Maßnahmen zur Abschwächung.
    a)   Reduktion der Wirkung von Φ (Bild 9.15) durch Verdrillen,
    b)   Reduktion von i_2 durch eine abschirmende Kurzschlußmasche.

– Falls die mit diesen Maßnahmen erzielte Abschwächung der Störspannung U_i noch nicht ausreicht, hilft unter Umständen eine Kurzschlußmasche, die mit dem Gegenfeld eines Stromes i_{2*} abschirmend wirkt (Bild 9.17b). Der vorher vorhandene Strom i_2 in der Signalleitung nimmt dadurch auf den Wert i_2' ab und es gilt die Beziehung

$$i_2 = i_2' + i_2^*$$

Parallel dazu reduziert sich auch der Strom i_3 und damit die Störspannung $i_3 \cdot R_{iB}$.

Mit dieser Methode und einem räumlichen Aufbau, der dem Magnetfeld keinen direkten Zugang zur Signalleitung gewährt, kann man eine sehr gute Abschirmwirkung erreichen, sofern der Strom i_1 hochfrequenter Natur ist und oberhalb der Grenzfrequenz der Kurzschlußmasche liegt.

Eine solche Kurzschlußmasche hilft aber, wie bereits in Abschnitt 3.4.1 erläutert wurde, nur beschränkt, wenn sich die Frequenz des störenden Stromes i_1 deutlich unterhalb der Grenzfrequenz ω_g der Kurzschlußmasche befindet.

– Falls damit zu rechnen ist, daß der Strom i_1 auch im Bereich tiefer Frequenzen Störungen verursacht, die durch die Abschirmwirkung einer Kurzschlußmasche nicht voll abgedeckt werden, muß man die Signale symmetrisch verarbeiten.

9.7.2 Schutz durch symmetrische Signalverarbeitung

Im Zusammenhang mit der symmetrischen Signalverarbeitung ist es sinnvoll, zunächst ein Begriffspaar einzuführen, das für das Verständnis dieser Technik hilfreich ist. Es handelt sich um die Begriffe

– Gleichtakt-Signal (engl. common mode)
– und Gegentakt-Signal (engl. differential mode)

Die Bezeichnung „Gleich" bzw. „Gegen" bezieht sich dabei auf die Richtung der Ströme, die durch eine Störquelle in den beiden Drähten der Signalleitung erzeugt werden:
– Die Störquelle 2 in Bild 9.18 ist eine Gleichtakt-Störquelle, weil von ihr aus Ströme in gleicher Richtung durch die beiden Signaldrähte fließen.
– Die Störquelle 1 in Bild 9.18 ist eine Gegentakt-Störquelle, weil ihr Strom durch den einen Signalleiter hin – und durch den anderen zurückfließt.

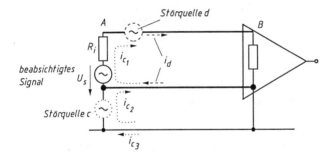

Bild 9.18 Gleichtaktstörung (c) und Gegentaktstörung (d) bei einer Signalübertragung.

Der Fluß Φ_2, der in Bild 9.15 in die Erdschleife eingreift, ist demnach für die Signalübertragung eine Gleichtakt-Störquelle, und die Flüsse Φ_1 und Φ_3 stellen Gegentakt-Störquellen dar.
Nach diesen Vorbemerkungen nun zur Technik der symmetrischen Signalverarbeitung. Sie besteht aus zwei Teilen:

– Ein Teil betrifft die Verarbeitung des Signals auf der Empfängerseite. Sie erfolgt entweder mit Hilfe eines Übertragers, der auf der Primärseite über eine Mittelanzapfung verfügt (Bild 9.19a), oder das Signal wird mit einem Differenzverstärker weiterverarbeitet (Bild 9.19b). In beiden Schaltungen ist die Ausgangsspannung U_B proportional zur Gegentaktspannung und proportional zur Differenz der Gleichspannungen in beiden Zweigen.

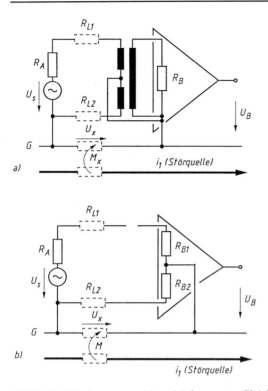

Bild 9.19 Schaltungen zur Unterdrückung von Gleichtaktstörungen.

— Der zweite Teil betrifft die geometrische Struktur der Leitungsführung. Sie muß so geformt werden, daß sie dem geschilderten Gleich- und Gegentaktverhalten der Schaltung am Signalausgang der Leitung entspricht. Das heißt, die Gegentaktstörungen sollten sich so schwach wie möglich ausbilden können, und die Gleichtaktstörungen auf beiden Leitungen sollten möglichst gleich groß sein.

Man erreicht beides gleichzeitig, indem man die Drähte der Signalleitung sehr dicht zusammenlegt oder sie miteinander verdrillt. Dadurch greift zum einen nur ein geringer Teil des störenden Magnetfeldes als Gegentaktstörung in die Fläche zwischen den beiden Signaldrähten ein. Gleichzeitig umfaßt damit aber auch jeder der beiden Signalleiter zusammen mit dem gemeinsamen Leiter G den gleichen Fluß Φ_2 im Sinn einer Gleichtaktstörung.

Das Verhalten des Differenzverstärkers kann man im Hinblick auf die Gleichtaktunterdrückung am besten mit Hilfe des Ersatzschaltbildes 9.20 erläutern. Es beschreibt auch die Verhältnisse in der Schaltung mit dem Übertrager, wenn man sich vorstellt, daß die Wirkung des Widerstandes R_B durch die Wicklungen auf die Primärseite transformiert wird. U_B ist die Spannung, die am Ausgang des Verstärkers durch die störende Gleichtaktspannung U_x zustande kommt. Im folgenden wird nur die Auswirkung von U_x auf U_B betrachtet. Das heißt, die Signalquelle ist nur passiv mit ihrem Innenwiderstand R_A wirksam und U_s ist Null.

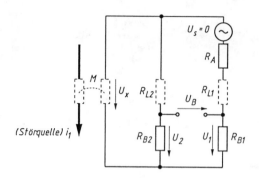

Bild 9.20 Ersatzschaltbild zur Wirkungsweise eines Differenzverstärkers zur Gleichtaktunterdrückung.

In der Regel sind die Widerstandsverhältnisse in Bild 9.20 so, daß Widerstände R_{B1} und
R_{B2} gleich groß sind und einen hohen Ohmwert aufweisen. Demgegenüber sind die
Widerstände der Signalquelle (R_A) und der Signaldrähte (R_{L2} und R_{L2}) um Größenordnungen kleiner. Damit wird sowohl an der linken als auch an der rechten Widerstands-
kette die angebotene Spannung U_x praktisch allein von den Innenwiderständen R_{B1} und
R_{B2} der Verstärkereingänge übernommen. U_1 ist dabei etwas kleiner als U_2, weil der
Innenwiderstand R_A der Signalquelle noch eine zusätzliche Spannung in diesem Zweig
beansprucht.

Weil der Verstärker aber – bis auf zwei Einschränkungen, die weiter unten erläutert
werden – nur die Differenz von U_1 und U_2 verarbeitet, und sich diese Spannungen nur
durch die geringfügige Unsymmetrie in den beiden Widerstandsketten unterscheiden, ist
die übertragene Störung U_B am Verstärkerausgang nur ein geringer Bruchteil der ursprünglichen Störspannung U_x. Man kann aus Bild 9.20 leicht folgende Beziehung ableiten:

$$U_B = U_2 - U_1 = U_x \left(\frac{R_{B2}}{R_{B2} + R_{L2}} - \frac{R_{B1}}{R_{B1} + R_{L1} + R_A} \right)$$

$$(9.1)$$

♦ **Beispiel 9.3**

Über eine Gegeninduktivität von 30 μH erzeugt ein 50 Hz-Strom von 10 A in einer benachbarten
Schaltung eine Gleichtaktstörung U_x von etwa 100 mV.
Die Leitungswiderstände R_{L1} und R_{L2} betragen je etwa 10 Ω, und die Signalquelle weist einen
Innenwiderstand von 1 kΩ auf. Wenn die Eingänge des Differenzverstärkers Innenwiderstände von
je 1 MΩ haben, erhält man mit Gleichung (9.1)

$$U_B = 100 \left(\frac{10^6}{10^6 + 10} - \frac{10^6}{10^6 + 10 + 10^3} \right) = 0,1 \text{ mV}.$$

Dies entspricht einer Abschwächung von U_x um 60 dB.
Mit der Abschirmung durch eine Kurzschlußmasche würde man, wie in Abschnitt 3 gezeigt, bei
der tiefen Frequenz von 50 Hz eine sehr viel geringere Dämpfung erreichen. Wenn man es zum
Beispiel mit einer 100 m langen Verbindung zu tun hätte, die durch eine Kurzschlußmasche mit

einer Eigeninduktivität L_2 von 100 μH und einem Widerstand R_2 von 1 Ω abgeschirmt würde, ergäbe sich nach Gleichung (3.6f) nur eine Dämpfung von

$$a = 20\log A = 20\log\left|1 + j314\,\frac{L_2}{R_2}\right| = 0,25 \text{ dB}.$$

Aus diesem Vergleich wird erkennbar, welche Bedeutung die symmetrische Signalverarbeitung bei der Beherrschung niederfrequenter Störungen hat.

Das Gleichgewicht in den beiden Zweigen der Differenzverstärkerschaltung wird aber nicht nur durch die Asymmetrie gefährdet, die auf den Widerstand R_A zurückzuführen ist. Mit zunehmender Frequenz (auch schon bei 50 Hz) machen sich die Streukapazitäten C_{B1} und C_{B2} an den Verstärkereingängen bemerkbar (Bild 9.21a). Weil mit zunehmender Frequenz die Impedanz von C_{B2} sinkt, kommt die Asymmetrie durch R_A immer stärker zum Tragen.

Man kann diesem störenden Effekt dadurch entgegenwirken, indem man Verstärker verwendet, deren Eingänge von einer sogenannten guard-Elektrode umgeben sind. Diese Elektrode ist, wie in Bild 9.21b gezeigt, mit der Seite der Signalquelle zu verbinden, die dem Bezugsleiter zugewandt ist. Dadurch wirken die Kapazitäten C_{g1} und C_{g2} zwischen dem guard und den Verstärkereingängen zusammen mit den Kapazitäten C_{B1} und C_{B2} als kapazitive Spannungsteiler. Dies hat zur Folge, daß sich der Frequenzgang der Spannungsteilung verbessert. Das geschilderte Gleichgewicht der beiden Verstärkerzweige bleibt auch mit zunehmender Frequenz des Störsignals erhalten.

Die weiter oben gemachte Aussage, daß ein Differenzverstärker nur die Differenz von U_1 und U_2 verarbeitet, ist mit zwei Einschränkungen zu versehen:

– Es wird nicht nur das Differenzsignal verstärkt, sondern auch ein geringer Teil des Gleichtaktsignals. Ein Verstärker ist in diesem Zusammenhang durch das sogenannte „common mode rejection ratio" CMRR gekennzeichnet

$$\text{CMRR} = \frac{\text{Spannungsverstärkung für Differenzsignale}}{\text{Spannungsverstärkung für Gleichtaktsignale}}.$$

– Die zweite Einschränkung besteht darin, daß die Gleichtaktspannung für einen bestehenden Verstärkertyp nicht beliebig hoch sein darf.

Typische CMRR-Werte für Gleichspannung bis 50 Hz sind [9.5]:

– einfache Differenzverstärker   40 dB
– Instrumentierverstärker ohne guard und ohne Potentialtrennung   80 dB
– Instrumentierverstärker mit guard und mit Potentialtrennung   120 dB

Bei Verstärkern ohne sogenannte Potentialtrennung zwischen Ein- und Ausgang darf die Gleichtaktspannung nicht höher werden als die Speisespannung.
Bei Verstärkern mit Potentialtrennung sind höhere Gleichtaktspannungen zulässig. Es werden Typen angeboten, die einige hundert Volt vertragen.

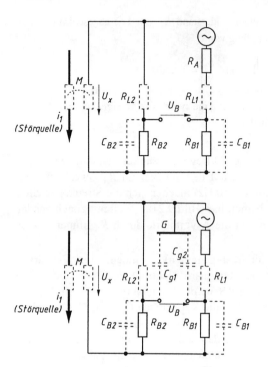

Bild 9.21 Die wirksamen Streukapazitäten in einer Differenzverstärker-Schaltung.
a) störende Kapazitäten C_{B1} und C_{B2} an den Verstärkereingängen,
b) Bildung kapazitiver Spannungsteiler mit Hilfe der guard-Kapazitäten C_{g1} und C_{g2}.

9.7.3 Schutz einer Leitung gegen ein elektrisches Feld

Eine Leitung kann man sehr einfach und sehr wirksam gegen ein elektrisches Feld
schützen, wenn man sie, wie in Bild 9.22 dargestellt, mit einem leitenden Mantel Mt
umgibt, und diesen über einen Leiter V mit dem gemeinsamen Leiter G des Systems
verbindet. Der störende Verschiebungsstrom i_v, der von der Störquelle her über die
Streukapazität C_1 auf das System zufließt, wird dann durch den Mantel Mt aufgefangen
und über die Verbindung V der gefährdeten Signalleitung vorbeigeleitet.

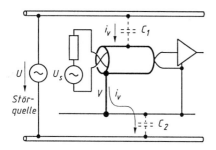

Bild 9.22
Abschirmung einer Leitung gegen ein
elektrisches Feld.

9.8 Überblick über die Aspekte zum Schutz von Signalleitungen

Wenn man Signalleitungen mit Hilfe von Varistoren oder Dioden gegen Überspannungen
schützen will, muß man vier Gesichtspunkte beachten:

– Es ist zu überprüfen, wie stark sich die Eigenkapazität der Bauelemente auf das zu
   übertragende Signal auswirkt (Bild 9.9).

– Bei der Begrenzung sehr steiler Überspannungen ist der induzierte Spannungsimpuls
   zu beachten, der vom Strom durch Eigenkapazität verursacht wird. Die Höhe dieses
   Impulses läßt sich mit der Länge der Anschlußdrähte zum Schutzelement beeinflussen (siehe Abschnitt 9.5).
   Um die Anschlüsse kurz halten zu können, ist es sinnvoll, die Leiter der zu schützenden Leitung direkt an das Schutzelement heranzuführen.

– Bei der Begrenzung sehr steiler Überspannungen durch *pn*-Dioden ist die Spannungsspitze durch den Vorwärts-Erholeffekt zu berücksichtigen (Bild 9.11).

– Man muß sich Klarheit darüber verschaffen, wie hoch die zu erwartenden Ströme
   sind, die vom Schutzelement bewältigt werden müssen. Gegebenenfalls sind mehrere
   Schutzelemente gestaffelt einzusetzen (siehe Abschnitt 9.7).

Wenn Signalleitungen gegen Strömungen durch zeitlich veränderliche Magnetfelder ge-
schützt werden sollen, ist zu beachten, daß die Abschirmung mit einem leitenden
Kabelmantel, der Teil einer Kurzschlußmasche ist, für tiefe Frequenzen (z.B. 50 Hz)
keinerlei Wirkung zeigt (Bild 3.16). Man muß deshalb in diesem Frequenzbereich die
Signale entweder mit Transformatoren übertragen oder mit Differenzverstärkern verarbeiten (Bild 9.22).

Mit Differenzverstärkern oder Übertragern beseitigt man aber nur Gleichtaktstörungen.
Um die Gegentaktstörung gering zu halten, die durch den Eingriff des Magnetfeldes
zwischen die Drähte der Signalleitung entsteht, ist es zweckmäßig, die Leitung zu verdrillen.

Als Ergänzung zu diesen Verfahren der Signalübertragung bzw. Signalverarbeitung ist es
hilfreich, die Signalleitung zusätzlich noch in einem Rohr aus ferromagnetischem
Material zu verlegen. Durch den dadurch erzielten magnetischen Nebenschluß wird die
Gegentaktstörung zwischen den Signaldrähten verringert (siehe Bild 3.12). Es ist zu be-

achten, daß rostfreier Stahl in der Regel nicht ferromagnetisch ist und deshalb auch nicht als magnetischer Nebenschluß abschirmend wirkt.

Wenn Störungen durch zeitlich schnell veränderliche Magnetfelder zu erwarten sind, ist es zweckmäßig, eine Abschirmung mit Hilfe einer Kurzschlußmasche vorzusehen, die das Signalkabel mit einem leitenden Mantel umschließt (siehe Abschnitt 3.4.1). Dabei ist aber zu beachten, daß die Abschirmwirkung durch einen Strom im Kabelmantel zustande kommt. Dieser Strom fließt zum Teil aber auch über die Gehäuse der angeschlossenen Geräte und kann dort unter Umständen zu Störungen führen, wenn der Aufbau der Gehäuse unzweckmäßig ist (siehe Abschnitt 3.4.4).

9.9 Literatur

[9.1] Siemens Datenbuch 1985/86: Edelgasgefüllte Überspannungsableiter und
        Metalloxid-Varistoren

[9.2] *K. Feser et al.* Ansprechverhalten des MO-Ableiters bei steilen Stromimpulsen,
        EM Kongreß (Hrsg. H.R. Schmeer und M. Bleicher)
        Karlsruhe 1988, S. 311-325

[9.3] *J. Wiesinger; P. Hasse:* Handbuch für Blitzschutz und Erdung,
        VDE-Verlag 1977

[9.4] EMV-Störschutz und Störsimulation
        Fa. Schaffner 1986

[9.5] *R. Best:* Die Verarbeitung von Kleinsignalen
        in elektronischen Systemen
        AT Verlag, Aarau-Stuttgart 1982

10 Bezugsleiter, Masse und Erdverbindungen

In diesem Kapitel wird vor allem erläutert, wie durch Vermittlung der Bezugsleiter Beeinflussungen entstehen können und daß es notwendig ist, die Gehäuse mit dem Bezugsleiter zur Masse zu verbinden, um Beeinflussungen zu verringern. Ergänzend dazu wird behandelt, welche Rolle Erdverbindungen im Zusammenhang mit elektromagnetischer Verträglichkeit spielen.

Zunächst einige Begrifferläuterungen:

Bezugsleiter
Elektrische Schaltungen sind häufig asymmetrisch aufgebaut. Das heißt, zwischen je einem Pol des Ausgangs und dem entsprechenden Pol des Eingangs aller Vier- oder Mehrpole innerhalb einer Schaltung gibt es eine gut leitende Verbindung, die keine absichtlichen Widerstände enthält, sondern nur aus einem gut leitenden Draht oder einer Leiterbahn besteht. Man nennt diesen Leiter Bezugsleiter.

Diese Bezeichnung stammt aus der üblichen Vorgehensweise beim Entwurf von Schaltung in Form von Ersatzschaltbildern. Man ordnet in dieser Entstehungsphase einer Schaltung allen Bezugsleitern das Potential Null zu und bezieht alle Spannungen auf dieses Potential.

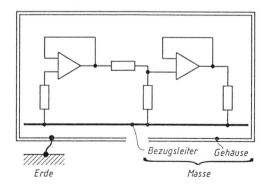

Bild 10.1 Zur Erläuterung der Begriffe Bezugsleiter, Masse und Erde.

Masse

Die Gesamtheit aller untereinander verbundenen Bezugsleiter in einer Schaltung bezeichnet man als Masse. Zu ihr zählen weiterhin alle gut leitenden Strukturen, wie zum Beispiel Gehäuse, die gut leitend mit den Bezugsleitern verbunden sind.

Erdverbindungen

Unter Erde versteht man das Erdreich in der Umgebung einer elektrischen Einrichtung im Hinblick auf seine elektrische Leitfähigkeit. Sinngemäß bezeichnet man Leiter, die gut leitend mit dem Erdreich verbunden sind als Erdverbindung.

Erdverbindungen dienen der Personensicherheit. Wenn in einem Gerät, das von einer geerdeten Spannungsquelle versorgt wird, die Isolation zwischen einem spannungsführenden Teil und dem Gehäuse versagt, führt die Erdverbindung zu einem Kurzschluß der speisenden Spannung. Ohne diese Verbindung würde durch den Körper einer Person, die das spannungsführende Gehäuse berührt, ein Strom fließen der unter Umständen zum Tode führen kann.

Zwischen Verbindungen, die an mehreren voneinander getrennten Stellen in das Erdreich geführt werden, können bei einem Stromfluß im Erdreich hohe ohmsche Spannungen auftreten. Sie müssen, falls eine solche Gefahr droht, durch einen niederohmigen Potentialausgleich miteinander verbunden werden (s. Abschnitt 5.4).

Soweit die Begriffserläuterungen.

Bezugsleiter können zum Vermittler elektromagnetischer Beeinflussungen werden, wenn man mehrere Baugruppen zu einem System zusammenfügt. In diesem Zusammenhang gibt es drei Beeinflussungsmechanismen:

–   Kopplungen durch fremde Betriebsströme,

–   Kopplungen durch fremde Verschiebungsströme

–   und Induktionsvorgänge in Bezugsleitermaschen.

Kopplungen durch fremde Betriebsströme

Dies sind Ströme, die eine vorgesehene Funktion in der Schaltung ausüben und dabei anstatt direkt vom Ausgang einer Baugruppe zum Eingang der funktional zugeordneten Gruppe zu fließen, den Bezugsleiter einer dritten Baugruppe benutzen. In dieser dritten Baugruppe ist ein solcher Strom ein Fremdstrom, da er mit ihrer Funktion zunächst unmittelbar nichts zu tun hat. Er kann über induktive oder ohmsche Kopplungen innerhalb der Baugruppe oder in den Verbindungen zu den unmittelbar benachbarten Baugruppen störend wirken.

Bild 10.4 zeigt eine solche Situation in welcher der Betriebsstrom i_{AB} für die Baugruppe C ein Fremdstrom ist.

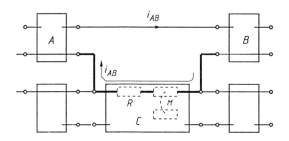

Bild 10.2   Beeinflussung einer Baugruppe C durch den Betriebsstrom zwischen den Bau-gruppen A und B.

Kopplungen durch fremde Verschiebungsströme

Wenn der gemeinsame Bezugsleiter mehrerer Baugruppen nicht mit dem umgebenden Gehäuse verbunden ist, fließt der Verschiebungsstrom des elektrischen Feldes, das von einer spannungsführenden Schaltung erzeugt wird, teilweise auch durch benachbarte Baugruppen, d.h. es kommt zu einer kapazitiven Kopplung. In Bild 10.3a fließt der vom elektrischen Feld erzeugte Verschiebungsstrom der Baugruppe A zu einem Teil über die Kapazität C_3 durch die benachbarte Schaltung B.

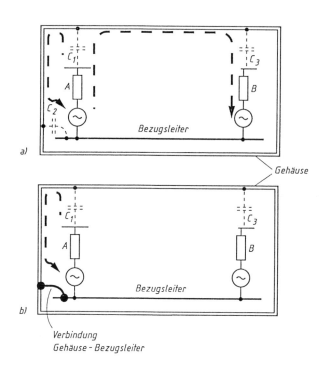

Bild 10.3   a)   Kapazitive Kopplung zwischen benachbarten Baugruppen A und B durch den Verschiebungsstrom über die Streukapazitäten.

   b)   Beseitigung der Störung durch eine gut leitende Verbindung zwischen Gehäuse und Bezugsleiter.

Wenn der Bezugsleiter, wie in Schaltung 10.3b, direkt mit dem Gehäuse verbunden wird, fließt der Verschiebungsstrom direkt über diese Verbindung zum Bezugsleiter zurück, und die Schaltung B muß keinen Fremdstrom mehr übernehmen.

In Bezugsleiter-Maschen induzierte Fremdströme

Wenn von Bezugsleitern Maschen gebildet werden, können fremde Magnetfelder dort eingreifen und Ströme induzieren, die von allen Baugruppen als Fremdströme empfunden werden (Bild 10.4).

Bei Induktionsvorgängen, auf Grund sehr schnell veränderlicher Magnetfelder, können auch in Maschen nennenswerte Fremdströme auftreten, die nicht galvanisch, sondern nur über Streukapazitäten geschlossen sind. (Bild 10.4b).

In den folgenden Abschnitten wird nun gezeigt, wie die drei verschiedenen Fremdstromarten auf unterschiedliche Weise zur Geltung kommen, je nachdem ob die Bezugsleiter der Baugruppen eines Systems parallel, in Reihe oder sternförmig miteinander verbunden sind oder gar Maschen bilden.

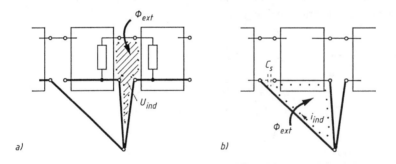

Bild 10.4 Induktive Kopplung durch ein äußeres Magnetfeld, das in die Masche zwischen den Baugruppen eingreift.
a)   beabsichtigte Maschenstruktur,
b)   unbeabsichtigte Maschenbildung durch Streukapazität C_s.

10.1 Mitbenutzung eines benachbarten Bezugsleiters (oder Parallelschaltung)

Die einfachste Struktur, in der ein fremder Betriebsstrom zustande kommt, besteht darin, daß zwei Baugruppen gemeinsam einen Bezugsleiter benutzen. Dann ist der Betriebsstrom der einen Gruppe ein Fremdstrom für die andere. Bei einer Parallelschaltung kommt es zu einer Stromteilung mit entsprechenden Fremdstromanteilen.

♦ **Beispiel 10.1**

In der Baugruppe A (Bild 10.5a) befindet sich ein Thermoelement TE (Fe-Konstanten, 53 μV/°C) zur Temperaturmessung. Die Thermospannung wird um einen Faktor 100 verstärkt und dann dem Anzeigegerät zugeleitet.

Es wird eine Meßgenauigkeit von ± 1 °C verlangt.

Der Bezugsleiter vom Modul A wird vom Modul B mitbenutzt. Der Bezugsleiterstrom der Baugruppe B, beträgt 0,5 A.

Der für die Baugruppe A fremde Betriebsstrom von 0,5 A des Moduls B, der durch die ohmsche Kopplung am Widerstand R_{xy} des Drahtes zwischen den Punkten X und Y läuft, ruft eine Spannung von 50 mV hervor. Diese Spannung wird von der Temperaturmeßeinrichtung A als zusätzliche Thermospannung interpretiert. Sie entspricht einer Temperatur von 10 °C.

Damit ist die geforderte Meßgenauigkeit von ± 1% und die Störfestigkeit der Baugruppe AB bei weitem überschritten.

Die Lösung besteht darin, jedem der beiden Baugruppen einen eigenen Bezugsleiter zu geben (Bild 10.5b).

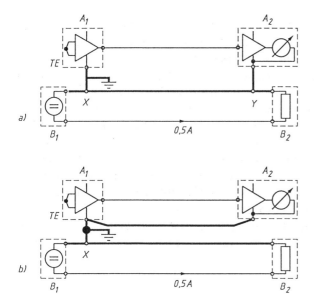

Bild 10.5a) Ohmsche Beeinflussung eines Schaltungsteils A_1, A_2 durch eine benachbarte Baugruppe B_1, B_2 über ein gemeinsames Leiterstück.
b) Entstörung durch getrennte Bezugsleiter.

10.2 Reihenschaltung der Bezugsleiter

In der Reihenschaltung der Bezugsleiter, so wie sie in Bild 10.6 skizziert ist, fließen keine fremden Signalbetriebsströme. Jede Signalverbindung geht unmittelbar zu den funktional zugeordneten Baugruppen.

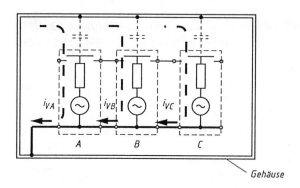

Bild 10.6 Reihenschaltung der Bezugsleiter verschiedener Baugruppen (i_{VA}, i_{VB}, i_{VC} sind die Verschiebungsströme durch die elektrischen Felder der Baugruppen).

Etwas ungünstiger ist die Situation im Hinblick auf die Verschiebungsströme. Es ist erkennbar, daß z.B. der Strom i_{VB} als Fremdstrom durch den Bezugsleiter der Baugruppe A fließt und daß der Verschiebungsstrom i_{VC} als Fremdstrom für den Modul B wirkt.

Dieser Umstand kann zu Störungen führen, wenn sich die Baugruppen A, B und C durch die Höhe ihrer Arbeitsspannung oder durch ihre Arbeitsweise stark voneinander unterscheiden. Schaltungen, die Informationen digital verarbeiten oder solche, die Energieflüsse durch periodische Schaltvorgänge steuern (Leistungselektronik), können zum Beispiel Systeme, die elektrische Größen analog verarbeiten, stark stören.

Die Reihenschaltung der Bezugsleiter ist ebenfalls ungünstig im Hinblick auf die Betriebsströme, die zur Energieversorgung der einzelnen Module nötig sind. Wie in Bild 10.7 dargestellt, teilen sich die Rückströme der Energieversorgung und fließen zu einem Teil als fremde Betriebsströme durch die Signalbezugsleiter.

Dieser Umstand kann ebenfalls zu Störungen führen, wenn sich die Baugruppen durch die Höhe ihre Arbeitsströme oder durch ihre Arbeitsweise stark voneinander unterscheiden.

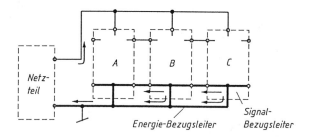

Bild 10.7 Aufteilung der Versorgungsströme auf Signal- und Energiebezugsleiter.

In der in Bild 10.7 dargestellten Anordnung wurde angenommen, daß die Baugruppe A die empfindlichste und C diejenige mit der günstigsten Störempfindlichkeit ist. Deshalb wurde die Anordnung von rechts gespeist, so daß im Bezugsleiter der Baugruppe A die Energieversorgungsströme dieser Gruppe fließen.

10.3 Sternförmige Verbindung der Bezugsleiter

Mit der sternförmigen Verbindung der Bezugsleiter und entsprechend sternförmiger Struktur der Energieversorgungs-Bezugsleiter werden die Betriebsströme in den Bezugsleitern nicht als Fremdströme durch das Innere anderer Baugruppen geleitet.

Es ist aber zu beachten, daß die Sternarme des Bezugsleitersystems verschiedene Ströme führen, die in den Maschen, an denen die Arme beteiligt sind, zu ohmschen und induktiven Kopplungen führen. Es sind dies

– die Betriebsströme i_B zwischen den benachbarten Baugruppen,

– die Verschiebungsströme i_V, die durch das elektrische Feld der zugehörigen Baugruppen verursacht werden

– und schließlich die Ströme der Energieversorgung i_E.

Man kann die Belastung durch die Energieversorgungsström dadurch verringern, indem man für die Energieversorgung und die Signalleitung je ein Bezugsleitersystem mit getrennten Sternpunkten verwendet. Aber eine Aufteilung der Energieversorgungsströme auf beide Systeme läßt sich in der Regel nicht vermeiden.

In Bild 10.8 sind einige dieser Ströme skizziert. Grundsätzlich ist jede dieser Stromarten in jedem Sternarm anzutreffen. Wegen der besseren Übersicht wurde aber für jede Stromart nur ein Beispiel eingezeichnet.

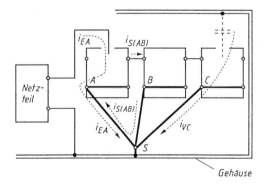

Bild 10.8 Betriebsstrom (i_s), Verschiebungsstrom (i_V) und Energieversorgung (i_E) bei sternförmiger Bezugsleiterstruktur.

Um die Kopplungen zwischen den Sternsektoren so klein wie möglich zu halten, sollten zwei Regeln beachtet werden:

– Die Sternarme sollten so kurz wie möglich sein
– und die Sternarme sollten möglichst nicht dicht zu einem Kabelbündel zusammengefaßt werden.

10.4 Bezugsleitermaschen

Es ist in zweierlei Hinsicht ungünstig, für die elektromagnetische Verträglichkeit eines Systems die Bezugsleiter der Baugruppen maschenförmig miteinander zu verknüpfen:

– Allen Betriebsströmen, die von einem Modul zum funktionell zugeordneten Modul fließen müssen, stehen zwei Wege zur Verfügung, ein direkter und ein Umweg durch die Bezugsleiter der übrigen Baugruppen (Bild 10.9). Dadurch kann jeder Betriebsstrom in jeder anderen Baugruppe störend wirken.
– Darüber hinaus kann in einer Bezugsleitermasche ein äußeres, zeitlich veränderliches Magnetfeld induzierend eingreifen und mit dem induzierten Strom Störungen verursachen.

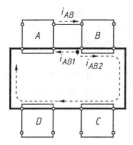

Bild 10.9
Stromteilung in einem maschenförmigen Bezugsleiter.

Der zuerst genannte Effekt, daß jeder Betriebsstrom wenigstens zu einem Teil in jeder Baugruppe fließt, ist insbesondere dann ein außerordentlich schwerwiegender Nachteil, wenn Baugruppen mit niedrigen und solche mit hohen Arbeitsspannungen oder analoge und digitale Module auf diese Weise miteinander verbunden werden.

Man kann sich zwar darum bemühen, Maschen in Bezugsleiterstrukturen zu vermeiden, indem man eine andere Verbindungstopologie, beispielsweise eine sternförmige, wählt. Aber im Zusammenhang mit dem N- oder PN-Leiter der speisenden Energieversorgung sind, wie im folgenden Beispiel, häufig Maschenbildungen unvermeidbar.

♦ **Beispiel 10.2**
Störung eines Meßvorgangs durch eine unbeabsichtigte Bezugsleitermasche, hervorgerufen durch die N-Leiter der Netzanschlüsse.
Es geht noch einmal um das schon im Beispiel 1.3 behandelte Problem, den zeitlichen Verlauf der Spannung an einem röhrenförmigen, ohmschen Widerstand von 55 mΩ zu messen, der von einem Stromimpuls im Nanosekundenbereich erzeugt wird. Die Spannung wird, wie in Bild 1.8, durch das Innere des röhrenförmigen Meßwiderstandes abgegriffen und mit einem 1,5 m langen Koa-

xialkabel des Typs RG188 AU einem Oszillografen zugeführt. Als Nanosekunden-Impulsgenerator dient wieder der früher schon verwendete Dimer, mit dem die Helligkeit einer 220 V Glühlampe eingestellt wird. Bild 10.10 zeigt eine grobe Skizze der Meßanordnung und den Verlauf der Spannung U_X, die vom Oszillographen registriert wird.

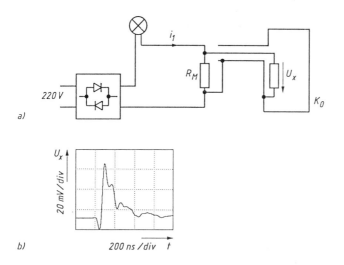

Bild 10.10   Messung eines Impulsstromes i_1 durch den Abgriff einer Spannung an einem
Meßwiderstand R_M.
a) Meßanordnung,
b) Oszillogramm der registrierten Spannung U_x.

Die Kontrolle der Messung mit einem Kurzschluß des Meßkabels am Anschluß zum Meßwiderstand müßte zu dem Ergebnis führen, daß das registrierte Signal Null ist, weil die zu messende Ausgangsspannung des Meßwiderstandes dadurch kurzgeschlossen wird. Tatsächlich registriert man aber die von Null verschiedene Spannung U_{XK} (Bild 10.11) auf dem Oszillografen. Sie ist offensichtlich der eigentlich zu messenden Spannung als Störung überlagert.
Bei der Suche nach der Störungsursache stößt man auf eine Bezugsleitermasche. Sie wird erkennbar, wenn man die Darstellung der Meßanordnung durch den Netzanschluß des Oszillographen ergänzt (Bild 10.12). Diese Masche bietet dem Strom, der durch die Lampe und den Meßwiderstand fließt, Gelegenheit, sich vom Punkt Y an zu teilen. Der Anteil i_{1a} fließt, wie eigentlich erwünscht, direkt zum N-Leiter des Netzes zurück. Der Anteil i_{1b} nimmt seinen Weg über den Mantel des Meßkabels, das Gehäuse des Oszillographen und dessen Netzkabel zum N-Leiter.
Aufgrund des Stroms i_{1b} im Kabelmantel entsteht durch eine Kabelmantelkopplung im Kabelinnern eine Spannung U_{XK} die sich dem zu messenden Signal U_R überlagert. Mit dem Oszillographen wird deshalb das Ergebnis der Überlagerung

$$U_X = U_R + U_{XK}$$

registriert.

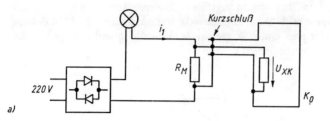

a)

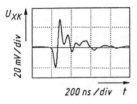

b)

Bild 10.11   Kontrollmessung an der Anordnung gemäß Bild 10.10 mit einem Kurzschluß des Meßkabels am Meßwiderstand.

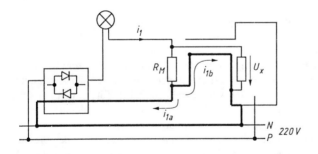

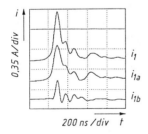

Bild 10.12 Aufteilung des Stromes i_1 in der Bezugsleitermasche.

Mit dem Ziel, den im Kabelmantel störenden Teilstrom i_{1b} zu reduzieren, wurde zunächst die Bezugsleitermasche mit Hilfe eines Trenntransformators unterbrochen. Die Oszillogramme in Bild 10.13b zeigen, im Vergleich mit den entsprechenden Verläufen in den Bildern 10.10 und 10.12, daß diese Maßnahme zu keiner nennenswerten Veränderung führt. Die Streukapazität von 200 pF zwischen den Wicklungen stellt offensichtlich für die Nanosekunden-Stromimpulse eine derart niedrige Impedanz dar, daß die Bezugsleitermasche für sie durch den Transformator nicht aufgetrennt wird.

Wenn hingegen das Meßkabel mit vier Windungen auf einen Ferritkern gewickelt wird, ändert sich die Situation (Bild 10.13c). Der Strom i_{1b} nimmt ab, weil (wie in Abschnitt 3, im Zusammenhang mit der Gegenfeldabschirmung bereits erläutert wurde) durch das ferromagnetische Material die Eigeninduktivität der Bezugsleitermasche zunimmt. Als Folge des geringeren Stromes nimmt auch die Spannung U_{XK} ab, und das zu messende Signal wird deshalb wesentlich weniger verzerrt.

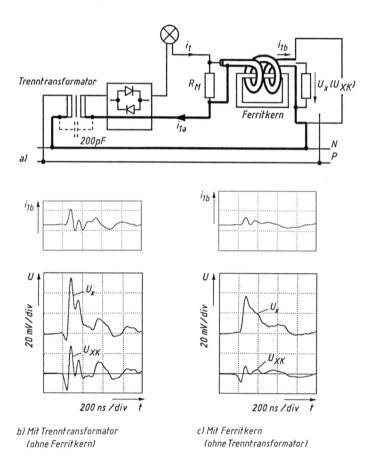

b) Mit Trenntransformator
(ohne Ferritkern)

c) Mit Ferritkern
(ohne Trenntransformator)

Bild 10.13   Auftrennung der Erdschleife mit einem Trenntransformator oder Reduktion der Stromteilung durch einen Ferritkern.
(U_{XK} ist das Meßergebnis mit einem Kurzschluß des Meßkabels am Meßwiderstand gemäß Bild 10.11)

Der experimentelle Befund, daß der Trenntransformator keine Wirkung zeigt und erst der Einsatz des Ferritkerns eine Verbesserung bringt, darf keinesfalls verallgemeinert werden. Er kann sicher auf alle Situationen übertragen werden, in denen sich die beteiligten elektrischen Vorgänge, wie im geschilderten Beispiel, schnell, d.h. im Mikrosekundenbereich oder schneller, ändern. Wenn sich die störenden elektrischen Vorgänge langsam ändern, kehrt sich die Wirksamkeit um. Die Gegenfeldabschirmung ist, wie in Abschnitt 3 erläutert wurde, für tiefe Frequenzen unwirksam, während die abschwächende Wirkung von Trenntransformatoren zunimmt, weil dann die Impendanzen der Streukapazitäten zwischen den Wicklungen weniger ins Gewicht fallen.

Eine weitere Möglichkeit, Bezugsleitermaschen aufzutrennen bzw. gar nicht erst entstehen zu lassen, besteht darin, die Signalübertragung mit Hilfe von optischen Sendern und Empfängern über Lichtleiter vorzunehmen. Diese Methode ist für hohe und tiefe Frequenzen gleichermaßen geeignet. Sie wird zum Beispiel für Feldsensoren angewendet, wobei mit Bandbreiten bis zu 300 MHz gearbeitet wird [10.2].

10.5 Erdschleifen

Die im vorhergehenden Abschnitt geschilderten Bezugsleitermaschen gehören zu den sogenannten Erdschleifen.

Unter Erdschleifen versteht man ganz allgemein niederohmige Leiter, die zu einem oder auch zu mehreren Ringen geschlossen sind. Die Bezeichnung ist insofern etwas irreführend, als es in Bezug auf die Wirksamkeit solcher Schleifen oder Ringe nicht darauf ankommt, ob sie geerdet sind oder nicht. Aber weil sie meistens im Zusammenhang mit Bezugsleitern vorkommen, die häufig geerdet werden oder weil sie auch gelegentlich durch mehrfache Erdverbindungen entstehen, hat sich die Bezeichnung Erdschleife eingebürgert.

Zunächst ist zu unterschieden zwischen Erdschleifen, die absichtlich gebildet wurden, um damit einen Nutzen zu erzielen, und solchen, die unbeabsichtigt entstehen und in der Regel mehr oder weniger schädlich sind.

Es gibt im wesentlichen zwei nützliche Anwendungen von Erdschleifen:
- Die eine betrifft die in Abschnitt 3 näher geschilderten Kurzschlußringe, die unter Einbezug von leitenden Kabelmänteln gebildet werden, um mit dem induzierten Strom ein Gegenfeld zu erzeugen. Dieses Gegenfeld bewirkt dann die angestrebte Abschirmung des äußeren induzierenden Feldes.
- Der zweite Bereich, in dem sich möglichst viele Erdschleifen in Form gitterförmiger Strukturen nützlich bemerkbar machen, sind entsprechend aufgebaute Bezugsleiteranordnungen in digitalen Schaltungen.

   Sie haben bekanntlich die Eigenschaft, fremde Signale unterhalb der Schaltschwelle der logischen Schaltungen störungsfrei zu vertragen (siehe Beispiel 1.5). Mit einer gitterförmigen Struktur des Bezugsleiters verteilen sich die gegebenenfalls in einem Leiter störend wirkenden Betriebsströme auf mehrere Strombahnen, deren Magnetfelder sich im Raum zum Teil gegenläufig kompensieren. Durch diese Schaltungstechnik gelingt es häufig, die Ströme und die Felder soweit zu schwächen, daß ihre

Wirkungen unterhalb der Empfindlichkeitsschwelle der logischen Schaltkreise bleiben.

Schädliche Wirkungen von Erdschleifen gibt es im wesentlichen drei.

– Zunächst ist die Nebenwirkung der oben zuerst dargestellten nützlichen Anwendung von Kurzschlußmaschen zu erwähnen. Der Strom, welcher in der Masche zum Zweck der Abschirmung absichtlich erzeugt wird, kann zum Beispiel über eine Kabelmantelkopplung störend wirken (s. Abschnitt 6), oder die Abschirmungen der Gehäuse, die Teile der Kurzschlußmasche bilden, sind dem Stromfluß nicht gewachsen (s. Abschnitt 3.4.5).

– Die Aufteilung von Betriebsströmen in Bezugsleitermaschen, wie in Bild 10.9 dargestellt, ist dann schädlich, wenn die Baugruppen, die von fremden Betriebsströmen durchflossen werden, dadurch Störungen erfahren.
Die Aufteilung der Betriebsströme, die für digitale Schaltungen hilfreich sein kann, ist in der Regel für analog arbeitende Baugruppen schädlich.

– Der dritte Effekt, mit dem eine Erdschleife sich störend bemerkbar machen kann, besteht darin, daß ein Magnetfeld, das induzierend auf die Erdschleife wirkt, auf der von der induzierenden Strombahn abgewandten Seite verstärkt wird.

♦ **Beispiel 10.3**
Verstärkung der magnetischen Feldstärke durch eine Erdschleife
Bild 3.33a zeigt eine Strombahn, die von einem sinusförmigen Strom i_1 durchflossen wird. Das Magnetfeld von i_1 greift in seine benachbarte rechteckige kurzgeschlossene Schleife (Erdschleife) ein und induziert dort den Strom i_2.
Die magnetische Feldstärke des Stromes i_2 ist im Inneren der rechteckigen Schleife dem Feld $H(i_1)$ entgegengerichtet und schwächt es dadurch. Dieser Effekt wird, wie bereits mehrfach geschildert, zur Abschirmung ausgenutzt.
Außerhalb der Kurzschlußmasche (Erdschleife) hat das magnetische Feld von i_2 die gleiche Richtung wie das von i_1 und verstärkt es somit. Elektrische Schaltungen, die sich in diesem Gebiet befinden, werden also durch die Gegenwart der Erdschleife einem stärkeren Magnetfeld ausgesetzt.

10.6 Literatur

[10.1] IEEE-Guide for the Installation of Electrical Equipment to Minimize Electrical Noise Inputs to Controllers from External Sources
IEEE Std 518, 1982

[10.2] *W.R. Pfaff:* Freifeldsensoren zur Messung beliebiger Feldstärkevektoren
EMV (Herausgeber Schmeer u. Bleicher)
Hüthig, Heidelberg 1988, (S. 355-366)

11 Abschirmen

In diesem Kapitel werden die wesentlichen Aspekte der Abschirmverfahren, die zusammen mit den einzelnen Kopplungsarten bereits ausführlich beschrieben wurden, noch einmal nebeneinander dargestellt und mit Stichworten beschrieben. Damit soll vor allem deutlich gemacht werden, daß es keine Abschirmmethode schlechthin gibt, sondern daß man, je nach Feldart, verschiedene physikalische Effekte und damit auch unterschiedliche technische Verfahren zur Abschirmung anwenden muß.

Es sind in diesem Zusammenhang vier Feldarten zu unterscheiden:

(E = elektrisches Feld; H = magnetisches Feld)

E – O   Ohmsches E-Feld (Kap. 5.6 u. 3.4)

E – C   Coulombsches E-Feld (Kap. 4.4)

H – L   Langsam veränderliches H-Feld (Kap. 3.4)

H – S   Schnell veränderliches H-Feld (Kap. 3.4)

Bei einem elektromagnetischen Strahlungsfeld, also einem Feld, das sich aus zwei fest miteinander verknüpften EC- und HS-Komponenten zusammensetzt, muß man gleichzeitig die Gesichtspunkte berücksichtigen, die für jeden der beiden Feldanteile gelten.

Die Störwirkung

E – O	E – C	H – L	H – S
ohmsche Spannung in schlecht leitendem Erdreich	Verschiebungsstrom fließt durch den Innenwiderstand der Störsenke	Ablenkung von Elektronenstrahlen (Bildschirm)	Transformatorische Induktion
ohmsche und transformatorische Wirkung von Strömen in metallischen Abschirmgehäusen		Transformatorische Induktion	

Das physikalische Abschirmungsprinzip

E – O	E – C	H – L	H – S
Im Erdreich: Gut leitender Nebenschluß	Niederohmiger Nebenschluß für den Verschiebungsstrom	Hochpermeabler magnetischer Nebenschluß	Induktion von Strömen, die ein Gegenfeld erzeugen
In Abschirmungsgehäusen:Stromverdrängung nach außen			

Die technische Ausführung der Abschirmung

E – O	E – C	H – L	H – S
Metallschiene (Potentialausgleich) Gehäuse mit hinreichender Wandstärke ohne Unterbrechung in Stromrichtung	Fläche zum Auffangen der Stromdichte und Verbindung zwischen der Auffangfläche und dem Leiter, zu dem der Verschiebungsstrom hin will	Gehäuse aus Material mit hohem μ_r	Gehäuse aus elektrisch gut leitendem Material Kurzschlußmasche

11.1 Bemerkungen zur Magnetfeld-Abschirmung

Keines der beiden Abschirmverfahren gegen magnetische Felder, also weder die Nebenschluß- noch die Gegenfeldmethode, ist als das universelle Verfahren schlechthin einsetzbar, denn beide sind in ihren Wirkungsmöglichkeiten begrenzt:

– Das Nebenschlußverfahren wird dadurch beeinträchtigt, daß die relative Permeabilität μ_r hoch permeabler Materialien mit höheren Frequenzen zunehmend geringer wird. Hinzu kommt, daß solche Stoffe mechanisch kaum bearbeitet werden können, ohne daß die Permeabilität Schaden nimmt.

– Die Gegenfeldmethode ist im umgekehrten Sinn wie das Nebenschlußverfahren frequenzabhängig. Sie wirkt für Gleichfelder überhaupt nicht, und zeitlich veränderliche Felder werden unterhalb der Grenzfrequenz ω_g (Größenordnung 1 kHz) nur sehr schwach gedämpft. Oberhalb der Grenzfrequenz nimmt die Dämpfung proportional zur Frequenz zu.

Wenn man Abschirmungen mit hohen Dämpfungsanforderungen bauen muß, die gleichzeitig auch noch in einem weiten Bereich von tiefen bis zu hohen Frequenzen wirksam sein sollen, ist man gezwungen, beide Methoden, also die Gegenfeld und die Nebenschlußmethode, gleichzeitig anzuwenden. Weil es kein Material gibt, das gleichzeitig elektrisch und magnetisch hochleitfähig ist, müssen die Wände der Abschirmgehäuse für solche Anforderungen aus mehreren Schichten aufgebaut werden. Eine Schicht besteht dann aus elektrisch hoch leitfähigem Material (z.B. Kupfer), und der erforderliche magnetische Nebenfluß für tiefe Frequenzen wird von einer anderen Schicht aus hoch permeablem Material übernommen.

11.2 Abschirmgehäuse gegen Strömungsfelder und Magnetfelder

Sowohl zur Abschirmung ohmscher Strömungsfelder (EO) als auch zur Abschwächung schnell veränderlicher Magnetfelder (HS) müssen Abschirmgehäuse aus elektrisch gut leitendem Material verwendet werden. In beiden Anwendungsfällen fließen in den Wänden dieser Gehäuse Ströme. Beide Abschirmungsaufgaben unterscheiden sich lediglich durch die Art und Weise, wie die Ströme zustande kommen.

- Das E-O-Feld in der Gehäusewand entsteht dadurch, daß ein Strom über das Gehäuse geleitet wird.
- Das E-S-Feld induziert Wirbelströme in der Wand, die mit ihrem Gegenfeld abschirmend wirken.

Experimentelle Erfahrungen deuten darauf hin, daß Ströme, die direkt auf Gehäuse geleitet wurden, eine sorgfältigere Ausführung einer Abschirmung erfordern als eine Beanspruchung durch induzierte Wirbelströme. Wenn eine Abschirmung einen injizierten Strom von 100 mA im Bereich von 10 kHz bis 100 MHz störungsfrei verkraftet, ist sie in der Regel auch einer elektromagnetischen Strahlungsfeldstärke bei der jeweiligen Frequenz bis zu etwa 3 V/m bei l m Antennenabstand gewachsen [3.3].

11.3 Beidseitiger oder einseitiger Anschluß von abschirmenden Kabelmänteln

Wenn zwei Geräte oder zwei Baugruppen durch ein Signalkabel miteinander verbunden werden müssen, steht man vor der Frage, wie die Abschirmung eines solchen Kabels elektrisch anzuschließen sei. Ist es zweckmäßig, sie nur mit dem Gehäuse bzw. dem Bezugsleiter des einen Gerätes zu verbinden oder ist es notwendig, sie an beiden Seiten an die Gehäuse der jeweiligen Geräte anzuschließen?

Die Antwort auf diese Frage hängt von der physikalischen Natur des Feldes ab, das abgeschwächt werden soll:

1. Eine einzige Verbindung – in der Regel zum Bezugsleiter – genügt, wenn es darum geht, gegen ein langsam oder schnell veränderliches elektrisches Feld abzuschirmen (s. Abschnitt 4.4).

2. Wenn gegen ein zeitlich veränderliches Magnetfeld abgeschirmt werden soll, muß unter Einbezug des Kabelmantels eine Kurzschlußmasche gebildet werden, in der ein induzierter Strom ein abschirmendes Gegenfeld erzeugt (s. Bild 3.12a). Dazu sind zwei Verbindungen nötig und zwar eine an jedem Kabelende.

   Dieses Abschirmprinzip ist aber nur bei zeitlich schnell veränderlichen Magnetfeldern wirksam. Schnell veränderlich heißt, daß in der Regel erst im Frequenzbereich oberhalb 10 kHz nennenswerte Feldschwächungen erreicht werden (s. Abschnitt 3.4.1).

3. Zur Abschirmung gegen ein zeitlich langsam veränderliches Magnetfeld (z.B. 50 Hz) kann ein Kabelmantel überhaupt keinen Beitrag leisten, denn das Prinzip des induzierten Gegenfeldes mit Hilfe einer Kurzschlußmasche ist bei tiefen Frequenzen unwirksam. Gegen solche Felder hilft weder eine einseitige noch eine beidseitige Verbindung zum Kabelmantel, sondern man muß andere Methoden anwenden, um die induzierende Wirkung langsam veränderlicher Magnetfelder zu verringern, z.B. verdrillte Signalleitungen (s. Bild 3.8) oder Differenzverstärker (s. Bild 9.19).

Die unter Punkt 2 geforderte Kurzschlußmasche zur Abschirmung gegen ein schnell veränderliches Magnetfeld besteht in den meisten Fällen aus dem Kabelmantel, den Verbindungen zum Bezugsleiter an beiden Kabelenden und einem Teil des Bezugsleiters, so wie dies beispielsweise in Bild 3.12a skizziert ist. Durch die beiden Verbindungen zum Bezugsleiter ist aber gleichzeitig auch die unter Punkt 1 aufgeführte Bedingung für die wirksame Abschirmung gegen elektrische Felder erfüllt. Angesichts dieser Doppelwirkung kann man sich fragen, ob es nicht zweckmäßig sei, die Kabelmäntel immer beidseitig anzuschließen, ohne weiter über die abzuschirmende Feldart nachzudenken.

Von einer solchen Vorgehensweise ist aber abzuraten. Man sollte vielmehr eine Kurzschlußmasche nur dann bilden, wenn es zur Abschirmung eines schnell veränderlichen Magnetfeldes unbedingt notwendig ist. Und man sollte es bei einer einzigen Verbindung zum Kabelmantel belassen, wenn es nur darum geht, die Einwirkung eines elektrischen Feldes zu unterbinden.

Die angedeutete Zurückhaltung gegenüber beidseitigen Anschlüssen hat folgenden Grund: Wenn zwei Verbindungen vorhanden sind, kann über den Kabelmantel ein Strom i_2 fließen, der über eine Kabelmantelkopplung eine Spannung U_K im Kabel erzeugt. Damit wird unter Umständen das zu übertragende Signal verfälscht. Als Quelle für einen Strom i_2 im Kabelmantel kommt entweder ein Bezugsleiterstrom in Frage, der sich über den Mantel verzweigt (Bild 11.1a) oder ein Induktionsvorgang durch das Magnetfeld Φ_M eines vorbeifließenden Stromes i_1 (Bild 11.1b).

Wenn es sich bei i_1 um einen schnell veränderlichen Strom handelt, muß man zur Abschwächung seines Magnetfeldes den Kabelmantel beidseitig verbinden, damit von i_2 ein abschirmendes Gegenfeld erzeugt werden kann. In diesem Fall wird der Mantelstrom i_2 bewußt erzeugt und man muß U_K als störenden Nebeneffekt in Kauf nehmen.

Falls aber i_1 niederfrequenter Natur wäre (z.B. 50 Hz), würde das Magnetfeld von i_2 praktisch keine Abschirmung entwickeln (s. Bild 3.16). Man hätte dann mit einer beidseitigen Verbindung zum Kabelmantel nur die störende Spannung U_K erzeugt, ohne gleichzeitig einen Abschirmeffekt zu erreichen.

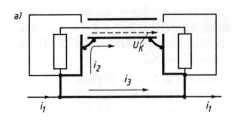

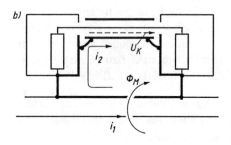

Bild 11.1   Die beiden Ursachen für Kabelmantelströme
a) Teilung eines Bezugsleiterstromes
b) Induktion durch das Magnetfeld eines fremden Stromes

Ein typisches Gebiet, in dem in der Regel einseitige Anschlüsse zu den Kabelmänteln zweckmäßig sind, ist die Verarbeitung von tonfrequenten Signalen in Anlagen der Unterhaltungselektronik. Hier spielen schnell veränderliche Störvorgänge im Frequenzbereich oberhalb von 10 kHz keine Rolle, weil der Arbeitsbereich solcher Systeme unterhalb dieser Frequenz liegt. Die möglichen niederfrequenten Störungen gehen meistens nur von den elektrischen Feldern der Netzspannung aus, so daß eine einseitige Kabelanbindung genügt. Beidseitige Verbindungen verursachen dagegen in der Regel zusätzliche Störungen über den oben geschilderten Nebeneffekt mit der Spannung U_K.

11.4 Die Reduktion von Nebenwirkungen in abschirmenden Kurzschlußmaschen

Man muß zwar, wie oben erläutert wurde, in Kauf nehmen, daß bei der Abschirmung eines schnell veränderlichen Magnetfeldes mit Hilfe einer Kurzschlußmasche eine Spannung U_K im Kabelmantel entsteht. Aber es gibt Möglichkeiten, die Amplitude dieser Spannung zu verringern oder ihre Auswirkung auf die Signalübertragung zu verhindern:

Man kann die Amplitude von U_K tief halten, indem man einen Kabeltyp mit einem möglichst niedrigen Kopplungswiderstand verwendet. Darüber hinaus hat man noch die Möglichkeit, den Maschenstrom i_2 und damit U_K mit Hilfe eines Ferritkerns zu verringern (s. Abschnitt 3.4.6 und Beispiel 10.2).

Eine weitere Möglichkeit, die störende Spannung U_K ganz aus der Signalleitung herauszuhalten, besteht darin, den Kabelmantel nicht zur Signalübertragung zu benutzen, sondern statt dessen die Signale über zwei verdrillte Leiter im Innern des Kabels zu führen (s. Bild 9.17b). Diese Methode bietet sich vor allem an, wenn kleine Signale im μV-Bereich übertragen werden sollen.

11.5 Kabelmäntel und Erdschleifen

Zu den am häufigsten zitierten EMV-Rezepten gehört die Aussage: Erdschleifen sind schädlich und deshalb sollten leitende Kabelmäntel nur einseitig angeschlossen werden, um solche Schleifen zu vermeiden.

Diese Aussage ist in der zitierten pauschalen Form nicht brauchbar, weil sie nur unter bestimmten Bedingungen richtig, und anderen Umständen aber falsch ist.

Die Forderung ist insofern falsch, als man, wie oben bereits erläutert wurde, zur Abschirmung gegen schnell veränderliche Magnetfelder bewußt Kurzschlußmaschen und damit Erdschleifen unter Einbezug der Kabelmäntel bilden muß.

Wenn keine schnell veränderlichen Magnetfelder abgeschirmt werden müssen, sollte man Erdschleifen möglichst vermeiden, um ihren Nebenwirkungen aus dem Weg zu gehen (s. Abschnitt 10.5).

12 Strategien zur Sicherung der EMV

Die elektromagnetische Verträglichkeit eines Gerätes oder eines Systems muß man in dreierlei Hinsicht sichern:

1. Es darf sich nicht von außen stören lassen.
2. Es darf nicht nach außen als Störquelle wirken.
3. Es darf sich nicht selbst stören.

Um all diese Ziele zu erreichen, gibt es Ansatzpunkte auf sieben verschiedenen Ebenen. Sie werden im folgenden aufgelistet und jeweils durch Beispiele oder Hinweise ergänzt.

I   Wahl des allgemeinen Schaltungskonzepts
Beispiele für Schaltungskonzepte sind:
-   Mit der Wahl einer hochohmigen Schaltung nimmt man stärkere kapazitive Kopplungen in Kauf als mit einer niederohmigen (siehe Kap. 4).
-   Digitale Schaltungen haben ein Schwellenverhalten, unterhalb dessen überhaupt keine Störsignale zur Wirkung kommen.
-   Bei großer räumlicher Distanz zwischen Sensor und Signalverarbeitung im μV- oder mV-Bereich ist eine symmetrische Signalverarbeitung oder eine optische Signalübertragung angezeigt (Abschnitt 9.5).

II   Wahl der Bauelemente
Beispiele für die Wahl geeigneter Bauelemente sind:
-   Digitale Bausteine mit hoher Störsicherheit und mit möglichst langsamem Schaltverhalten auswählen (siehe Kap. 7 „Die Impulskopplung zwischen benachbarten Leitungen").
-   Bildschirme mit Elektronenstrahlen reagieren stärker auf niederfrequente Magnetfelder als Flüssigkristallanzeigen.

III   Bildung von Zonen mit einheitlichen Störfestigkeits- und Störemissionswerten
-   zum Beispiel durch Trennung eines digitalen und analogen Schaltungsteils innerhalb eines Gerätes.

IV   Der räumliche Aufbau der Schaltung
Er beeinflußt die Kopplung zwischen benachbarten Leitungen ohmisch (Kap. 5), induktiv (Kap. 3), kapazitiv (Kap. 4), bzw.impulsförmig (Kap. 7).

Er bietet durch die mehr oder weniger räumliche Ausdehnung Angriffsflächen für Felder, die von außen einwirken (siehe z.b. VG 95376 Teil 3: Verkabelung und Verdrahtung von Geräten (VDE Verlag Berlin)).

V Abschirmungen und Filter
(Siehe z.b. die Norm VG 95376 Teil 4: Schirmung von Geräten (VDE Verlag Berlin)).

VI Die Art und Weise, wie die Leitungen zwischen Systemteilen verlegt werden
(Siehe Kapitel 10)(siehe z.b. VG 95376 Teil 3: Verkabelung und Verdrahtung von Geräten (VDE Verlag Berlin).)

VII Die Topologie der Erd- und Masseverbindungen
(siehe Kapitel 10).

Wenn man ein Gerät oder System zunächst einmal ohne Rücksicht auf die Belange der elektromagnetischen Verträglichkeit entwirft und baut, und erst am fertigen Gerät versucht, auftretende Beeinflussungen zu beseitigen, braucht man etwas Glück, weil zur einigermaßen kostengünstigen Verbesserung der Situation nur die Möglichkeiten aus den Ebenen V und VI zur Verfügung stehen. Falls es nicht gelingt, die Störungen auf diesen Ebenen zu beseitigen, muß man mit entsprechendem Aufwand an Zeit und Kosten auf die Ebenen IV, III, II oder gar I zurückgehen.

Mit anderen Worten, es ist häufig am wirtschaftlichsten, wenn man schon beim Entwurf einer Schaltung beginnend und bei allen folgenden Realisierungsschritten fortlaufend die EMV-Gesichtspunkte neben den funktionalen Erfordernissen mitberücksichtigt.

12.1 Spezifische EMV-Planung

Die detaillierte quantitative EMV-Planung erfolgt am besten in einer sogenannten Beeinflussungsmatrix:

Die Analyse beginnt mit dem ersten Schaltungsentwurf, wobei mit ihm nicht nur das ins Auge gefaßte Schaltschema, sondern auch eine grobe Vorstellung über den räumlichen Aufbau der Schaltung gemeint ist. Ohne diese Vorstellung würden die Abschätzungen möglicher Kopplungsvorgänge völlig in der Luft hängen.

Schritt 1 Es wird eine Liste aller möglichen Störquellen aufgestellt und zwar

a) von den Schaltungsteilen der entworfenen Schaltung, die unter Umständen als Störquellen wirken könnten und

b) von Feldstärken, die von außen auf das System einwirken, sowie denjenigen Störungen, die leitungsgebunden auf das System zukommen.

Schritt 2 Es wird eine Liste aller empfindlichen Schaltungsteile der entworfenen Schaltung aufgestellt, die als mögliche Störsenke in Frage kommen. Die Liste enthält auch die Grenzen der zugehörigen Störfähigkeiten.

Schritt 3 Es wird eine Liste aller möglichen Kopplungswege zwischen den möglichen
Störquellen und Störsenken angefertigt.

Schritt 4 Es wird eine Matrix aufgezeichnet – die sogenannte Kopplungsmatrix –, in
der die Störquellen und die Störsenken einander gegenübergestellt sind. Im
Kreuzungspunkt der entsprechenden Zeilen und Spalten wird das von der jeweiligen Quelle auf die jeweilige Senke übertragene Ausmaß der Störung
eingetragen.

Schritt 5 Die zu jeder Störsenke gehörenden Störungen werden zusammengezogen und
der Störfestigkeit gegenübergestellt.

Wenn das Ergebnis der ersten Analyse unbefriedigend ist, d.h. wenn eine Störsenke
über die Grenze ihrer Störfestigkeit hinaus beansprucht zu sein scheint, müssen Verän-
derungen geplant werden wie z.B.
– Verringerung der störenden Kopplung durch Änderung des Aufbaus.
– Verringerung der störenden Kopplung durch Abschirmung der beteiligten Felder,
– Filter oder Überspannungsbegrenzer gegen zu hohe Störungen, die auf Leitungen zu
der entworfenen Schaltung gelangen,
– Wahl einer unempfindlichen Schaltung in der Störsenke.

12.2 Experimentelle Überprüfung der elektromagnetischen Verträglichkeit

Wie weit die Planung der EMV noch Schwachstellen übersehen hat, zeigt sich mitunter
schon nach dem ersten Einschalten, wenn sich herausstellt, ob sich die Schaltung selbst
stört oder nicht und ob sie zufällig vorhandenen äußeren Störquellen gewachsen ist.
Darüber hinaus ist dann noch mit Störsimulatoren zu überprüfen, ob die vorgesehene
Verträglichkeit gegenüber den sonst noch als möglich erachteten äußeren Störungen
gegeben ist [12.1].
Schließlich muß noch mit geeigneten Meßgeräten festgestellt werden, ob die neuen
Schaltungen die geltenden Vorschriften oder Verabredungen im Hinblick auf die Abga-
be von Störsignalen nach außen einhalten.

12.3 Literatur

[12.1] P. Fischer, G. Balzer, M. Lutz:
EMV – Störfestigkeitsprüfungen.
Franzis Verlag München 1992

Anhang 1

Die äußeren Induktivitäten von Magnetfeldern, die durch Ströme erzeugt werden

Im Zusammenhang mit einem magnetischen Fluß $\Phi(i)$, der von einem Strom i ausgeht, wird der Begriff Induktivität IN durch die Gleichung

$$IN = \frac{\Phi(i)}{i} \tag{A1.1}$$

definiert. Eine Induktivität ist also ein normierter, magnetischer Fluß, und zwar normiert auf den Strom i, der ihn erzeugt.

Es ist in der Elektrotechnik üblich, Induktivitäten im Hinblick auf ihre Wirkung mit besonderen Symbolen zu kennzeichnen:

– Wenn ein zeitlich veränderliches Magnetfeld eines Stromes induzierend auf die Bahn dieses Stromes zurückwirkt, dann bezeichnet man die Induktivität dieses Feldes als Eigeninduktivität und kennzeichnet sie mit dem Symbol L.

– Wenn ein zeitlich veränderliches Magnetfeld eines Stromes auf eine der Stombahn benachbarte Masche wirkt, nennt man die Induktivität dieses Feldes Gegeninduktivität und bezeichnet sie mit dem Symbol M.

Im folgenden werden zunächst ganz allgemein Induktivitäten (IN-Werte) berechnet, ohne Rücksicht darauf, ob sie eine L- oder M-Wirkung haben. Es werden dann anschließend zwei Beispiele vorgestellt, in denen IN die Funktion einer Gegeninduktivität bzw. einer Eigeninduktivität hat.

Mit den Berechnungen in diesem Anhang werden nur die Induktivitäten der Felder außerhalb der stromführenden Leiter erfaßt. Gegebenenfalls muß man noch die inneren Induktivitätswerte hinzuzählen. Sie erreichen jedoch bei zylindrischen Leitern höchstens 50 nH pro Meter Strombahn (siehe Anhang 3).

Das Berechnungsverfahren

Die Schilderung des Berechnungsverfahren soll vor allem deutlich machen, daß die berechneten IN-Werte, und damit auch die daraus abgeleiteten L- und M-Werte, quasistationären Charakter haben.

Ausgangspunkt der Berechnung ist das Gesetz von Biot und Savart. Es beschreibt die magnetische Feldstärke dH, die von einem differentiellen Element ds einer unendlich dünnen Strombahn i im Abstand v erzeugt wird (Bild A1.1)

$$dH(r,i) = \frac{i}{4\pi} \frac{\vec{ds} \times \vec{r}}{r^3} \tag{A1.2}$$

Die Feldstärke H, die in der Nähe eines räumlich ausgedehnten Stückes W einer Strombahn entsteht, ist gleich der Summe aller dH-Werte, die von den differentiellen Strombahnelementen erzeugt werden.

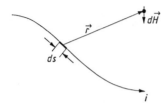

Bild A1.1

Wenn sich der Strom i zeitlich nur so langsam ändert, daß keine nennenswerten Laufzeiterscheinungen auftreten, so daß an allen Stellen einer geschlossenen Strombahn zur gleichen Zeit der gleiche Strom fließt, kann man alle dH-Werte mit Hilfe einer einfachen Integration der ids-Werte längs der Strombahn W addieren.

$$H(W,i,r) = i \int_W dH(r) \qquad (A1.3)$$

Für die Feldstärke $H(r)$ im Abstand r von einem geraden Drahtstück, gemäß Bild A1.2, führt die Integration zu der Feldstärke

$$H(r) = \frac{i}{2\pi\, r} \sin\left(\frac{\alpha}{2}\right) \qquad (A1.4)$$

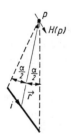

Bild A1.2

Das heißt, die Feldstärke an einem Punkt P ist eine Funktion des Abstandes r und des Blickwinkels α, unter dem der stromführende Leiter vom Punkt P aus gesehen wird [A1.1].

Ein unendlich langer Leiter wird unter dem Winkel von 180° gesehen. Also herrscht in seiner Nähe im Abstand r die Feldstärke

$$H_\infty(r) = \frac{i}{2\pi} \frac{1}{r} \qquad (A1.5)$$

Um zum Beispiel zu der mathematischen Beschreibung für den quasistationären magnetischen Fluß zu gelangen, der eine rechteckige Masche durchdringt, die parallel zu einer unendlich langen Strombahn liegt, muß man die nach Gleichung (A1.5) berechnete magnetische Feldstärke über die Fläche dieser Masche integrieren und noch mit der Permeabilität μ_o multiplizieren (Bild A1.3)

$$\Phi = \frac{i\mu_o}{2\pi}c \int_{r=a}^{r=b} \frac{1}{r}dr = i\frac{\mu_o}{2\pi}c\ln\frac{a}{b} \qquad (A1.6)$$

Mit $\mu_o = 0{,}4\ \pi\ \mu H/m$ ergibt sich

$$\Phi = i\cdot 0{,}2\cdot c\cdot\ln\frac{b}{a}\quad\left[\mu Vs\right]. \qquad (A1.6\ a)$$

Da es sich um einen Fluß handelt, der in eine Masche neben der Strombahn eingreift, ist es üblich, seine Induktivität als Gegeninduktivität zu bezeichnen und mit dem Symbol M zu versehen

$$\frac{\Phi(i)}{i} = IN_M = M = 0{,}2\cdot c\cdot\ln\frac{b}{a}\quad\left[\mu H\right]. \qquad (A1.7)$$

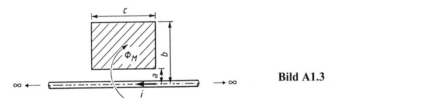

Bild A1.3

Wenn man sich die Aufgabe stellen würde, die äußere Eigeninduktivität einer homogenen Zweidrahtleitung zu berechnen, müßte man für ein Leitungsstück der Länge c ebenfalls eine Integration wie in Gleichung (A1.6) ausführen. Nur wären die Integrationsgrenzen nicht a und b, sondern der Leiterradius r_a und r_b bis zum Rand des benachbarten Leiters (Bild A1.4). Weiterhin müßte das Ergebnis noch mit einem Faktor 2 multipliziert werden, da auch der Rückstrom noch ein gleich großes Magnetfeld liefert, das zur Eigeninduktion beiträgt. Das Ergebnis wäre dann, bezogen auf Bild A1.4,

$$\frac{\Phi(i)}{i} = IN_L = L = \frac{\Phi_{Hin}}{i} + \frac{\Phi_{Rück}}{i} = 0{,}4\cdot c\cdot\ln\frac{r_b}{r_a}\quad\left[\mu H\right]. \qquad (A1.8)$$

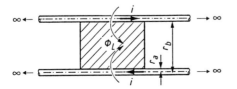

Bild A1.4

Mit diesen beiden Beispielen wird erkennbar, daß man die gleiche Methode der Magnet-feldberechnung entweder zur Bestimmung einer Eigen- oder einer Gegeninduktivität heranziehen kann. Dies ist vom physikalischen Standpunkt aus betrachtet ein selbstver-ständliches Ergebnis, da es in beiden Fällen nur darum geht, zwei verschiedene Teile ein und desselben Magnetfeldes zu erfassen.

Wenn die Verhältnisse nicht quasistationär sind, weil Laufzeiterscheinungen auftreten, und längs der Strombahn nicht überall zum gleichen Zeitpunkt der gleiche Strom fließt, kann man die Integration (A1.3) nicht ausführen. Deshalb sind auch die folgenden Re-chenschritte bis zur Ermittlung der Induktivitäten hinfällig. Mit anderen Worten, man kann unter diesen Umständen die Begriffe Eigeninduktivität und Gegeninduktivität nicht für räumlich ausgedehnte Stromkreise anwenden.

Einige IN-Bausteine [A.1.2]

In diesem Abschnitt werden auf der Grundlage des oben geschilderten Berechnungsver-fahrens einige *IN*-Werte zusammengestellt, die sich auf Ausschnitte von Magnetfeldern in der Nähe von Strombahnstücken beziehen. Solche Strombahnstücke sind natürlich physikalisch nicht einzeln realisierbar, sondern sie haben lediglich eine rechentechnische Bedeutung. Man kann mit ihnen aber durchaus, wie sich zeigen wird, physikalisch sinnvolle Anordnungen zusammenfügen.

Baustein 1 (Bild A1.3)

$$IN_1 = 0{,}2 \cdot c \cdot \ln \frac{b}{a} \quad [\mu H]$$
$$(c \text{ in } m)$$

Baustein 2 (Bild A1.5)

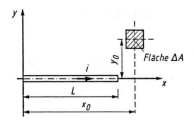

Bild A1.5

$$\Delta IN = 10^{-7} \cdot \Delta A \left(\frac{1}{y_0 \sqrt{1 + \left(\dfrac{y_0}{L - x_0} \right)^2}} + \frac{1}{y_0 \sqrt{1 + \left(\dfrac{y_0}{x_0} \right)^2}} \right) \text{ in } H$$

mit

ΔA die Teilfläche in m^2,

x_0, y_0 die Koordinaten des Schwerpunktes der Teilfläche ΔA in m,

I die Länge des Ableiterstückes in m.

Baustein 3 (Bild A1.6)

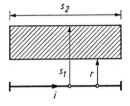

Bild A1.6

$$IN_3 = 0,2\left(\sqrt{S_1^2 + S_2^2} - \sqrt{S_2^2 + r^2} + r - S_1 + S_2 \cdot \ln \frac{S_1(1+\sqrt{1+(r/S_2)^2})}{r(1+\sqrt{1+(S_1/S_2)^2})} \right) \; [\mu H]$$

(alle Maße in m)

Baustein 4 (Bild A1.7)

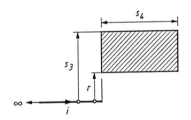

Bild A1.7

$$IN_4 = 0,1\left(\sqrt{S_4^2 + r^2} - \sqrt{S_3^2 + S_4^2} + S_3 - r + S_4 \cdot \ln \frac{1+\sqrt{1+(S_3/S_4)^2}}{1+\sqrt{1+(r/S_4)^2}} \right) \; [\mu H]$$

(alle Maße in m)

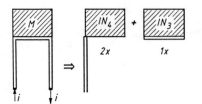

Bild A1.8

Das Zusammenfügen von Gegen- und Eigeninduktivitäten mit Hilfe der *IN*-Bausteine

Die Gegeninduktivität zwischen einer U-förmigen Strombahn und einer rechteckigen Masche, die sich an der Schmalseite des *Us* befindet, ergibt sich gemäß Bild A1.8 durch die Überlagerung

$$M = IN_3 + 2IN_4.$$

Man kann die *IN*-Werte einfach addieren, weil die magnetischen Flüsse der einzelnen *IN*-Anteile die Fläche in der gleichen Richtung durchdringen.

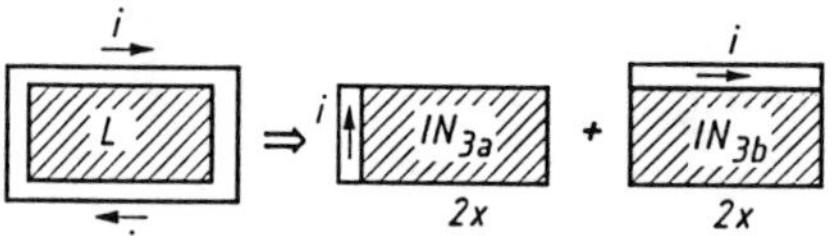

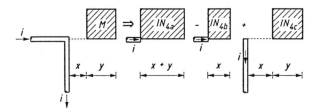

Bild A1.9

Die Eigeninduktivität einer rechteckigen Masche (Bild A1.9) kann man aus den *IN*-Beiträgen der vier Seiten für die Innenfläche des Rechtecks zusammensetzen

$$L = 2IN_{3a} + 2IN_{3b}$$

Auch hier kann man die *IN*-Werte addieren, weil die erfaßten magnetischen Flußanteile alle die gleiche Richtung haben.

Eine Gegeninduktivität außerhalb der Ecke einer Strombahn (Bild A1.10) muß man aus drei Teilen zusammensetzen

$$M = IN_{4a} - IN_{4b} + IN_{4c}$$

Bild A1.10

Es ist dabei zu beachten, daß man mit IN_{4a} einen zu großen Teil des Magnetfeldes erfaßt hat. Man muß deshalb IN_{4b} wieder in Abzug bringen.

Literatur Anhang 1

[A1.1] *S. Sabaroff:*
   Calculation of magnetic fields due to line currents
   IEEE Transactions on Electromagnetic Compatibility 1973 pp. 58-60

[A1.2] P. Hasse; J. Wiesinger:
   Handbuch für Blitzschutz (2. Aufl.)
   VDE-Verlag 1982

Anhang 2

Der Zusammenhang zwischen dem Feldbild und der Kapazität eines elektrischen Feldes

Ein Teil eines Feldbildes entsteht dadurch, daß die elektrische Spannung bzw. die beschreibende Potentialfunktion φ zwischen den spannungsführenden Elektroden in gleichmäßige Abschnitte unterteilt wird. In Bild A2.1 ist zum Beispiel das Feld zwischen einer Ebene und einem unendlich langen Zylinder in fünf Abschnitte unterteilt. Auf jeden dieser Abschnitte entfällt in diesem Beispiel die Spannung

$$\Delta U = \varphi_n - \varphi_{n-1} = \frac{U_0}{5}.$$

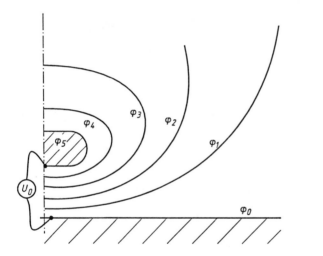

Bild A2.1

Die dargestellten Linien, die die Unterteilung markieren, sind im Sprachgebrauch der darstellenden Geometrie die Spuren von Flächen gleichen Potentials in der Zeichenebene.

Mit Hilfe dieses Feldbildes kann man näherungsweise die elektrische Feldstärke E an irgendeiner Stelle P_1 des Raumes ermitteln (Bild A2.2). Wenn man bedenkt, daß die Feldstärkevektoren senkrecht auf den Äquipotentialflächen stehen, kann man mit einer Linie senkrecht zu diesen Flächen den Abstand X_1 bestimmen und erhält

$$E(P_1) \approx \frac{\Delta U}{X_1}.$$

Man gelangt zu einem weiteren Ausbau des Feldbildes, wenn man den Raum auch noch senkrecht zu den Äquipotentialflächen einteilt. Eine sinnvolle Einteilung entsteht dann, wenn man den elektrischen Fluß Ψ, der von einer spannungsführenden Elektrode zur anderen strömt, in gleiche Abschnitte aufteilt.

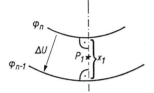

Bild A2.2

Die Dichte D des elektrischen Flusses Ψ wird Verschiebungsdichte genannt. Sie ist über die Dielektrizitätskonstante ε mit der Feldstärke E verbunden

$$D = \varepsilon \cdot E.$$

Wenn man in der Nähe von P_1 eine Einteilung des Feldes mit dem Abschnitt Y_1 vornimmt (Bild A2.3a), hat man damit einen elektrischen Flußanteil pro Längeneinheit

$$\Delta \Psi' = Y_1 \cdot D = Y_1 \cdot \varepsilon \cdot E$$

erfaßt.

Nach diesen Vorbereitungen ist es jetzt möglich, die Kapazität ΔC des viereckigen Feldausschnitts in Bild A2.3 zu ermitteln. Die Kapazität eines elektrischen Feldes ist bekanntlich der elektrische Fluß, bezogen auf die den Fluß treibende Spannung, also

$$\Delta C' = \frac{\Delta \Psi'}{\Delta U} \approx \frac{Y_1 \cdot \varepsilon \cdot E}{X_1 \cdot E}.$$

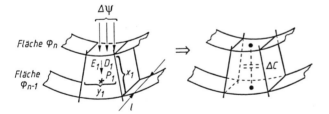

Bild A2.3

Das heißt, die Kapazität des Feldausschnitts hängt nur vom Seitenverhältnis dieses Ausschnitts ab und von der Dielektrizitätskonstante des Materials, in dem sich das Feld befindet.

Wenn man das gesamte Feld mit Hilfe der Spuren der Äquipotentialflächen und den Linien senkrecht dazu so einteilt, daß überall viereckige Feldausschnitte mit dem gleichen Seitenverhältnis Y_1/X_1 entstehen (Bild A2.4), dann sind die Kapazitäten dieser Ausschnitte alle gleich groß. Die Gesamtkapazität des Feldes ergibt sich aus der Reihen-

und Parallelschaltung aller Teilkapazitäten. Wenn m parallele Feldausschnitte existieren und n in Reihe, dann ist die Gesamtkapazität

$$C = \varepsilon \cdot \frac{Y_1}{X_1} \cdot l \cdot \frac{m}{n}. \tag{A2.1}$$

In dem Feldbild A2.4, das nur die Hälfte eines Gesamtfeldes darstellt, ist beispielsweise das Verhältnis Y_1/X_1 gleich 1. Weiterhin kann man abzählen, daß etwa 14,5 Feldausschnitte parallel liegen. Das bedeutet, m ist gleich 2 x 14,5 weil jeweils fünf Feldausschnitte in Reihe angeordnet sind, ist $n = 5$. Wenn man weiter annimmt, das Feld befände sich in Luft mit $\varepsilon = \varepsilon_0 = 8{,}86$ pF/m, dann ergibt sich für die Gesamtkapazität pro Meter Leitungslänge ($l = 1$ m)

$$C' = 8{,}86 \frac{2 \cdot 14{,}5}{5} \approx 51 \; pF \, / \, m.$$

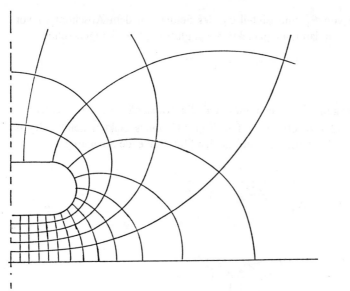

Bild A2.4

Man kann also die Kapazität eines ebenen Feldes aus einem gleichmäßig eingeteilten Feldbild nur durch Abzählen der Feldausschnitte ermitteln.

Felder werden in der Regel zunächst so eingeteilt, daß n eine ganze Zahl ist (Einteilung in φ-Abschnitte). Wenn man dann anschließend eine Einteilung in $\varDelta Y$-Abschnitte vornimmt, geht die Einteilung in der Regel nicht ganz auf, d.h. m ist meistens keine ganze Zahl.

Anhang 3

Die Spannung an der Oberfläche eines stromdurchflossenen zylindrischen Leiters

Die räumliche Verteilung der elektrischen Feldstärke E im Innern eines stromdurchflossenen Leiters hängt davon ab, mit welcher Dichte G sich der Strom im Leiter verteilt. Beide Größen sind über die Leitfähigkeit $\varkappa$ des Leitermaterials miteinander verknüpft:

$$E = \frac{1}{\varkappa} \cdot G \qquad (A3.1)$$

Wenn ein sinusförmiger Strom mit dem Effektivwert i_1 und der Kreisfrequenz ω durch einen zylindrischen Leiter fließt, ist bei tiefen Frequenzen überall im Leiterquerschnitt die gleiche Stromdichte vorhanden, während sie bei hohen Frequenzen in der Nähe der Leiteroberfläche wesentlich höher ist als im Leiterinneren (Skineffekt). Die Verteilung der Stromdichte wird sowohl für tiefe als auch für hohe Frequenzen in Abhängigkeit von der Kreisfrequenz ω und der radial gerichteten Koordinate r durch die Gleichung

$$G(r) = \frac{i_1 k}{2\pi r_o} \frac{I_0(kr)}{I_1(kr)} \qquad (A3.2)$$

beschrieben [A3.1]. Damit ergibt sich mit Gleichung (A3.1) für den Effektivwert der elektrischen Feldstärke der Ausdruck

$$E(r) = \frac{i_1 k}{2\pi r_o \varkappa} \frac{I_0(kr)}{I_1(kr_o)} \qquad (A3.3)$$

I_o und I_1 sind Besselsche Funktionen erster Art mit einem komplexen Argument, denn die Größe k hat die Form

$$k = (1 - j)\sqrt{1/2\omega\mu\varkappa} \qquad (A3.4)$$

Die Symbole in der Gleichung A3.3 bis A3.4 bedeuten

ω : Kreisfrequenz

μ : magnetische Permeabilität

$\varkappa$: Leitfähigkeit des Leitermaterials.

Wenn man in Gleichung A3.3 für die Variable r den Radius r_o des stromführenden Leiters einsetzt, erhält man zunächst die Oberflächenstärke

$$E_{ob} = \frac{i_1 k}{2\pi \, r_o \varkappa} \frac{I_0(kr_o)}{I_1(kr_o)} = E_{ob\Re} + jE_{obim} \qquad (A3.5)$$

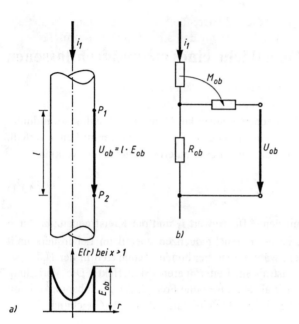

Bild A3.1

Der Realteil und der Imaginärteil der Oberflächenfeldstärke haben unterschiedliche Frequenzgänge. Man kann ihre Verläufe mit Hilfe des Gleichstromwiderstandes des stromführenden Leiters

$$R_o' = \frac{1}{r_o^2 \pi \varkappa} \quad [\Omega/m] \tag{A3.6}$$

und der dimensionslosen Größe

$$x = \frac{r_o}{2\sqrt{2}} \sqrt{\omega \mu \varkappa} \tag{A3.7}$$

besonders übersichtlich darstellen, wenn man die Bessel-Funktionen für große und für kleine Werte von x in Potenzreihen entwickelt [A3.1] und von diesen Reihen als erste Näherung nur die ersten Glieder der Reihe berücksichtigt. Man erhält dann

für x << 1 (tiefe Frequenzen)

$$E_{ob} = i_1\left(R_o' + jx^2 R_o'\right) \tag{A3.8}$$

und für x >> 1 (hohe Frequenzen)

$$E_{ob} = i_1 x R_o' (1 + j) \tag{A3.9}$$

Bei tiefen Frequenzen wird also, wie zu erwarten, der Realteil der Spannung durch den Gleichstromwiderstand R_o' bestimmt.

Der zugehörige Imaginärteil beschreibt die induzierende Wirkung, die vom Magnetfeld im Inneren des Leiters ausgeht. Sie macht sich für den stromführenden Stromkreis als Teil der Eigeninduktivität und für die benachbarte berührende Masche als Gegeninduktivität bemerkbar.

Durch eine kleine Umformung des Imaginärteils in Gleichung (A3.9) wird erkennbar, daß das innere Magnetfeld bei tiefen Frequenzen, unabhängig vom Durchmesser des stromführenden Leiters, bei magnetisch neutralem Leitermaterial ($\mu_r = 1$) eine Induktivität von 50 nH pro Meter Leiterlänge darstellt:

$$R_o' x^2 = \frac{1}{r_o^2 \mu x} \frac{r_o^2}{8} \omega \mu x = \omega \frac{\mu}{8\pi} = \omega M_i' \qquad \text{(A3.10)}$$

Mit $\mu = \mu_o = 0,4 \ \pi\mu\mathrm{H}/\mathrm{m}$ erhält man dann für M_i' den erwähnten Wert von 50 nH/m.

Man kann die Verhältnisse insgesamt in Form eines Ersatzschaltbildes beschreiben (Bild A3.1b). Dabei wird der Realteil auf eine Spannung an einem frequenzabhängigen ohmschen Widerstand $R_{Ob}(\omega)$ zurückgeführt. Die Ausdrücke $R_o' x^2$ in der Gleichung (A3.8) und $R_o' x$ in Gleichung (A3.9) sind in diesem Zusammenhang als induktive Widerstände der Form ωM zu interpretieren. Für die ohmschen Widerstände im Ersatzschaltbild gelten demnach die Beziehungen

$$R_{Ob}' = \begin{cases} R_o' & (x < 1) \\ \\ R_o' x & (x > 1) \end{cases} \qquad \text{(A3.11)}$$

Der Imaginärteil wird im Ersatzschaltbild für tiefe Frequenzen durch eine konstante, und für hohe Frequenzen durch eine frequenzabhängige Gegeninduktivität repräsentiert.

$$M_{Ob}' = \begin{cases} 50 \, [\mathrm{nH}] & (x < 1) \\ \\ \dfrac{50}{x} [\mathrm{nH}] & (x > 1) \end{cases} \qquad \text{(A3.12)}$$

In Bild A3.2 sind als Beispiel die Verläufe für R_{ob} und M_{ob} für einen zylindrischen Cu-Leiter mit einem Durchmesser von 1 mm in Abhängigkeit der Frequenz dargestellt.

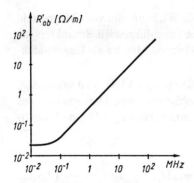

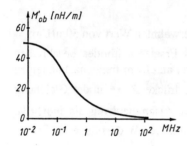

Bild A3.2

Literatur Anhang 3

[A3.1] *K. Simonyi:* Theoretische Elektrotechnik.
VEB Deutscher Verlag der Wissenschaften
Berlin 1966

Sachwortverzeichnis

Elektrische Energieversorgung

von Klaus Heuck und Klaus-Dieter Dettmann

Unter Mitarbeit von Egon Reuter.

3., vollständig überarbeitete und erweiterte Auflage 1995.
XVIII, 555 Seiten, 548 Abbildungen, 21 Tabellen und
69 Aufgaben mit Lösungen. Gebunden.
ISBN 3-528-28547-8

Das vorliegende Buch vermittelt im wesentlichen die Grundkenntnisse, die von Studenten der Elektrotechnik erwartet werden. Dementsprechend umfaßt dieses Buch die gesamte Breite der elektrischen Energieversorgung. Es wird die Kette von der Energieerzeugung bis hin zu den Verbrauchern behandelt. Den Schwerpunkt bilden die Einrichtungen zum Transport und zur Verteilung elektrischer Energie.

Ähnlich wie die zweite Auflage ist auch die dritte Auflage wiederum vollständig überarbeitet und beträchtlich erweitert worden. Eine Anpassung an den aktuellen Stand der DIN-VDE-Bestimmungen erforderte nicht nur die Überarbeitung zahlreicher Buchpassagen, sondern es war zusätzlich notwendig, sehr viel ausführlicher als bisher auf die transienten Verhältnisse im Netz einzugehen. Darauf aufbauend wurden dann die Isolationskoordinaten in Netzen, die Bemessung von Schaltern sowie Ferroresonanzeffekte behandelt.

Verlag Vieweg · Postfach 58 29 · 65048 Wiesbaden

vieweg

Hochspannungs-Versuchstechnik

von Dieter Kind und Kurt Feser

5., überarbeitete und erweiterte Auflage 1995.
XII, 283 Seiten mit 211 Abbildungen und
12 Laborversuchen. Kartoniert.
ISBN 3-528-43805-3

Die Hochspannungstechnik gehört zu den traditionellen Gebieten der Elektrotechnik. Ihre Entwicklung ist jedoch keineswegs zum Stillstand gekommen. Neue Isolierstoffe, Rechenverfahren und Spannungsebenen stellen immer wieder neue Aufgaben oder eröffnen neue Lösungswege, auch die elektromagnetische Verträglichkeit (EMV) von Komponenten und Systemen erfordert verstärkte Beachtung.

Das Standardwerk der experimentellen Hochspannungstechnik ist gründlich überarbeitet und erweitert worden. Es richtet sich an Elektrotechniker in Studium, Forschung und Entwicklung und in der Prüffeldpraxis.

Verlag Vieweg · Postfach 58 29 · 65048 Wiesbaden

vieweg